GUOLU JIENENG JISHU

锅炉节能技术

主　编　王海荣

副主编　李芳芹　费志强

中国电力出版社
CHINA ELECTRIC POWER PRESS

内 容 提 要

本书详细论述了工业锅炉和电站锅炉的各种节能技术，讲述了锅炉本体节能、锅炉主要辅助系统节能技术，并结合实际案例讲述了节能改造、运行调整等节能技术。全书共三篇十章，以节能为主线，主要介绍了锅炉节能技术概述、燃料及燃烧方式、燃料燃烧计算、燃烧基本理论、锅炉传热及热平衡、燃油燃气锅炉节能技术、电站燃煤锅炉节能技术、循环流化床锅炉节能技术、垃圾焚烧炉节能技术、余热锅炉节能技术。

本书涉及面较广、内容丰富、紧密结合实际，可供火电厂节能管理人员、运行人员，以及工业锅炉人员使用。

图书在版编目（CIP）数据

锅炉节能技术 / 王海荣主编 . —北京：中国电力出版社，2017.12（2020.5重印）
ISBN 978-7-5198-1458-8

Ⅰ . ①锅… Ⅱ . ①王… Ⅲ . ①工业锅炉－节能－技术 Ⅳ . ① TK229

中国版本图书馆 CIP 数据核字（2017）第 287682 号

出版发行：中国电力出版社
地 址：北京市东城区北京站西街 19 号（邮政编码 100005）
网 址：http://www.cepp.sgcc.com.cn
责任编辑：郑艳蓉（010-63412379） 孙 晨
责任校对：常燕昆
装帧设计：赵姗姗 郝晓燕
责任印制：蔺义舟

印 刷：三河市百盛印装有限公司
版 次：2017 年 12 月第一版
印 次：2020 年 5 月北京第二次印刷
开 本：787 毫米 ×1092 毫米 16 开本
印 张：14.75
字 数：304 千字
印 数：2001—3000 册
定 价：56.00 元

编 审 委 员 会

前　言

　　节约资源是我国的基本国策，坚持把科技创新与技术进步作为节约资源、减少能耗、增加效益、促进发展的重要手段，坚持科技进步，实现内涵发展，使节能工作贯彻到基层。锅炉作为高耗能的特种设备，由于结构设计不合理、辅机配套不协调、使用燃料与设计不符、使用管理不善及运行操作不当等因素，造成能源消耗量过大、效率低，因此，存在较大的节能空间。从生产到使用的各个环节，通过加强用能管理，采取技术上可行、经济上合理及环境和社会可承受的技术与管理措施，可有效地降低能耗、减少损失和污染物排放、制止浪费，达到高效合理地利用能源的目的。

　　《中华人民共和国特种设备安全法》和《中华人民共和国节约能源法》的颁布，确立了对高耗能特种设备实行节能审查和监管的法律制度，明确了特种设备在我国节能降耗工作中的重要作用。为做好锅炉的节能监管工作，有效地引导生产及使用单位开展科学的节能工作，上海市质量技术监督局特种设备监察处组织上海市特种设备监督检验技术研究院、上海电力学院、青浦区特种设备监督检验所、上海工业锅炉研究所、国网上海市电力公司等单位的专家组成编写组，编写了《锅炉节能技术》培训教材，旨在通过对生产和使用环节的管理人员、技术人员和作业人员的培训，提高相关人员在设计、管理和运行操作等环节的节能技术，进一步树立节能意识，指导生产和使用单位开展科学节能。

　　《锅炉节能技术》以通俗易懂的编写形式，介绍了与锅炉节能相关的基础知识和实践案例，对锅炉生产和使用单位进行锅炉设计和节能技术改造具有实际的指导意义。

　　限于编者水平，书中难免存在疏漏和不妥之处，恳请读者批评指正。

编　者

2017 年 10 月

目　录

第二篇　工业锅炉节能技术

第三篇　电站锅炉节能技术

第一篇 基 础 篇

第一章 锅炉节能技术概述

第一节 我国能源消耗现状与节能政策

一、我国能源消耗现状

能源是国民经济和社会发展的重要基础，也是影响当今国际政治、经济、军事、外交关系等的焦点问题。能源问题在国际形势与世界发展中的分量不断攀升。发达国家都把提高能效、节约能源作为其能源战略的重要目标和措施。20 世纪 80 年代初，我国就已提出"开发与节约并举，把节约放在首位"的能源发展方针。2012 年 10 月国务院发布的《中国的能源政策》白皮书指出，中国要坚持"节约优先、立足国内、多元发展、保护环境、科技创新、深化改革、国际合作、改善民生"的能源发展方针，全面推进能源节约，提高能源供给能力，加快推进能源技术进步，深化能源体制改革，加强能源领域的国际合作，实现能源的可持续发展。

人类的能源利用经历了薪柴时代到煤炭时代再到油气时代的演变，能源的消费结构也发生了很大的变化。目前世界能源主要依赖石油、天然气和煤炭等不可再生资源，其中石油和煤炭是多数国家的主要能源支撑，尤其是西方发达国家的石油消费在能源消费结构中所占比重均在 35% 以上，而我国长期处于以煤炭为主的能源消费结构，也决定了未来几十年内煤炭仍将在整个能源生产过程中发挥不可替代的作用。图 1-1 是 2016 年我国与世界一次能源消费结构对比。表 1-1 是 2003～2016 年我国各种一次能源消耗的百分率。图 1-2 是 2016 年我国一次能源消费构成图。由表 1-1 可以看出，我国能源消耗仍以化石能源为主，煤炭仍是中国能源体系的支柱。

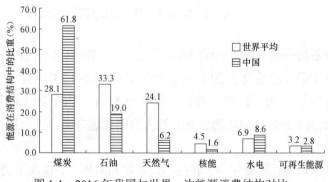

图 1-1　2016 年我国与世界一次能源消费结构对比

表 1-1　　　　　　　　　　2013～2016 年我国各种一次能源消耗的百分率

能源 年份	原油（%）	天然气（%）	原煤（%）	核能（%）	水力发电（%）	再生能源（%）	能源消费总量（Mtoe）	清洁能源（%）
2003	22.1	2.4	69.3	0.8	5.3	—	1204.2	—
2004	22.4	2.5	68.7	0.8	5.6	—	1423.5	—
2005	20.9	2.6	69.9	0.8	5.7	—	1566.7	—
2006	20.4	2.9	70.2	0.7	5.7	—	1729.8	—
2007	19.5	3.4	70.5	0.8	5.9	—	1862.8	—
2008	18.8	3.6	70.2	0.8	6.6	—	2002.5	—
2009	17.7	3.7	71.2	0.7	6.4	0.3	2187.7	7.4
2010	17.6	4.0	70.5	0.7	6.7	0.5	2432.2	7.9
2011	17.7	4.5	70.4	0.7	6.0	0.7	2613.2	7.4
2012	17.7	4.7	68.5	0.8	7.1	1.2	2735.2	9.1
2013	17.8	5.1	67.5	0.9	7.2	1.5	2852.4	9.6
2014	17.5	5.6	66.0	1.0	8.1	1.8	2972.1	10.9
2015	18.6	5.9	63.7	1.3	8.5	2.1	3014.0	11.9
2016	19.0	6.2	61.8	1.6	8.6	2.8	3053.0	13.0

注　本数据根据 2004～2017 年《BP 世界能源统计年鉴》汇总而成。

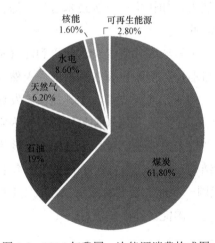

图 1-2　2016 年我国一次能源消费构成图

根据英国石油公司（BP）2017 年 6 月发布的《BP 世界能源统计年鉴》，2016 年中国仍然是世界上最大的能源消费国，占全球能源消费量的 23%，其次是美国，占比 17.1%。《BP 世界能源展望（2017 版）》中指出，预计 2035 年中国在全球能源消费中的占比将超过 25%，且中国将超过欧洲成为世界上最大的能源进口国，进口依存度将由 2015 年的 16% 上升至 21%。

在我国化石能源探明储量中，我国煤炭资源相对丰富，仅次于美国，占世界第二位，而油气资源匮乏。2016 年底我国煤炭探明储量为 2440 亿 t，占全球储量的 21.4%，但相比我国的煤炭产量而言，我国煤炭的储采比仅为 72 年，远低于世界平均水平 153 年，更远低于俄罗斯 417 年和美国 381 年。图 1-3 为 2016 年我国与世界平均化石能源储采比对比。

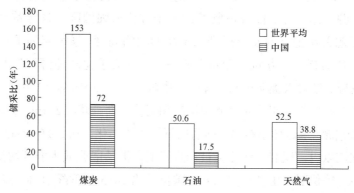

图 1-3　2016 年我国与世界平均化石能源储采比对比

我国能源资源相比世界其他国家并不丰富，在地域分布上又存在不同程度的不平衡性，且我国人口众多，使得人均能源占有量在世界上处较低水平，煤炭、石油、天然气的人均占有量仅为世界平均水平的 67%、6.1% 和 6.5%。

我国煤炭利用史长，比西方发现和使用煤炭至少要早 1500 年。新中国成立以来，我国煤炭工业得到了迅速发展，尤其是进入 20 世纪 80 年代后期，发展速度之快为世界各国罕见。原煤洗选加工比率大幅提高，如 1952 年我国原煤入选率约为 4.4%，2016 年底，原煤入选率为 68.9%，《煤炭工业发展"十三五"规划》提出到 2020 年，我国原煤入选率要到 75% 以上。

为做好 2017 年能源工作，推进"十三五"规划全面实施，国家能源局制订了《2017年能源工作指导意见》，该意见设定了 2017 年能源消耗目标、能源供应及能源效率。具体为：

（1）能源消费目标：全国能源消费总量控制在 44 亿 t 标准煤左右。非化石能源消费比重提高到 14.3% 左右，天然气消费比重提高到 6.8% 左右，煤炭消费比重下降到 60%左右。

（2）能源供应：全国能源生产总量 36.7 亿 t 标准煤左右。煤炭产量 36.5 亿 t 左右，原油产量 2.0 亿 t 左右，天然气产量 1700 亿 m³ 左右（含页岩气产量 100 亿 m³ 左右）。

（3）能源效率：单位国内生产总值能耗同比下降 5.0% 以上。燃煤电厂平均供电煤耗（标准煤）314g/kWh，同比减少 1g。完成煤电节能改造规模 6000 万 kW。

能源利用率是衡量一个国家能源利用有效程度的一项综合性指标。有资料显示，我国能源利用效率（单位能耗产生的 GDP）是日本的 1/10，美国的 1/4，比世界平均水平的一半还要低。按照这种估计，中国的能源节约潜力十分巨大。

二、我国能源政策

1. 《能源生产和消费革命战略（2016～2030）》

2014 年 6 月，中央财经领导小组第六次会议提出了推动能源消费革命、能源供给革命、能源技术革命、能源体制革命和全方位加强国际合作等重大战略思想。能源革命战略思想首次把能源发展提升到革命的战略高度，系统谋划了今后一个时期我国能源发展的使命任务、方向目标和主要举措，形成了化解能源资源和环境约束、促进人类永续发展、建设人类命运共同体的"中国方案"。2016 年 12 月，国家发展和改革委员会与国家能源局联合印发的《能源生产和消费革命战略（2016～2030）》指出到 2020 年，全面启动能源革命体系布局，推动化石能源清洁化，到 2020 年能源消费总量控制在 50 亿 t 标准煤以内，煤炭消费比重进一步降低，清洁能源成为能源增量主体，非化石能源占比 15%；单位国内生产总值二氧化碳排放比 2015 年下降 18%。到 2030 年，能源消费总量控制在 60 亿 t 标准煤以内，非化石能源占能源消费总量比重达到 20% 左右，天然气占比达到 15% 左右，新增能源需求主要依靠清洁能源满足；单位国内生产总值二氧化碳排放比 2015 年下降 60%～65%。到 2050 年，非化石能源消费占比达到 50%。

2. 《国家能源互联网行动计划》

2016 年 2 月，国家发展和改革委员会发布《国家能源互联网行动计划》，计划中提出了推进化石能源生产清洁、高效、智能化：鼓励煤、油、气开采、加工及利用全链条智能化改造，实现化石能源绿色、清洁和高效生产。以互联网手段促进化石能源供需高效匹配、运营集约高效。

3. 《关于推进供给侧结构性改革化解煤电产能过剩风险的意见》

2017 年 3 月，政府工作报告中 2017 年重点工作任务第一条即提到扎实有效去产能。今年要再压减钢铁产能 5000 万 t 左右，退出煤炭产能 1.5 亿 t 以上。同时，要淘汰、停建、缓建煤电产能 5000 万 kW 以上，以防范化解煤电产能过剩风险，提高煤电行业效率，优化能源结构，为清洁能源发展腾空间。

2017 年 7 月，国家发展和改革委员会、国家能源局等十六部委联合印发《关于推进供给侧结构性改革化解煤电产能过剩风险的意见》明确指出，"十三五"期间，全国停建和缓建煤电产能 1.5 亿 kW，淘汰落后产能 0.2 亿 kW 以上，到 2020 年，全国煤电装机规模控制在 11 亿 kW 以内，并依法依规淘汰关停不符合要求的 30 万 kW 以下煤电机组（含燃煤自备机组）。

4. 《"十三五"节能减排综合工作方案》（国发〔2016〕74 号）

2016 年 12 月，国务院印发了《"十三五"节能减排综合工作方案》（国发〔2016〕74 号）（以下简称《方案》）。

《方案》指出，要落实节约资源和保护环境的基本国策，以提高能源利用效率和改善生态环境质量为目标，以推进供给侧结构性改革和实施创新驱动发展战略为动力，加快建设资源节约型、环境友好型社会。到 2020 年，全国万元国内生产总值能耗比 2015 年下降 15%，能源消费总量控制在 50 亿 t 标准煤以内。全国化学需氧量、氨氮、二氧化硫、氮氧化物排放总量分别控制在 2001 万 t、207 万 t、1580 万 t、1574 万 t 以内，比 2015 年分别下降 10%、10%、15% 和 15%。全国挥发性有机物排放总量比 2015 年下降 10% 以上。

《方案》从十一个方面明确了推进节能减排工作的具体措施。一是优化产业和能源结构，促进传统产业转型升级，加快发展新兴产业，降低煤炭消费比重。二是加强重点领域节能，提升工业、建筑、交通、商贸、农村、公共机构和重点用能单位能效水平。三是深化主要污染物减排，改变单纯按行政区域为单元分解控制总量指标的方式，通过实施排污许可制，建立健全企事业单位总量控制制度，控制重点流域和工业、农业、生活、移动源污染物排放。四是大力发展循环经济，推动园区循环化改造，加强城市废弃物处理和大宗固体废弃物综合利用。五是实施节能、循环经济、主要大气污染物和主要水污染物减排等重点工程。六是强化节能减排技术支撑和服务体系建设，推进区域、城镇、园区、用能单位等系统用能和节能。七是完善支持节能减排的价格收费、财税激励、绿色金融等政策。八是建立和完善节能减排市场化机制，推行合同能源管理、绿色标识认证、环境污染第三方治理、电力需求侧管理。九是落实节能减排目标责任，强化评价考核。十是健全节能环保法律法规标准，严格监督检查，提高管理服务水平。十一是动员全社会参与节能减排，推行绿色消费，强化社会监督。

5. 《能源发展战略行动计划（2014～2020 年）》

2014 年国务院办公厅印发了《能源发展战略行动计划（2014～2020 年）》。

坚持"节约、清洁、安全"的战略方针，加快构建清洁、高效、安全、可持续的现代能源体系。重点实施四大战略：

（1）节约优先战略。把节约优先贯穿于经济社会及能源发展的全过程，集约高效开发能源，科学合理使用能源，大力提高能源效率，加快调整和优化经济结构，推进重点领域和关键环节节能，合理控制能源消费总量，以较少的能源消费支撑经济社会较快发展。

到 2020 年，一次能源消费总量控制在 48 亿 t 标准煤左右，煤炭消费总量控制在 42 亿 t 左右。

（2）立足国内战略。坚持立足国内，将国内供应作为保障能源安全的主渠道，牢牢掌握能源安全主动权。发挥国内资源、技术、装备和人才优势，加强国内能源资源勘探开发，完善能源替代和储备应急体系，着力增强能源供应能力。

到 2020 年，基本形成比较完善的能源安全保障体系。国内一次能源生产总量达到 42 亿 t 标准煤，能源自给能力保持在 85% 左右，能源储备应急体系基本建成。

（3）绿色低碳战略。着力优化能源结构，把发展清洁低碳能源作为调整能源结构的主攻方向。坚持发展非化石能源与化石能源高效清洁利用并举，逐步降低煤炭消费比重，提高天然气消费比重，大幅增加风电、太阳能、地热能等可再生能源和核电消费比重，形成与我国国情相适应、科学合理的能源消费结构，大幅减少能源消费排放，促进生态文明建设。

到 2020 年，非化石能源占一次能源消费比重达到 15%，天然气比重达到 10% 以上，煤炭消费比重控制在 62% 以内。

（4）创新驱动战略。深化能源体制改革，加快重点领域和关键环节改革步伐，完善能源科学发展体制机制，充分发挥市场在能源资源配置中的决定性作用。树立科技决定能源未来、科技创造未来能源的理念，依托重大工程推进科技自主创新，能源科技总体接近世界先进水平。

6.《"十三五"高耗能特种设备节能减排发展规划（征求意见稿）》

2017 年国家质量监督检验检疫总局特种设备局下发了《"十三五"高耗能特种设备节能减排发展规划（征求意见稿）》，结合国家节能减排的有关要求，提出了"十三五"高耗能特种设备节能减排的发展目标：到 2020 年，高耗能特种设备节能减排工作取得较大进展，具体为：

（1）构建锅炉安全、节能、环保三位一体的监管体系。

（2）进一步完善特种设备节能环保法规标准体系，科学调整锅炉能效指标，促进锅炉的产品结构优化调整，提高锅炉整体能效水平，初步建立典型换热压力容器能效评价方法和指标。

（3）继续实施燃煤锅炉节能减排攻坚战，全力推进燃煤锅炉节能环保综合提升，使工业锅炉实际运行效率在"十二五"末的基础上提高 5 个百分点以上，形成每年 4000 万 t 标准煤的节能能力，大幅降低工业锅炉大气污染物排放量。

7.《发电锅炉安全使用与节能管理基本要求》

《发电锅炉安全使用与节能管理基本要求》（以下简称《要求》）是上海市地方标准（DB31/T 965—2016），《要求》处处体现了节能的重要性。《要求》指出：使用单位应对发电锅炉及其系统的节能管理工作负责，进行能源资源的综合利用规划，积极开展发电锅炉节能减排技术改造和应用。使用单位从事节能管理工作的技术人员应具有锅炉节能相关专业知识，熟悉国家相关法律、法规、技术规范和标准。锅炉持证作业人员应经过锅炉经济运行和节能专业知识的教育培训、考核工作，有培训、考核记录。锅炉系统设计时，应在保证安全性能的前提下，充分提高能源利用效率，减少水、自用电、自用热以及其他能耗，促进热能回收和梯级利用。锅炉的辅机配置应与锅炉匹配，鼓励采用高效节能型配套辅机，满足锅炉及其系统高效运行的要求。锅炉的燃烧系统应可以根据锅炉实际负荷、燃料品种、排烟处空气含氧量、烟气的温度和排放指标进行智能化调整。锅炉安装、节能改造和重大维修后应进行性能验收试验，能效指标应符合《要求》中的指标要求。

三、锅炉节能相关法规

《中华人民共和国节约能源法》于 1997 年 11 月 1 日第八届全国人民代表大会常务委员会第二十八次会议通过，于 2016 年 7 月进行了二次修改，形成了新的《中华人民共和国节约能源法》。《中华人民共和国节约能源法》第七条规定"国家实行有利于节能和环境保护的产业政策，限制发展高耗能、高污染行业，发展节能环保型产业。"第十六条规定："对高耗能的特种设备，按照国务院的规定实行节能审查和监管。"

第二节 工业锅炉概述与节能

一、工业锅炉

工业锅炉是国民经济中重要的热能供应设备。电力、机械、冶金、化工、纺织、造纸、食品等行业，以及工业和民用采暖都需要锅炉供给大量的热能。我国工业锅炉的发展经历了 20 世纪 50 年代仿照苏联，60 年代自制水火管快装锅炉，70 年代研制劣质煤锅炉等阶段；到 80 年代，全国已有 20 万台共 37 万 t 的工业锅炉，年消煤量占当时煤产量的 1/3，达到 2 亿 t，锅炉的年产量为 60 万 t。80 年代在制定我国工业锅炉各种标准的基础上，研制了带有适宜燃用中值煤的各种燃烧设备的工业锅炉，无论是规模还是质量均有所提高，2010～2014 年全国工业锅炉主要产品生产情况见表 1-2。2016 年底，全国工业锅炉已达 58 万余台，其中燃煤工业锅炉约 47 万台，占在用工业锅炉 80% 以上，每年消耗标准煤约 4 亿 t。目前，我国在用燃煤工业锅炉以链条炉排为主，实际运行燃烧效率、锅炉热效率均低于国际先进水平 15% 左右。据初步测算，如采用煤粉锅炉技术将现有燃煤工业锅炉全部进行改造升级，每年可减排二氧化碳约 5 亿 t、二氧化硫约 300 万 t、粉尘约 30 万 t、废渣约 3000 万 t，能够大幅改善我国的空气质量。未来一个时期，煤炭在我国一次能源消费中仍将占主导地位。因此，必须进一步提高煤炭清洁高效利用水平，缓解资源环境压力。

表 1-2　　　　2010～2014 年全国工业锅炉主要产品生产情况

序号	名称	台数占总量比（%）					蒸吨/时数占总产量比（%）				
		2010	2011	2012	2013	2014	2010	2011	2012	2013	2014
1	按锅炉炉型划分										
1)	水管锅炉	47.83	34.66	25.14	42.48	21.85	65.1	56.91	47.49	71.56	53.42
2)	锅壳锅炉	29.81	43.54	55.52	40.66	61.47	10.4	20.41	28.57	13.62	25.92
2	按燃烧方式划分										
1)	链条炉排	46.7	53.44	43.02	46.45	35.02	46.49	50.31	39.65	43	41.54
2)	循环流化床/沸腾炉	6.11	4.02	2.46	3.63	1.38	18.92	17.58	10.88	21.21	8.79
3)	室燃炉	38.83	33.4	50.68	43.47	61.68	31.92	28.52	47.5	33.32	46.64

续表

序号	名称	台数占总量比（%）					蒸吨/时数占总产量比（%）				
		2010	2011	2012	2013	2014	2010	2011	2012	2013	2014
3	按压力划分										
1)	0.69MPa<p≤1.25MPa	72.52	79.2	80.46	77.05	82.64	55.68	56.53	66.82	50.4	70.69
2)	1.25MPa<p≤2.5MPa	10.05	9.8	9.98	12.04	7.63	25.1	24.42	23.41	29.07	22.97
3)	p>2.5MPa	2.3	2.16	2.47	3.41	1.95	17.64	13.84	8.88	19.23	4.86
4	按主要燃料划分										
1)	燃煤	52.38	57.33	47.11	47.12	32.59	50.73	55.05	50.19	42.11	39.86
2)	油、气	29.05	22.69	39.12	35.25	54.76	15.44	13.99	28.44	22.92	32.53
3)	生物质	1.67	2.84	2.13	6.01	4.1	2.45	2.98	1.79	5.74	4.94
4)	余热利用	3.19	9.43	8.69	7.01	6.17	0.37	13.87	15.94	9.21	13.41
5	按容量划分										
1)	Q≤1t/h	10.65	12.28	11.94	9.93	1.13	0.78	0.81	0.67	0.9	10.65
2)	1t/h<Q≤10t/h	68.3	63.1	65.15	69.41	34.46	32.99	29.63	27.05	31.3	68.3
3)	10t/h<Q≤35t/h	16.25	18.84	15.14	15.03	34.23	32.54	31.55	24.79	27.7	16.25
4)	35t/h<Q	4.81	5.78	7.77	5.61	30.17	33.7	38	47.49	40.1	4.81

注　室燃炉包括余热锅炉、燃油气锅炉、煤粉锅炉和水煤浆锅炉等。

目前，工业锅炉存在的主要问题有以下几点。

（1）平均容量小，运行负荷低。我国工业锅炉的平均容量近几年虽然有所提高，但仍然较小。同时，工业锅炉运行负荷大多处于远低于额定负荷状态。如果锅炉在50%负荷下运行，散热损失比在额定负荷运行时多一倍，不完全燃烧热损失和排烟热损失增大，运行效率下降。

（2）煤质差且煤种多变。工业锅炉的燃煤多为未经过洗选加工的原煤，颗粒度、灰分等品质没有保证。目前燃煤工业锅炉以层燃锅炉为主，而层燃锅炉对煤种的适应性较差，当燃用煤种发生变化时，不采取有针对性的应对措施，锅炉运行效率降低，污染物排放增加。

（3）锅炉设备本身存在较多不足。工业锅炉多数是层燃炉，燃烧设备存在的缺陷较多。目前我国机械炉排普遍存在漏煤量偏大、侧密封不严等问题，严重影响锅炉运行效率。

（4）锅炉运行监测仪表不全，控制水平低。目前在用工业锅炉配置的运行监测仪表不全，尤其是缺乏在线锅炉运行参数的仪表。因此，运行人员在调整锅炉时，往往由于缺少数据，不能对锅炉的运行状况随时做出准确判断并实行相应的运行调整，难以使锅炉处于最佳运行工况。

（5）锅炉水质达不到标准要求。按照GB/T 1576—2008《工业锅炉水质》的规定，蒸汽锅炉、承压热水锅炉的给水应采用锅炉外化学处理。据不完全统计，全国在用工业锅炉配置水处理设备占工业锅炉总数的65%左右。由于水质差，锅炉结垢严重，影响受热面传热和锅炉安全运行。

（6）锅炉辅机配套问题。目前，许多锅炉的送、引风机和给水泵、循环水泵配套偏大。即使辅机是按锅炉额定容量配置的，由于当前锅炉多数处于低负荷运行状态，辅机不能在高效率区域运行，会造成较大的能源浪费。

依据行业制定的《工业锅炉行业"十三五"发展指导意见》："十三五"期间指导思想是工业锅炉行业必须紧密围绕国家经济发展和节能减排战略，主动适应新常态，以产品安全、环保、高效为中心，促进工业锅炉企业自身转型升级和产品结构调整，加强行业基础技术研究，推动企业新技术、新产品的开发、应用，切实提高行业整体质量水平，促进我国工业锅炉行业的可持续发展。

二、在用工业锅炉节能现状

1. 工业锅炉节能监督管理机构和相关制度法规不健全，监督管理不力

由于节能工作涉及范围广，宏观能源管理的职能全部归国家发展和改革委员会，并在其内增设了能源局及环境和资源综合利用司（全面管理节能工作），各地都设立了相应的管理机构，但相应的专业节能管理支撑体系还未建立或健全，也缺少配套的专业节能管理法规、制度，各级政府和终端用能单位在节能管理、节能信息、节能政策等方面还存在明显的信息不对称。

2. 工业锅炉节能技术和产品研究开发力量薄弱、分散，节能技术和产品推广不力

目前，工业锅炉节能技术和产品研究开发缺少有效的组织和实施，既没有为政府节能决策提供技术支撑的工业锅炉专业技术研究机构，也缺乏足够的经费用于工业锅炉节能技术和产品研发，以及相关节能技术和产品的推广。

3. 工业锅炉的节能技术法规标准比较陈旧

目前在工业锅炉节能管理标准方面，虽然已有很多标准或规范，比如 NB/T 47035—2013《工业锅炉系统能效评价导则》、GB/T 15317—2009《燃煤工业锅炉节能监测》、GB 24500—2009《工业锅炉能效限定值及能效等级》、GB/T 17954—2007《工业锅炉经济运行》等，但这些标准或规范近几年一直没有进行修订，有关技术指标已不适应当前节能工作的要求。

4. 缺乏有效的节能激励政策和措施

现有的节能政策、措施在针对性、专一性、协调配套性、可操作性等方面与市场经济的要求存在着不同程度的不适应，适应市场经济的长效节能战略管理、监督、激励机制有待深入探索，并尽快研究制定。

5. 燃煤工业锅炉热效率低，节能潜力大

我国燃煤工业锅炉普遍存在锅炉运行负荷低、煤种多变、炉渣含碳量高、漏风严重造成过量空气系数大等问题，这些问题造成锅炉机械不完全燃烧热损失及排烟热损失过大，造成锅炉实际运行热效率较低，我国燃煤工业锅炉运行平均热效率约为70%，比国际先进水平低 10% 左右，具有约每年 7000 万 t 标准煤的节能潜力。

第三节　电站锅炉概述与节能

电站锅炉用于发电，大多数为大容量、高参数锅炉，室燃，热效率高，出口工质为过热蒸汽。

一、电站锅炉概述

1. 电站锅炉的分类

（1）按照蒸汽压力分：

1）低压锅炉（出口蒸汽压力小于等于 2.45MPa）。

2）中压锅炉（出口蒸汽压力为 2.94~4.90 MPa）。

3）高压锅炉（出口蒸汽压力为 7.8~10.8MPa）。

4）超高压锅炉（出口蒸汽压力为 11.8~14.7MPa）。

5）亚临界压力锅炉（出口蒸汽压力为 15.7~19.6MPa）。

6）超临界压力锅炉（出口蒸汽压力大于 22.1 MPa）。

7）超超临界压力锅炉（出口主蒸汽压力大于 27 MPa 或主再热蒸汽温度在 580℃ 以上）。

（2）按照燃烧方式分：

层燃炉、室燃炉和流化床炉。

（3）按照布置类型分：

Π 型锅炉和塔式锅炉。

（4）按照锅炉蒸发受热面中工质流动方式分：

自然循环锅炉、强制循环锅炉和直流锅炉。

2. 电站锅炉容量

我国部分锅炉的容量和参数见表 1-3 和表 1-4。

表 1-3　　　　　　　　亚临界压力自然循环和强制循环锅炉的容量和参数

机组功率（MW）	300	300	300	600	600
循环方式	自然循环	强制循环	自然循环	自然循环	强制循环
燃烧方式	四角燃烧	四角燃烧	对冲燃烧	对冲燃烧	四角燃烧
过热蒸汽流量（MCR）	1025	1025	1025	2026.8	2008
再热蒸汽流量（t/h）	860	834.8	823.8	1704.2	1634
过热蒸汽压力（MPa）	18.2	18.3	18.3	18.19	18.22
再热蒸汽进/出口压力（MPa）	4.00/3.79	3.83/3.62	3.82/3.66	4.176/4.3	3.49/3.31
过热蒸汽温度（℃）	540	541	540	540.6	540.6

机组功率（MW）	300	300	300	600	600
再热蒸汽进/出口温度（℃）	330/540	322/541	316/540	313.0/540.6	313.3/540.6
给水温度（℃）	276	271	278	276	278.33

表 1-4　　　　　　超临界和超超临界压力直流锅炉的容量和参数

燃烧方式	对冲燃烧	四角燃烧	对冲燃烧	双四角燃烧	对冲燃烧
机组功率（MW）	500	600	800	1000	1000
过热蒸汽流量(MCR)	1650	1900	2650	2953	3033
再热蒸汽流量(t/h)	1481	1613	2151.5	2457	2469.7
过热蒸汽压力（MPa）	25	25.4	25	27.56	26.25
再热蒸汽进/出口压力（MPa）	4.15/3.9	4.77/4.57	3.86/3.62	6/5.8	4.99/4.79
过热蒸汽温度（℃）	545	541	545	605	605
再热蒸汽进/出口温度（℃）	295/545	338/566	283/545	359/603	356.3/603
给水温度（℃）	270	286	277	302.4	295

二、在用电站锅炉节能现状

随着电力技术的不断发展，火电机组结构不断优化，大容量和新技术机组所占比例不断提高。截至 2016 年底，全国火电机组装机容量达 10.54 亿 kW。超临界、超超临界机组比例明显提高，单机 30 万 kW 及以上机组比重上升到 79%。2016 年全国火电机组平均供电标准煤耗率降至 312g/kWh，比上年度下降 3g/kWh。随着电厂自动控制水平的提高，厂用电率也有所降低，全国火电平均厂用电率由 2000 年的 7.31%下降至 2016 年的 6.0%。虽然我国各类机组的运行可靠性和经济性水平逐年提高，但目前平均供电煤耗仍比世界先进国家的平均供电煤耗要高：比德国高 27.7g/kWh，比丹麦高 26g/kWh，比日本高 8g/kWh，比美国高 5g/kWh，整体运行水平与国际先进水平仍有较大差距。

目前，我国电站锅炉节能方面存在的主要问题如下。

（1）锅炉的着火和稳燃问题。我国动力用煤以劣质煤为主，而将优质煤用于化工、冶金等行业。动力煤主要包括褐煤、长焰煤、不黏结煤、贫煤、气煤、少量的无烟煤。动力煤燃烧中常见的问题就是煤粉气流着火延长、灭火打炮、燃烧不稳定和出力不足等问题。

（2）锅炉受热面结焦问题。煤粉炉结渣问题较为普遍，结渣的后果，轻则影响传热，迫使锅炉降负荷运行，降低锅炉的效率；重则导致非计划停炉，造成重大安全事故，是危及锅炉安全经济运行的一大问题。

（3）机组深度调峰，效率低，能耗高。调峰分为常规调峰和深度调峰。常规调峰：在用电高峰时，电网往往超负荷，此时需要投入在正常运行以外的发电机组用于调节用电的高峰。深度调峰：受电网负荷峰谷差较大影响而导致各发电厂降出力、发电机组超过基本调峰范围进行调峰的一种运行方式；深度调峰的负荷范围超过该电厂锅炉最低稳燃负荷以下。目前，火电机组参与调峰的时间越来越长。负荷调度过程中负荷低于50%额定负荷的调峰的频次和时间不断增加，个别时段调峰深度甚至达到70%额定负荷。机组调峰期间，机组很难保证在最经济负荷下运行，机组效率低，能耗增加。

（4）机组老化设备陈旧。机组运行时设备、管道漏热、漏风点较多，尤其是回转式空气预热器与尾部烟道存在着漏风率大，厂用电率高，使得锅炉的热经济性严重降低，热效率低，煤耗增大。

（5）锅炉运行过程中，由于种种原因，锅炉会产生较多的飞灰可燃物，导致燃烧效率降低。一般情况下，锅炉飞灰含碳量每增加1%，机组厂用电率增加0.01%～0.02%，对机组发电煤耗的影响比较大。

（6）机组辅机存在较大的节能空间。锅炉送、引风机，水泵等设备在设计选型上存在"大马拉小车"现象。导致机组运行效率低，增加了厂用电率。

第二章 燃料及燃烧方式

　　燃料是指在空气中燃烧并能放出大量热量的气体、液体或固体，且在经济上具有利用价值的物质的总称。锅炉使用的燃料通常按照存在的物理形态，将其分为固体燃料、液体燃料和气体燃料三种。固体燃料常用的有煤、煤矸石、页岩和生物质等；液体燃料常用的有柴油、重油和渣油等；气体燃料常用的有天然气、城市煤气、高炉煤气、焦炉煤气和液化石油气等。

　　锅炉选用的燃料种类和品质不同，锅炉的设计结构、选用的燃烧方式和燃烧特性也不相同，这些都与锅炉的安全、经济运行有着密切联系。因此，了解和掌握各类燃料的性质及其燃烧特点，对做好锅炉节能工作具有十分重要的意义。

第一节　固　体　燃　料

　　本章主要讲的固体燃料包括煤燃料和生物质燃料。

一、煤燃料

1. 煤的分类

　　我国煤炭资源丰富、种类繁多，为能够合理地使用各类煤，必须对煤进行科学分类。常见的分类方法是按干燥无灰基挥发分的含量和胶质层最大厚度进行分类。所谓胶质层最大厚度是指将煤样放在专门的容器内逐渐加热到 730℃，煤在受热干燥过程中，焦炭表面会产生一种胶质体（熔化的沥青表层），随着干燥温度的升高，胶质体厚度也在增加，这个厚度的最大值即称为胶质层最大厚度，用符号 Y 表示，单位 mm。胶质层最大厚度反映了煤的焦结性，胶质层越厚，煤的焦结性越强。我国按挥发分含量和胶质层厚度把煤炭划分为十大类，即无烟煤、贫煤、瘦煤、焦煤、肥煤、气煤、弱黏结煤、不黏结煤、长焰煤及褐煤，其中无烟煤、贫煤、弱黏结煤、不黏结煤、长焰煤与褐煤的胶质层厚度不大或不稳定，属于不焦结和弱焦结煤，不适宜作为炼焦煤，但可作为动力用煤供锅炉燃用。锅炉常用煤种及其特性如下。

　　（1）无烟煤。无烟煤的特点是固定碳含量高，挥发分含量低，干燥无灰基挥发分 V_{daf} ≤10%，故不易点燃，燃烧缓慢，燃烧时无烟且火焰很短。因无烟煤的干燥无灰基含碳量达 95%～96%，含氢量少，发热量大致为 20 930～25 120kJ/kg（或 5000～6000kcal/kg）。

　　（2）贫煤。贫煤的性质介于无烟煤与烟煤之间。其炭化程度比无烟煤稍低，挥发分含量为 10%＜V_{daf}≤20%，也不易点燃，燃烧时火焰短，但稍胜于无烟煤。

（3）烟煤。烟煤的特点是固定碳含量较无烟煤低，挥发分含量较高，一般 V_{daf}＞20%，故大部分烟煤都易点燃，燃烧速度快，燃烧时火焰长；烟煤发热量大致为 18 850～27 210kJ/kg（4500～6500kcal/kg）；多数具有或强或弱的焦结性，烟煤表面呈灰黑色，有光泽，质松易碎，储存时有可能会自燃。烟煤还有一种灰分、水分含量较高，发热量较低（多在 18 850kJ/kg 以下）的品种，称为劣质烟煤。燃用劣质烟煤除应在燃烧上采取适当措施外，还应考虑受热面积灰、结渣和磨损等问题。

（4）褐煤。褐煤的特点是固定碳含量不高，含挥发分很高，V_{daf}＞40%，故极易点燃，燃烧时火焰长；又因其水分、灰分及氧的含量均较高，故发热量低，一般为 10 500～14 700kJ/kg（2500～3500kcal/kg）；褐煤燃烧后焦炭无焦结性。褐煤外表多呈棕褐色，质脆易风化，储存时极易发生自燃。

（5）煤矸石。煤矸石是夹带有矸石等矿物质的煤。含灰量在 50%以上，发热量很低，一般需要制成细小的颗粒才能燃烧。这种煤由于发热量低，不易燃烧，所以在锅炉上较少使用。目前，只有在沸腾锅炉和循环流化床锅炉中应用。

2. 煤的工业分析

煤的工业分析项目有挥发分、固定碳、灰分、水分和发热量等。

（1）挥发分。对煤进行加热时，首先析出水分，然后排放出碳氢化合物、氧、氮、有机硫等气体，这些气体就是挥发分。由于挥发分中的主要成分是可燃气体，且这种气体能在较低的温度下着火燃烧，所以煤中挥发分含量越多，煤就越容易着火燃烧，但挥发分含量太多，固定碳的含量相应减少，则会使其发热量降低。

（2）固定碳。煤中的水分和挥发分全部析出后，余下的便是焦炭，它包括固定碳和灰分。碳在完全燃烧后生成二氧化碳，并放出全部热量。

（3）灰分。煤燃烧后残留下来不能燃烧的部分就是灰分，煤的含灰量一般在 10%～40%。煤中的灰分主要由两部分组成，一部分是原来存在于植物中的矿物质，另一部分是煤在开采、运输过程中混入的砂和石灰土。煤中灰分的存在，不但降低了燃料的发热量，还增加了热损失。

（4）水分。水分也是煤中的有害成分。水分在燃烧过程中要吸收热量，使炉膛温度降低，增加着火和燃烧的困难。水分汽化后还会增加烟气体积，这不仅增加排烟损失，而且还会加重引风机的负担，同时，还会加剧尾部受热面的腐蚀。

（5）发热量。煤在完全燃烧时所能放出的热量称为煤的发热量。煤的发热量有低位发热量和高位发热量之分。通常，将煤中的水分在燃烧时吸收的热量全部释放出来的发热量称为高位发热量。但是，实际上水分吸收热量变成水蒸气后随烟气从烟囱排出，不可能将吸收的热量释放出来，因此通常将高位发热量扣除水汽化潜热后的发热量称为低位发热量。在锅炉设计和运行管理中，一般都用低位发热量来计算耗煤量和热效率。

（6）灰熔点和焦炭的黏结性。不同煤种的灰分组成变化很大，其灰熔点也不一样。通常，将灰熔点高于 1425℃的灰称为难熔性灰，低于 1200℃的灰称为易熔性灰。灰熔点低的煤，易于结渣，难以燃尽，增加不完全燃烧热损失。

3. 煤的燃烧特性指标

（1）可燃性判别指数 C。

$$C = \frac{R_{1\max}}{T_i^2} \times 10^6 \qquad [\text{mg}/(\text{min} \cdot \text{K}^2)] \qquad (2\text{-}1)$$

式中　$R_{1\max}$——煤粉在氧气中的最大燃烧速度，mg/min；

　　　T_i——热力学温度表示的试样着火温度，K。

C 值对煤燃烧着火稳定性的判别界限为 $C \leqslant 0.9 \times 10^{-6}$，极难稳定区；$C > (0.9 \sim 1.4) \times 10^{-6}$，难稳定区；$C > (1.4 \sim 1.75) \times 10^{-6}$ 中等稳定区；$C > (1.75 \sim 2.3) \times 10^{-6}$，易稳定区；$C > 2.3 \times 10^{-6}$，极易稳定区。

（2）稳燃判别指数 M_1。

$$M_1 = 4.7\text{e}^{-0.0052T_i} + 4.6\text{e}^{-0.044T_{1\max}} + 0.0091\text{e}^{0.36W_{1\max}} + 0.011\text{e}^{0.44G_1} \qquad (2\text{-}2)$$

式中　$T_{1\max}$——最大失重速度时对应的温度，K；

　　　$W_{1\max}$——最大失重速度，mg/min；

　　　G_1——失重量，mg。

M_1 越小，越难稳定；M_1 越大，燃烧越稳定。

（3）火焰稳定性指数 F_{ith}。

$$F_{ith} = R_{\max}/T_i(T_{\max} - T_i) \qquad (2\text{-}3)$$

式中　$R_{\max}$——最大反应指数；

　　　$T_{\max}$——最大反应指数所对应的最大反应温度；

　　　F_{ith}——综合性指标，F_{ith} 越大，着火性能就越好。

（4）煤着火稳燃特性综合判别指标 R_w。

$$R_w = 560/T_i + 650/T_{1\max} + 0.27W_{1\max} \qquad (2\text{-}4)$$

该指标已被用至锅炉设计中，用于表征煤质着火稳燃特性。

（5）燃烧特性指数 S。

$$S = \frac{(\text{d}W/\text{d}t)_{\max} \times (\text{d}W/\text{d}t)_{\text{mean}}}{T_i \times T_h} \qquad (2\text{-}5)$$

式中　$(\text{d}W/\text{d}t)_{\max}$——最大燃烧速度；

　　　$(\text{d}W/\text{d}t)_{\text{mean}}$——平均燃烧速度；

　　　　　T_i——着火温度，K；

　　　　　T_h——燃尽温度，K。

S 越大，煤的燃烧特性越佳。

二、生物质燃料

1. 生物质分类及特点

生物质能一直是人类赖以生存的重要能源，它是仅次于煤炭、石油和天然气而居于世界能源消费总量第四位的能源，在整个能源系统中占有重要地位。生物质能的优点：一是可再生性；二是低污染性。

根据生物质的化学性质不同，分为糖类、淀粉和木质纤维素；若根据生物质来源划分，可分为：①农业生产废弃物，主要为作物秸秆；②薪柴、枝桠柴和柴草；③农林加工废弃物，木屑、果壳和谷壳；④人畜粪便和生活有机垃圾等；⑤工业有机废弃物，有机的废水和废渣等；⑥能源植物，包括所有可作为能源用途的农作物、林木和水生植物资源等。目前可供利用开发的资源主要为生物质废弃物，包括农作物秸秆、禽畜粪便、工业有机废弃物和城市固体有机垃圾、林业生物质、能源作物等。

2. 生物质的组成

（1）生物质的化学分析。糖类和淀粉类生物质的化学组成相对简单，主要由葡萄糖、单糖或多糖组成，广泛利用的生物质主要为纤维素类。不同来源的生物质的化学组成也不尽相同，主要是由有机物和无机物组成，无机物包括水和矿物质，它们在生物质的利用和能量转化中是无用的；有机物则是生物质的重要组成部分，其性质决定了生物质的利用率和能量转化率的高低。对于农作物的主要化学元素组成为碳 40%～60%、氢 5%～6%、氧 43%～50%、氮 0.6%～1.1%、硫 0.1%～0.2%，经完全燃烧后，灰分 3%～5%、磷 1.5%～2.5%、钾 11%～20%。薪柴化学元素组成为碳 49.5%、氢 6.5%、氧 43%、氮 1%，经完全燃耗，灰分少于 1%，还有少量钾和其他微量元素。纤维素类生物质在燃烧过程中，各元素发挥相应的作用，形成相应的氧化产物。

1）碳：作为生物质中主要可燃成分，1kg 碳完全燃烧可释放出 33 585kJ 的热量，其含量多少决定着燃料热值的高低，含碳量越高，发热量就越多。

2）氢：生物质中的氢元素常以碳氢化合物的形式存在，1kg 氢燃烧可以释放出 125 400kJ 的热量。氢的含量越多，越容易燃烧。

3）氮：氮可与氧结合生成 NO 或 NO_2，通常称为氮氧化物，生成过程不仅没有热量产生，氮氧化物排入大气后还会对人体产生危害。

4）硫：硫作为燃料是一种有害物质，与氧合成硫化物。1kg 硫完全燃烧可释放出 9033kJ 的热量。硫化物排入大气后吸收水蒸气形成酸雨，而酸雨对生物及建筑物均有害，应对烟气进行处理以脱除硫化物。

（2）生物质的工业分析。生物质的工业分析项目包括水分、灰分、挥发分、固定碳和热值五项。根据工业分析可初步判断生物质的组成和性质，从而确定其工业用途，表 2-1 为某些生物质的工业分析（干燥基）。

表 2-1　　　　　　　　　　某些生物质的工业分析（干燥基）

生物质项目	挥发分（%）	固定碳（%）	灰分（%）	低位发热量（MJ/kg）
禽畜粪便	65～72	10～20	15～22	11～17
玉米秸秆	78	15	7	17.75
稻草	70	18	12	17.64

1）水分。生物质中水分存在形态有外在水分、内在水分和结晶水三种形式。外在水分即为附着在生物质表面及大毛孔中的水分，若将生物质置于空气中，水分将会自然蒸发，直至水分含量与空气相对湿度相平衡，生物质中外在水分与环境条件相关，与生物质内在品质无关；内在水分一般附着在生物质内部表面或小毛细孔中，将生物质置于102～105℃下加热所蒸发的水分即为内在水分，生物质的内在水分与生物质品质相关；结晶水是矿物质所含的水分，含量较少。通常工业分析中将外在水分与内在水分两者总称为全水分。

2）挥发分和固定碳。挥发分是生物质中有机物受热分解析出的部分气态物质，生物质在 900℃下加热一定时间所得到除水蒸气之外的气体即为挥发分。挥发分主要是碳氢化合物、碳氧化物、氢气和焦油蒸汽。挥发分的占比值决定了生物质的热值、焦油产率等特性。高温加热后剩余的固体称为焦炭，焦炭包含灰分和固定碳两部分。

3）灰分。灰分是指生物质中可燃物质完全燃烧后剩下的固体物质。灰熔点对热加工过程的操作温度有决定性作用，操作温度超过灰熔点可能造成结渣，导致不能正常运行，一般生物质的灰熔点在 900～1050℃。

4）热值。生物质的热值是指单位质量的生物质完全燃烧所产生的热量。生物质中的可燃成分决定了生物质发热量的大小。生物质的发热量有高位发热量（high heat value，HHV）和低位发热量（low heat value，LHV）之分，相比于低位发热量，高位发热量包含了燃烧过程中产生的水蒸气凝结成液态水所释放的热量。表 2-2 为某些生物质在自然风干情况下的发热量。

表 2-2　　　　　　　　　某些生物质在自然风干情况下的发热量

生物质	玉米秸	高粱秸	棉花秸	豆秸	麦秸	稻草	谷草	杂草	树叶	牛粪	稻壳
HHV（MJ/kg）	16.90	16.37	17.37	17.59	16.67	15.24	15.67	16.31	16.26	16.28	12.84
LHV（MJ/kg）	15.54	15.07	16.00	16.15	15.36	13.97	14.36	15.01	14.94	14.84	11.62

第二节　液体燃料

一、锅炉用液体燃料的种类及性质

锅炉燃用的液体燃料主要是柴油、重油和渣油。

（1）柴油。柴油可分为轻柴油和重柴油，利用常压蒸馏和减压蒸馏均可获得柴油。轻柴油为柴油机燃料，在锅炉上只作点火、低负荷助燃用，一般采用 0 号柴油。重柴油为中、低速柴油机燃料。柴油质量技术要求和试验方法（GB 252—2015《普通柴油》）

见表 2-3。

表 2-3 柴油质量技术要求和试验方法

项目	5 号	0 号	-10 号	-20 号	-35 号	-50 号	试验方法
色度（号）不大于			3.5				GB/T 6540—1986《石油产品颜色测定法》
氧化安定性（以总不溶物计）（mg/100mL）不大于			2.5				SH/T 0175—2004《馏分燃料油氧化安定性测定法（加速法）》
硫含量 a（mg/kg）不大于		350（2017 年 6 月 30 日以前）50（2017 年 7 月 1 日开始）10（2018 年 1 月 1 日）					SH/T 0689—2000《轻质烃及发动机燃料和其他油品的总硫含量测定法（紫外荧光法）》
酸度（以 KOH 计）(mg/100mL) 不大于			7				GB/T 258—2016《轻质石油产品酸度测定法》
10%蒸余残炭 b（质量分数）（%）不大于			0.3				GB/T 268—1987《石油产品残炭测定法（康氏法）》
灰分（质量分数）（%）不大于			0.01				GB/T 508—1985《石油产品灰分测定法》
铜片腐蚀（50℃，3h）（级）不大于			1				GB/T 5096—1985《石油产品铜片腐蚀试验法》
水分（体积分数）（%）不大于			痕迹				GB/T 260—2016《石油产品水含量的测定 蒸馏法》
机械杂质 c			无				GB/T 511—2010《石油和石油产品及添加剂 机械杂质测定法》
运动黏度（20℃）（mm²/s）不大于	3.0～8.0		2.5～8.0		1.8～7.0		GB/T 265—1988《石油产品运动粘度测定法和动力粘度计算法》
凝点（℃）不高于	5	0	-10	-20	-35	-50	GB/T 510—1983《石油产品凝点测定法》
冷滤点（℃）不高于	8	4	-5	-14	-29	-44	SH/T 0248—2006《柴油和民用取暖油冷滤点测定法》
闪点（闭口）（℃）不低于		55			45		GB/T 261—2008《闪点的测定 宾斯基-马丁闭口杯法》
着火性 d（应满足下列要求之一）十六烷值（级）不小于 十六烷指数不小于			45 43				GB/T 386—2010《柴油十六烷值测定法》SH/T 0694—2000《中间馏分燃料十六烷指数计算法（四变量公式法）》
馏程：50%回收温度（℃）不高于 90%回收温度（℃）不高于 95%回收温度（℃）不高于			300 355 365				GB/T 6536—2010《石油产品常压蒸馏特性测定法》
润滑性 矫正磨痕直径（60℃）（μm）不大于			460				SH/T 0765—2005《柴油润滑性评定法（高频往复试验机法）》
密度 e（20℃）（kg/m³）			报告				GB/T 1884—2000《原油和液体石油产品密度实验室测定法（密度计法）》GB/T 1885—1998《石油计量表》
脂肪酸甲酯 f（体积分数）（%）不大于			1.0				GB/T 23801—2009《中间馏分油中脂肪酸甲酯含量的测定 红外光谱法》

注 a 可用 GB/T 380、GB/T 11140、GB/T 17040、ASTM D7039 方法测定。结果有争议时，以 SH/T 0689 方法为准。
　 b 普通柴油中含有硝酸酯型十六烷改进剂，10%蒸余物残炭的测定应用不加硝酸酯的基础燃料进行。
　 c 可用目测法，即将试样注入 100mL 玻璃量筒中，在室温（20℃±5℃）下观察，应当透明，没有悬浮和沉降的水分及机械杂质。结果有争议时，按 GB/T 260 或 GB/T 511 测定。
　 d 由中间基或环烷基原油生产的各号普通柴油的十六烷值或十六烷指数允许不小于 40（有特殊要求者由供需双方确定）；十六烷指数的计算也可用 GB/T 11139。结果有争议时，以 GB/T 386 方法为准。
　 e 也可采用 SH/T 0604 方法，结果有争议时，以 GB/T 1884 和 GB/T 1885 为准。
　 f 脂肪酸甲酯应满足 GB/T 20828 的要求。

（2）重油。重油是由裂化重油、液压重油、常压重油或蜡油等按不同比例调制成的。根据 80℃时运动黏度可分为 20、60、100 号和 200 号 4 个牌号。牌号的数目大致等于该油在 50℃的恩氏黏度 °E50。表 2-4 是染料中油质量指标。20 号重油用在小型油喷嘴的燃油锅炉上，60 号重油用在中等出力喷嘴的燃油锅炉上，100 号和 200 号重油用在具有预热设备的大型喷嘴的锅炉上。

表 2-4　　　　　　　　　　　　　　燃 料 中 油 质 量 指 标

质量指标	单位	20 号	60 号	100 号	200 号
恩氏黏度不大于	°E90	5.0	11.0	15.5	
恩氏黏度不大于	°E100				5.5～9.5
敞开法闪点不低于	℃	80	100	120	130
凝固点不高于	℃	15	20	25	33
灰分不大于	%	0.3	0.3	0.3	0.3
水分不大于	%	1.0	1.5	2.0	2.0
含硫不大于	%	1.0	1.5	2.0	3.0
机械杂质不大于	%	1.5	2.0	2.5	2.5

（3）渣油。渣油是石油炼制过程中排出的残余物不经处理，直接作为燃料，习惯上称之为渣油。渣油没有统一的质量指标。渣油可以是减压重油、裂化重油或常压重油。渣油与重油相似，黏度大，流动性差，密度大，脱水困难，闪点、沸点较高。应用渣油时一般均需预热，以利于输送和雾化。

二、液体燃料的主要性能指标

（1）黏度。黏度表示流体流动性能的好坏，黏度越大，流体流动性越差，黏度对燃烧和运输有很大影响。黏度与温度有关，温度提高，黏度就降低。

重油的黏度通常用恩氏黏度"°E"表示，即 200mL 试验重油在温度为 t℃时从恩氏黏度计中流出的时间，与 200mL 温度为 20℃的蒸馏水从同一黏度计中流出的时间之比，叫做重油在 t℃时的恩氏黏度。

燃油黏度的大小反应燃油流动性的高低，对于高黏度油，为了顺利地运输和良好地雾化，必须将油加热到较高的温度。

（2）凝固点和沸点。燃油丧失流动能力时的温度称为凝固点，它是以倾斜 45°试管中的样品油经过 1min 后，油面保持不变的温度作为该油的凝固点。燃油凝固点高低与石蜡含量有关，含蜡高的油凝固点高。

燃油是由各种烃组成的，因此沸点是一范围的值，无恒定值。分子量低的组分沸点就低。

（3）闪点和燃点。当油温升高，油面上油气-空气混合物与明火接触而发生一短暂闪光时的油温称为闪点。闪点与燃油的组成关系密切,燃油中只要含有少量分子量小的成分,其闪点将显著降低。压力升高,闪点升高。按照闪点测定方法的不同,可分为开口杯法闪点和闭口杯法闪点。开口杯法比闭口杯法闪点高 15~25℃。闪点是衡量燃油是否容易发生火灾的一项重要指标。敞口容量中油温接近或超过闪点就会增加着火危险性。

燃点是油面上油气-空气混合物遇到明火就可连续燃烧(持续时间不少于 5s)的最低油温。燃点高于闪点 10~30℃。当达到燃点时,油面上油气浓度已经达到火焰可以传播的程度,遇明火,火焰传播到整个油面上,明火撤去,仍可继续燃烧,以致引起火灾。所以闪点、燃点低的燃油应特别注意防火。

第三节 气 体 燃 料

气体燃料有天然气体燃料和人工气体燃料两种。

天然气是从地底下天然生产出来的可燃气体,以烃类为主要成分。它有气田煤气和油田伴生煤气两种。

人工气体燃料的种类很多,有高炉煤气、焦炉煤气、发生炉煤气和液化石油气等。除液化石油气外,其余的发热量均较低,为低热值煤气。

一、气体燃料的组成

各种气体燃料均由一些单一气体混合组成,也包括可燃物质与不可燃物质两部分。主要的可燃气体成分有甲烷(CH_4)、乙烷(C_2H_6)、乙烯(C_2H_4)、氢气(H_2)、一氧化碳(CO)、硫化氢(H_2S)等,不可燃气体成分有二氧化碳(CO_2)、氮气(N_2)和少量的氧气(O_2)。常见气体燃料的成分及发热量见表 2-5。其中可燃单一气体的主要性质如下。

表 2-5　　　　常见气体燃料的成分及发热量

名称	气体燃料的成分(体积分数)(%)											低位发热量(MJ/m^3)
	CH_4	C_3H_8	C_4H_{10}	C_mH_n	H_2	CO	CO_2	CH	H_2S	N_2	O_2	
气田煤气	97.42	0.94	0.16	0.03	0.06	0.08		0.52	0.03	0.76		35.60
油田气	88.59	6.06	2.02	1.54	0.06	0.07		0.2		1.46		39.33
液化石油气		50	50									104.67
发生炉煤气	4.0				1.25	27		4.2		51.9	0.4	5.65
水煤气	2.6				33.3	29.3		17.8		16.9		8.99
高炉煤气					2	27		11		60		3.68
油气化煤气	15.4				15.3	34.5	25.8	5.4		2.3	1.0	38.59

(1)甲烷。无色气体,微有葱臭,难溶于水,0℃时在水中的溶解度为 0.055 6%,低位发热量为 $35.91MJ/m^3$。甲烷与空气混合后可引起强烈爆炸,其爆炸极限范围为 5%~15%。最低着火温度为 540℃,当空气中甲烷浓度高达 25%~30%时才具有毒性。

（2）乙烷。无色无臭气体，0℃时在水中的溶解度为 0.098%，低位发热量为 64.40MJ/m³。乙烷最低着火温度为 515℃，爆炸极限范围为 2.9%～13%。

（3）氢气。无色无臭气体，难溶于水，0℃时在水中的溶解度为 0.021 5%，低位发热量为 10.794MJ/m³。氢气最低着火温度为 400℃，极易爆炸，在空气中的爆炸极限范围为 4%～75.9%。燃烧时具有较高的火焰传播速度，约为 260m/s。

（4）一氧化碳。无色无臭气体，难溶于水，0℃时在水中的溶解度为 0.035 4%，低位发热量为 12.644MJ/m³。一氧化碳的最低着火温度为 605℃，若含有少量的水蒸气即可降低着火温度，在空气中的爆炸极限范围为 12.5%～74.2%。

一氧化碳是一种毒性很大的气体，空气中含有 0.06%即对人体有害，含 0.2%时可使人失去知觉，含 0.4%时致人死亡。空气中允许的一氧化碳浓度为 0.02g/m³。

（5）乙烯。无色气体，具有窒息性的乙醚气味，有麻醉作用，0℃时在水中的溶解度为 0.226%，低位发热量为 59.82MJ/m³，相对较高。乙烯最低着火温度为 425℃，在空气中的爆炸极限范围为 2.7%～3.4%，浓度达到 0.1%时即对人体有害。

（6）硫化氢。无色气体，具有浓厚的腐蛋气味，易溶于水，0℃时在水中的溶解度为 4.7%，低位发热量为 23.38MJ/m³。硫化氢易着火，最低着火温度为 270℃，在空气中爆炸极限范围为 4.3%～45.5%。毒性大，在空气中含有 0.04%时即对人体有害，0.1%可致人死亡，大气中允许的硫化氢浓度为 0.01g/m³。

二、气体燃料的燃烧特点

气体燃料是一种优质、高效、清洁的燃料，其着火温度相对较低，火焰传播速度快、燃烧速度快，容易实现自动输气和混合、燃烧过程，主要有以下特点。

（1）高效清洁。气体燃料基本上无灰分，含氮量和含硫量都比煤和油燃料要低很多，燃烧烟气中粉尘含量极少。硫化物和氮氧化物含量很低，对环境保护非常有利，基本上是污染物燃烧方式，环保要求最严格的区域也能适用，同时气体燃料由于采用管道输送，没有灰渣，基本上消除了运输、储存过程中发生的有害气体、粉尘和噪声污染。

（2）易调节。气体是通过管道输送的，只要对阀门、风门进行相应的调节，就可以改变耗气量，对负荷变化适应快，可实现低氧燃烧，提高锅炉热效率。

（3）作业性好。与油燃料相比，气体燃料输送是管道直供，需要储油槽、日用油箱等部件。特别是与重油相比较，可免去加热、保温等措施，使燃气系统简单，操作管理方便，容易实现自动化。

（4）易调整热值。在燃烧液化石油气时，加入部分空气，既能避开部分爆炸范围，又能调整热值。

（5）安全性要求高。气体燃料的缺点是与空气在一定比例下混合会形成爆炸性气体，且气体燃料大多数成分对人和动物是窒息性或有毒的，对安全性要求较高。

第四节 城 市 垃 圾

城市垃圾又称为城市固体废物，是指在城市日常生活中或为城市日常生活服务的活动中产生的固体废物，以及法律、行政法规视为城市生活垃圾的固体废物。城市生活垃圾主要来自于城市居民家庭、城市商业、餐饮业、旅馆业、旅游业、服务业、市政环卫业、交通运输业、街道打扫垃圾、建筑遗留垃圾、文教卫生业、行政事业单位、工业企业单位、水处理污泥和其他零散垃圾等。城市生活垃圾的成分复杂，主要包括厨余物、废纸、废塑料、废织物、废金属、废玻璃陶瓷碎片、砖瓦渣土、废旧电池、废旧家用电器等。影响城市生活垃圾的主要因素有居民的生活水平、生活质量、生活习惯、季节、气候等。

目前，我国城市生活垃圾主要是根据城市垃圾产生或收集来源进行分类，通常可分为以下几种：

（1）家庭垃圾。家庭垃圾是居民住户排出的包括厨余垃圾和纸类、废旧塑料、罐头盒、玻璃、陶瓷、木片等零散垃圾在内的日常生活废物。

（2）庭院垃圾。庭院垃圾包括植物残余、树叶、树杈及庭院其他清扫杂物。

（3）清扫垃圾。清扫垃圾指城市道路、桥梁、广场、公园及其他露天公共场所由环卫系统清扫收集的垃圾。

（4）商业垃圾。商业垃圾指城市商业、各类商业性服务网点或专业性营业场所（如菜市场、饮食店等）产生的垃圾。

（5）建筑垃圾。建筑垃圾指城市建筑物、构筑物进行维修或兴建的施工现场产生的垃圾。

（6）其他垃圾。其他垃圾是除以上各类产生源外场外排放的垃圾的统称。

另外，可根据垃圾处理方式或资源回收利用可能性，将城市生活垃圾简易分为可回收废品、易堆腐物、可燃物及其他无机废物四大类；或者分为有机物、无机物、可回收物品三大类。

一、城市生活垃圾的组成和热值

1. 城市生活垃圾的组成

城市生活垃圾性质和特征受居民生活水平、能源结构、季节变化等因素的影响，使得垃圾组分具有复杂性、多变性和地域差异性的特点。城市生活垃圾的组成部分主要有有机物、纸、玻璃、金属、塑料、织物、无机废物等。上海城市典型生活垃圾组分见表 2-6～表 2-9。

表 2-6 　　　　　　　上海城市生活垃圾干物质成分（湿重） 　　　　　（％）

纸类	塑料	竹木	布类	厨余	果类	金属	玻璃	渣石	煤灰	水分
2.28	9.74	1.35	1.48	19.25	0.87	0.57	2.37	0.44	0.05	61.61

表 2-7 　　　　　　　上海城市生活垃圾单成分含水率（湿重） 　　　　　（％）

纸类	塑料	竹木	布类	厨余	果类	金属	玻璃	渣石	煤灰
50.39	43.69	33.06	46.85	70.78	78.31	0.00	0.00	0.36	2.32

表 2-8 　　　　　　　上海城市生活垃圾元素组成（湿重） 　　　　　（％）

碳（%）	氢（%）	氧（%）	氮（%）	硫（%）	氯（%）	灰分（%）	水分（%）	发热量（kJ/kg）
14.80	2.30	8.02	0.26	0.34	0.34	12.32	61.61	4190

表 2-9 　　　　　　上海城市生活垃圾干燥基元素组成（干燥基重量） 　　　　　（％）

碳	氢	氧	氮	硫	氯	灰分
38.56	6.00	20.90	0.69	0.88	0.88	32.10

2. 热值

生活垃圾的热值是指单位质量的生活垃圾燃烧释放出来的热量，以 kJ/kg（或 kcal/kg）计。

要使生活垃圾维持燃烧，就要求其燃烧释放出来的热量足以提供加热垃圾到达燃烧温度所需要的热量和发生燃烧反应所必需的活化能。否则，便要添加辅助燃料才能维持燃烧。

热值有两种表示法，高位热值和低位热值。高位热值是指化合物在一定温度下反应到达最终产物的焓的变化。低位热值与高位热值的意义相同，只是产物的状态不同，前者水是液态，后者水是气态。二者之差，就是水的气化潜热。用氧弹量热计测量的是高位热值。将高位热值转变成低位热值可以通过下式计算：

$$Q_{LHV} = Q_{HHV} - 2420\left[H_2O + 9\left(H - \frac{Cl}{35.5} - \frac{F}{19} \right) \right] \qquad (2-6)$$

式中 Q_{LHV}——低位热值，kJ/kg；

　　　Q_{HHV}——高位热值，kJ/kg；

　　　H_2O——焚烧产物中水的质量百分率，%；

　H、Cl、F——废物中氢、氯、氟含量的质量百分率，%。

若废物的元素组成已知，则可利用 Dulong 方程式近似计算出低位热值：

$$Q_{LHV} = 2.32\left[14\,000 M_C + 45\,000\left(M_H - \frac{1}{3}M_O \right) - 760 M_{Cl} + 4500 M_S \right] \qquad (2-7)$$

式中 M_C、M_O、M_H、M_{Cl}、M_S——碳、氧、氢、氯和硫的摩尔质量。

我国进厂生活垃圾热值一般在 800～1200kcal/kg，经济发达城市会超过此热值，处于轻工业区的焚烧厂，垃圾热值较高，通常情况下热值一般低于 1600kcal/kg，为了维持稳定燃烧一般需要供给其他辅助燃料。

二、焚烧效果的评价

在实际燃烧过程中，由于操作条件不能达到理想效果，致使垃圾燃烧不完全。不完全燃烧的程度反映焚烧效果的好坏，评价焚烧效果的方法有多种，有时需要两种甚至两种以上的方法才能对焚烧效果进行较全面的评价。评价焚烧效果的方法一般有目测法、热灼减量法及一氧化碳法等。

（1）目测法。目测法是通过肉眼观察垃圾焚烧产生的烟气的"黑度"来判断焚烧效果，烟气越黑，焚烧效果越差。

（2）热灼减量法。热灼减量法是根据焚烧炉渣中有机可燃物的量（即未燃尽的固定碳）来评价焚烧效果的方法，它是指生活垃圾焚烧炉渣中的可燃物在高温、空气过量的条件下被充分氧化后，单位质量焚烧炉渣的减少量。热灼减量越大，燃烧反应越不完全，焚烧效果越差；反之，焚烧效果越好。利用热灼减量表示的焚烧效率的计算公式为

$$E_S = \left(1 - \frac{m_L}{m_f}\right) \times 100\% \tag{2-8}$$

式中　E_S——焚烧效率，%；

　　　m_L——单位质量生活垃圾焚烧炉渣的热灼减量，kg；

　　　m_f——单位质量生活垃圾中的可燃物质，kg。

（3）一氧化碳法。一氧化碳是生活焚烧烟气中所含不完全燃烧产物之一，常用烟气中一氧化碳的含量来表示焚烧效果的优劣。烟气中的一氧化碳含量越高，垃圾的焚烧效果越差；反之，焚烧反应进行得越彻底，焚烧效果越好。利用烟气中一氧化碳含量表示的焚烧效率的计算公式为

$$E_g = \frac{C_{CO_2}}{C_{CO} + C_{CO_2}} \times 100\% \tag{2-9}$$

式中　E_g——焚烧效率，%；

　　　C_{CO_2}——烟气中的 CO_2 的浓度，%；

　　　C_{CO}——烟气中的 CO 的浓度，%。

第五节　层　状　燃　烧

锅炉的燃烧方式主要分为三种，分别为层状燃烧、室燃燃烧和沸腾燃烧。

层状燃烧是将固体燃料置于固定、移动或往复炉排上形成均匀的、有一定厚度的料

层，空气从炉排下面送入，经炉排的孔隙并穿过燃料层使燃料燃烧。层状燃烧时煤炭铺撒、堆积在炉排上燃烧，是一种应用很广的燃烧方式。由于固体燃料在自身的重力作用下堆积成料层，为保证燃料在炉箅上面的稳定，固体燃料的块粒质量不能过小。否则会被气流吹跑，增加不完全燃烧。

层状燃烧过程可划分为三个阶段：

（1）着火前的准备阶段。从煤加入炉中开始，到煤着火前为止，称为着火前的准备阶段。在这个阶段中煤受热干燥，挥发分开始逸出，然后着火。这个阶段不是放热，而是吸热，燃料一着火就进入下一阶段，所以说这个阶段基本上不需要空气。

（2）着火燃烧阶段。煤开始着火就是这个阶段的开始。在这个阶段中，可燃物不断燃烧，直到基本烧完，形成大量灰渣，但可燃物并未完全燃尽，还有部分固体可燃物仍夹杂于灰渣中。这个阶段是燃烧过程中最主要的放热阶段，燃料中的可燃物绝大部分在这个阶段燃烧，燃料燃烧的热量绝大部分是在这个阶段放出的。因此，这个阶段需要向炉内供入大量空气，燃烧所需空气量绝大部分都应在这个阶段供入。正常情况下，这个阶段燃料着火燃烧放出的热量可以保持燃料继续燃烧的温度，因此，影响这个阶段的两个主要因素是空气的供给和空气与燃料的良好混合。

（3）燃尽阶段。剩余的少量可燃物继续燃烧放热，直至灰渣被排出炉外称为燃尽阶段。这个阶段虽然仍旧是放热阶段，但是剩余的可燃物一般已很少，放热很少，所需的空气量也很少。影响这个阶段的主要因素是应维持一定的温度水平和充分的燃烧时间。

采用层状燃烧的锅炉称为层燃炉。根据炉排形式不同，层燃炉又可分为固定炉排炉和机械化层燃炉。

一、固定炉排炉

固定炉排炉中最简单的是固定炉排手烧炉，如图2-1 所示。它的加煤、拔火和清渣三项主要操作由人力完成，锅炉容量小，运行劳动强度大，现已很少使用。

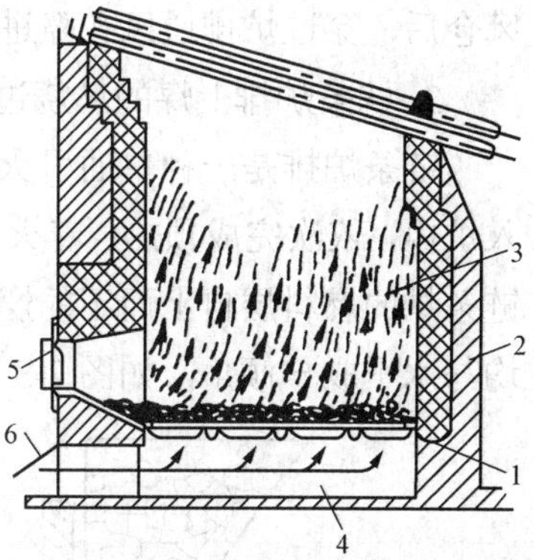

二、机械化层燃炉

机械化层燃炉种类较多，主要有链条炉和往复推动炉排炉。现常用的是链条炉。

1. 链条炉的结构和工作过程

链条炉的结构和炉排片形式种类也较多，常用的是鳞片式炉排和链带式炉排两种。图2-2 是鳞片式炉排总图。

图 2-1　固定炉排手烧炉

1—炉排；2—炉室；3—燃烧层；
4—落灰室；5—炉门；6—灰门

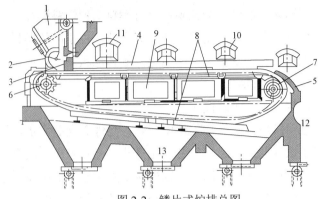

图 2-2 鳞片式炉排总图

1—煤斗；2—扇形挡板；3—煤闸门；4—防渣箱；5—老鹰铁；6—主动链轮；7—从动轮；8—炉排气支架上、下导轨；
9—送风仓；10—拨火孔；11—火孔门；12—渣斗；13—漏灰斗

鳞片式炉排由炉排片嵌插在两块夹板间，一片紧挨一片地前后交叠而成。炉排片用链销固定在平行工作的各组链条上。链条和炉排片通过铸铁滚筒支持在炉排支架上，并可沿支架的支撑面移动前进。当炉排行至尾部并转入空行程后，炉排片自重一片片地顺序翻转过来，可除去残留的灰渣煤屑，且炉排片转入空行时易被冷却。

链带式链条炉新燃料自前方由移动的炉排引入炉内，与空气气流交叉相遇。链条炉的工作过程为煤通常由运煤设备输送到炉前的煤斗中，借自重跌落到炉排上，由前向后移动着的炉排将其带入炉内。通过可上下升降调节的煤闸门，按需调节煤层厚度。随着炉排向后移动，燃料完成燃烧，最后形成的灰渣由装在炉排末端的除渣板铲除而漏入煤斗。

链条炉排下部的风室分隔成可分区调节配风的风仓，燃烧所需的空气由风道送至各风仓后，穿过炉排通风孔隙进入燃烧层参与燃烧反应。

2. 链条炉排上煤的燃烧过程

链条炉排是一种单面引火的炉子，新煤从落煤斗落到炉排上，随着炉排的转动而进入炉内，依次完成预热、着火、燃烧和燃尽各个阶段。由于燃料与炉排间没有相对运动，链条炉的燃料层自上而下的燃烧过程受到炉排自前而后移动的影响，使燃烧的各个阶段均与水平成一倾角，如图 2-3 所示。

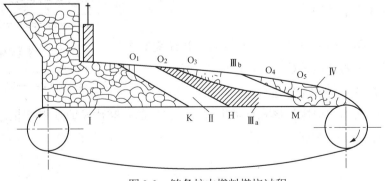

图 2-3 链条炉中燃料燃烧过程

由图 2-3 可知燃烧分四个阶段：

（1）新燃料区。燃料在该区中预热干燥，该阶段基本上不需要氧气，通过燃料层进入的空气，其含氧浓度几乎不变。从 O_1K 线所示的斜面开始析出挥发物，燃烧准备阶段在炉排上占有相当长的区段。

（2）挥发物燃烧区。燃料中挥发物从 O_1K 线开始析出，边析出边着火，至 O_2H 线挥发物逸完。在该区内挥发物边析出边燃烧，越析越多，燃烧产物中 CO_2 随着耗氧量的增大而浓度增高，燃烧温度随之增高，在 O_2H 线温度达到 1100～1200℃。

（3）焦炭燃烧区。从 O_2H 线开始，焦炭着火燃烧，温度上升很快，燃烧进行得异常激烈，为焦炭燃烧氧化区。该区段内二氧化碳随燃烧而增大，最后增至最大值。然后开始为焦炭燃烧还原区，即 O_3M 线开始至 O_4M 线截止。该区段中燃烧产物中二氧化碳和水蒸气上升，被灼烧的焦炭还原为二氧化碳。因此该区段中一氧化碳增多而二氧化碳逐渐减少。

（4）灰渣形成区。链条炉是单面引火，最上层的燃料首先点燃，因此灰渣也在此区较早形成；此外，因空气从下层进入，最底层的燃料氧化燃尽也较快，较早形成灰渣。可见，炉排末尾未燃尽的燃料为上、下层灰渣所来，多灰燃料难以燃尽。

第六节 室 燃 燃 烧

室燃燃烧又称为悬浮燃烧，指燃料以粉状（固体燃料）、雾状（液体燃料）或气态（气体燃料）随同空气送入燃烧室（炉膛）进行的悬浮燃烧。以室燃燃烧方式进行燃烧的锅炉称为室燃炉。按照燃料的种类不同，可分为燃油锅炉、燃气锅炉和燃煤锅炉三种。

一、燃油锅炉

燃油锅炉是以油为燃料的悬燃炉。一般由油燃烧器、喷口和炉腔构成。油燃烧器的主要部件是燃油喷嘴和调风器。油先经过雾化，成细小油滴，喷入炉腔，油滴吸热蒸发成油蒸汽而扩散燃烧。强化油燃烧的主要途径是加强油的雾化、蒸发及油气与空气的混合。燃油炉产生的烟尘很少，但是，重碳氢化合物或碳是固体，它们很难燃尽，常常没有完全燃尽就离开炉腔，形成浓黑的烟。

油燃烧器分为：

（1）油喷嘴：按雾化方法不同，分为机械式、蒸汽或空气介质式和超声波雾化式。

（2）配风器：直流式配风器、旋流式配风器。

燃油锅炉主要特点：

（1）有利于实现微正压燃烧，漏风率低，锅炉热效率较高。

（2）灰分很少，无需灰渣系统，锅炉初投资和运行成本低。

（3）便于实现自动控制，调节方便。

（4）燃油输送系统较复杂，管理水平要求较高。

（5）炉体要求严格，否则正压燃烧时容易向外喷火，不安全。

二、燃气锅炉

燃气锅炉有燃气开水锅炉、燃气热水锅炉、燃气蒸汽锅炉等，其中燃气热水锅炉也称燃气采暖锅炉和燃气洗浴锅炉。燃气锅炉具有良好的经济性和环保性的优势，被广泛应用于工业供汽、采暖、日常供热水等场合。

燃气燃烧器构造由以下 5 个系统组成：

（1）送风系统：送风系统的功能在于向燃烧室里送入一定风速和风量的空气，其主要部件有壳体、风机马达、风机叶轮、风枪火管、风门控制器、风门挡板、凸轮调节机构、扩散盘。

（2）点火系统：点火系统的功能在于点燃空气与燃料的混合物，其主要部件有点火变压器、点火电极、电火高压电缆。较为安全的一种点火系统称为电子脉冲点火器。

（3）监测系统：监测系统的功能在于保证燃烧器安全、稳定运行，其主要部件有火焰监测器、压力监测器、温度监测器等。

（4）燃料系统：燃气燃烧器主要有过滤器、调压器、电磁阀组、点火电磁阀组、燃料蝶阀。

（5）电控系统：电控系统是以上各系统的指挥中心和联络中心，主要控制元件为程控器，针对不同的燃烧器配有不同的程控器，常见的程控器有 LFL 系列、LAL 系列、LOA 系列、LGB 系列。

三、燃煤锅炉

燃煤锅炉主要以煤粉的形式完成燃烧过程，煤粉室燃燃烧是将煤磨到一定细度后，使用空气将煤粉喷射到炉膛内进行燃烧的一种方法。由于煤粉颗粒很细小，基本上是随着空气流动，并且在流动中完成燃烧。所以，粉煤燃烧具有气体扩散燃烧的特点。

在粉煤燃烧中，为使燃料能完全燃烧，须预先把燃料磨成粉状，直径可在 $20\sim500\mu m$。粉状燃料与一次空气混合后通过喷燃器喷向炉膛，在炉膛内燃料粉粒与空气流不旋转，因而在炉膛内停留时间短，只有两三秒钟。由于燃料已磨成极细粉末，它与空气的接触面积大大增加，使燃烧进行剧烈，炉膛内温度很高。因此，能有效地燃烧各种煤种。因为在炉膛中燃烧的是粉状燃料，所以这种燃烧装置一般就称为煤粉炉。煤粉越细，越易保持悬浮状态，燃烧也就越稳定、均匀，但磨煤消耗的能量较多。

在煤粉炉中，燃料储藏量很少且煤粉停留时间很短，所以必须仔细调节送煤量和送风量，以维持稳定而连续的燃烧。

1. 煤粉燃烧的特点

煤粉燃烧的燃烧设备在燃烧性能上有两个共同要求：一是要求燃烧效率高，即气体不完

全燃烧热损失 q_3 及固体不完全燃烧热损失 q_4 都尽量地低；二是要求燃烧稳定和安全，能保证着火及燃烧稳定和连续，并保证设备和人身的安全，运行中不发生结渣和腐蚀等现象。煤粉与空气的混合气流进入炉膛受热后，先要把水分蒸发，然后挥发分挥发，再将挥发物点燃。使煤粉点燃的条件，不仅需要热源，还需要有一定的热容量，所以煤粉的着火比较困难。如果着火不稳定，就难以使燃烧稳定和连续。为了解决这个问题，常采取以下措施。

（1）煤粉是由空气携带输送入炉内的，一般采用热风送粉，输送煤粉的空气都采用 200～400℃ 的预热空气。

（2）在煤粉磨制过程中采用热空气（或热烟气）进行干燥。

（3）用于干燥和输送煤粉入炉的空气称作一次风，当一次风气流中携带的煤粉点燃后，再逐步混入其余的空气，以减少煤粉点燃所需的热容量。

（4）改变煤粉气流喷出燃烧器后的气流组织，在燃烧器出口处产生一个高温燃烧产物的回流区，回流区能提供煤粉点燃所需要的热量。

煤粉燃烧后的燃尽需要一定的时间，焦炭粉末的燃烧在温度高于 1300℃ 时反应速度较快，而燃烧速度又受氧气向焦炭粉粒表面扩散速度的限制。因此，为减少煤粉燃烧所需时间，可将煤粉磨得更细。

煤粉燃尽后残留的灰分，在炉膛高温区内呈熔融状态，若尚未冷却就与炉墙、水冷壁或炉膛出口受热面接触，就会黏结而结渣，影响锅炉安全可靠地运行。

2. 煤粉制备与输送

煤粉是在磨煤机中制备的，其粒度大都为 20～50μm，最大不超过 500μm。煤粉越细，越有利于燃烧，但磨煤机的电耗和金属消耗也随之增加，这就存在一个经济细度问题。

煤的细度是指煤粉样品在一定尺寸筛孔的筛子中进行筛分，筛子上煤粉的剩余量占总量的百分比，通常以 R_x 表示，x 表示筛孔内边长。全面比较煤粉细度需用 4～5 个筛子来筛分，将这些细度表示值来综合比较。一般对于烟煤和无烟煤，只用 R_{90} 和 R_{200} 表示，对褐煤则只用 R_{200} 和 R_{500}（或 R_1）表示。

不同品种的煤，着火的难易程度不一，在磨粉时对其细度也有不同的要求。通常烟煤 $R_{90}=30\%$ 左右，褐煤可达到 $R_{90}=40\%\sim60\%$，而对于无烟煤、贫煤 $R_{90}=6\%\sim10\%$。

煤粉制备系统主要有两种：一是带中间储粉仓的仓储式系统，二是不带中间储粉仓的直吹式系统。直吹式系统是直接将磨制的煤粉吹入炉内，磨煤机的出力要与锅炉的负荷变化相适应；而仓储式系统中，磨煤机的出力基本保持不变，它不受锅炉负荷的影响，设立中间储煤粉仓，多余煤粉可储存在中间储煤粉仓中，锅炉高负荷时，可从储煤粉仓补充煤粉。小型煤粉炉上常用的锤击式和风扇式磨煤机，都采用结构布置比较简单的直吹式系统。

磨煤机常按转速分为三种：①低速磨煤机，转速为 15～25r/min，如筒式钢球磨煤机，俗称球磨机；②中速磨煤机，转速为 50～300r/min，如中速平盘磨煤机、中速环球磨煤机等；③高速磨煤机，转速为 750～1500r/min，如锤击磨煤机、风扇磨煤机等。

低速筒式钢球磨煤机的特点是安全可靠、检修维护费用小；可适应各种煤种，特别适应硬质煤或煤中含有铁块等各种杂质。但其缺点是金属耗量大、噪声大及耗电量高。这种磨煤机空载和满载的耗电量相差不大，因此为维持磨煤机的出力稳定，对于锅炉负荷变化范围小，相对比较稳定的场合，一般采用低速筒式钢球磨煤机的仓储式制粉系统。

风扇磨煤机既有磨煤机的功能，又起排风机的作用，结构十分简单紧凑。特别是采用直吹式系统，本身体积较小，设备及系统都简单。因此，耗钢材少、投资少，电耗也较少，出力调节方便。另外，风扇磨煤机对煤的适应性较好，如水分较大（$M_{ar} > 30\%$）的褐煤；挥发分 $V_{daf} > 30\%$，可磨系数较高（$K_{km} > 1.1$，K_{km} 表示单位重量的标准燃料和试验燃料磨到相同粒度时所消耗的能量之比，比值越大，越易磨细）的烟煤都可燃用。但这种磨煤机最突出的缺点是风扇磨煤机的冲击板易磨损，使用周期短，频频更换维修工作量大。

中速磨煤机虽然具有系统简单、管道短、钢材耗量少、电耗低、设备紧凑及噪声小等优点，但是其结构复杂，摩擦部件寿命短，常需检修更换。有的中速磨煤机要定期压紧弹簧和频繁地停机调整，这些都影响系统运作的可靠性。对煤种的适应性差，对煤的要求为水分不能过大（一般 $M_{ar} \leqslant 15\%$），煤的硬度也不能过高。由于这些原因，工业锅炉一般不采用中速磨煤机。

煤粉燃料的输送一般采用气力输送，其介质通常是热流体。常用的热流体是热空气和热烟气两种。输送煤粉的热空气即一次空气量一般占燃烧所需空气量的 20%～30%。挥发分高的煤，一次风比例也可高一些。通常，改变一次风的风量可调节煤粉火焰的长度。火焰长度是煤粉气流喷出速度与燃烧时间的乘积。提高一次风量，就增加了煤粉气流的喷出速度，在相同的煤粉燃烧时间下，火焰长度随之增加。煤粉燃烧时间取决于煤粉细度和挥发分含量，通常为 1～3s。

3. 煤粉燃烧器

煤粉燃烧器也称喷燃器，是将制粉系统送来的煤粉喷入炉膛燃烧的专用装置。喷燃器要组织气流，使煤粉能迅速、稳定地着火燃烧；使煤粉和空气良好、均匀混合，以保证安全经济地运行。煤粉燃烧器按形式一般分为狭缝形和圆形两类；就气流特点看，煤粉燃烧器可分为直流式及旋流式两种。

（1）直流式燃烧器。直流式燃烧器把煤粉与一次空气的混合物及二次空气分别经相间布置的平行通道送入炉膛。这种燃烧器的特点是结构简单、阻力小、射程远、着火慢、炉膛的火焰充满度较差，一般适用于高挥发分的煤种。这时，一次风量与送风量的比高达 30%～40%；二次风速也较高，约 20～25m/s，以使喷嘴得到较好的冷却。

煤粉和空气分别由不同喷口喷入炉膛形成射流，射流自喷口喷出后，将一部分周围介质卷入射流中，并随着射流一起运动，这就使射流的横截面积扩大，同时，射流边界层的流动速度由于周围静止介质的卷入而逐渐降低。射流横断面上边界层的流速低，而中心的流速高。随着射流继续向前运动，其中心速度也逐渐衰减。当截面上的最大轴向速度降低到某一数值时，该截面至喷口的距离称为"射程"，它与喷口直径及初速度有关。气流的射程是确定燃烧器的功率、炉膛尺寸和组织炉内燃烧过程一个很重要的依据，初速越大则射程越大。对矩形喷口，当出口截面积的初速不变时，其高宽比对射流轴线速度衰减的影响很显著，高宽比越大，衰减越快，射程就越短。

煤粉燃烧器布置的方式多，大容量煤粉炉一般将直流式煤粉燃烧器布置在炉膛四角上，燃烧器的轴线与炉膛中心的假想圆相切的布置方式是我国锅炉上最常见的。这样布置的燃烧器又称四角切圆布置的直流式燃烧器（如图2-4和图2-5所示）。这样布置的燃烧器之间可相互支持，加强着火和燃烧的稳定性。因此，四角切圆布置的直流式煤粉燃烧器对燃料适应性很强，不仅可燃用烟煤和褐煤，也可燃用无烟煤和贫煤。

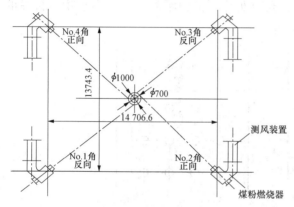

图2-4 直流燃烧器四角切圆布置图

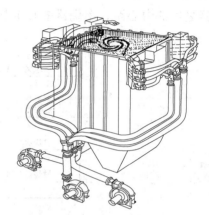

图2-5 四角切圆燃烧方式

（2）旋流式燃烧器。旋流式燃烧器（如图2-6所示）由圆形喷口组成，燃烧器中装有各种类型的旋流发生器（简称旋流器）。煤粉气流或热空气通过旋流器时发生旋转，从喷口射出后即形成旋转射流。利用旋转射流能形成有利于着火的高温烟气回流区，并使气流强烈混合。

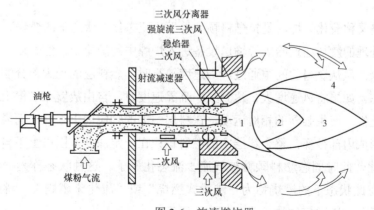

图2-6 旋流燃烧器

1—挥发分燃烧区；2—还原区；3—NOx分解区；4—碳燃尽区

　　射出喷口后在气流中心形成回流区，这个回流区叫内回流区。内回流区卷吸炉内的高温烟气来加热煤粉气流，当煤粉气流拥有了一定热量并达到着火温度后就开始着火，火焰从内回流区的内边缘向外传播。与此同时，在旋转气流的外围也形成回流区，这个回流区叫外回流区。外回流区也卷吸高温烟气来加热空气和煤粉气流。由于二次风也形成旋转气流，二次风与一次风的混合比较强烈，使燃烧过程连续进行，不断发展，直至燃尽。

　　旋流式燃烧器在锅炉炉膛上一般采用两墙对冲燃烧方式（如图2-7所示），其布置应根据炉膛尺寸而定，位置不同，形成的火焰形状也不一样。在中小型工业锅炉上常采用前墙布置，炉膛深度不宜小于4.0～4.5m，以防火焰冲向后墙引起结焦。相邻燃烧器之间的中心距、燃烧器中心至侧墙及至冷灰斗顶部的距离，不宜小于喷口直径的2.0～2.5倍。

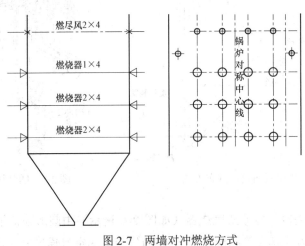

图2-7　两墙对冲燃烧方式

第七节　沸　腾　燃　烧

　　沸腾燃烧又称流化燃烧，是指燃料颗粒处于"流态化"状态下的燃烧。

　　经过预处理的燃料通过给煤等输送设备进入炉膛中的炉箅上，空气以一定的速度从炉箅下方引入。风从燃料的间隙通过，当速度较小时，燃料层的绝大部分燃料在炉箅上处于静止状态。如果将风速增大，达到某一临界速度时，自由放置在炉箅上的料层颗粒就会失去稳定性，产生强烈的相对运动，在料层中部的颗粒向上浮升，而靠近炉壁的颗粒往下降落形成内部循环，整个料层中的燃料颗粒在一定深度范围内上下自由翻滚呈沸腾状态。因此，此时固态燃料颗粒被气流"流态化"了。这种状态称为"流化态"或"流化床"，在此状态下的燃烧称为"沸腾式燃烧"或"流化床燃烧"。沸腾式燃烧示意如图2-8所示，沸腾床结构示意如图2-9所示。

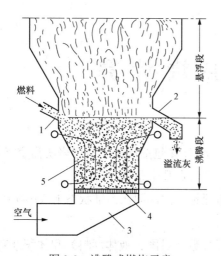

图 2-8 沸腾式燃烧示意

1—进料口；2—溢流口；3—风室；4—布风板；5—埋管

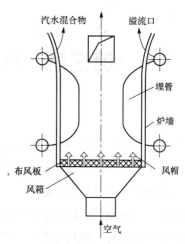

图 2-9 沸腾床结构示意

　　沸腾燃烧最大的优点是燃料颗粒和空气获得了强烈搅混，并延长了燃料颗粒在炉内停留的时间。这样，在沸腾床内就具有一定的高温、良好的混合，又有足够的燃烧时间，因而保证了燃烧过程的稳定、强烈、迅速且又较完全。沸腾式燃烧方式对优质煤、劣质煤、煤矸石和油页岩等都能够满足稳定燃烧的要求。因此，对燃料的适应性广，尤其适用于燃用劣质煤。

　　此外，沸腾燃烧的燃烧温度较低（850～1000℃），可减少或抑制氮氧化物（NO_x）的产生，这对改善环境污染是有利的。

　　沸腾燃烧方式的缺点是飞灰损失很大。大量的灰分和未燃尽的细颗粒随烟气一起进出，造成机械不完全损失（一般 30%左右），降低了锅炉效率，同时还污染了环境。此外，还存在沸腾段内受热面和炉墙壁易于磨损；送风机压头较高，电能消耗量较高；溢流灰的温度很高，热量损失较大（特别是对于灰分多的劣质燃料尤甚）等缺点。

第三章 燃料燃烧计算

燃料燃烧计算是锅炉热力计算的基础。燃料燃烧计算包括计算燃料燃烧所需空气量、燃烧生成的烟气量和烟气的热焓等。在计算时需要假定几个条件：

（1）在计算各种气体容积时，均把它们看作理想气体，即在标准状态下（$p=0.101\ 3$ MPa，$t=0℃$），1kmol 气体的容积为 22.4m³。

（2）燃烧计算时，燃料中某一组分的质量百分数（对固、液体燃料）和体积（对气体燃料）百分数，均以该百分数字直接代入计算式中计算。

（3）干空气中只有氧气和氮气。按体积百分数计，氧气占 21%，氮气占 79%。按质量百分数计，氧气占 23.2%，氮气占 76.8%。

（4）空气并非干燥，计算时取空气中的水分含量为 10g/kg 干空气，即 1kg 干空气带有 10g 水蒸气。

（5）燃料的燃烧计算，以 1kg 收到基燃料为基准，气体燃料以 m³ 为单位。

第一节 燃烧所需的空气量

燃料的燃烧是燃料中的可燃元素与氧气在高温条件下进行的剧烈的氧化反应过程，并放出大量的热量，燃烧后生成烟气和灰渣。为使燃烧充分进行，除需要一定的温度条件外，还必须供给燃烧所需的充足的氧气，并与燃料充分混合接触，同时及时排走燃烧产物（烟气和灰渣）。

一、各种可燃成分燃烧反应的反应式

对固（液）体燃料，可燃成分是碳（C）、氢（H）、硫（S），气体燃料的可燃成分一般是 H_2、CO、H_2S 和 C_mH_n，其与氧气的化学反应关系式是燃料燃烧计算的基础。燃料燃烧所需的氧气由空气供给，同时假定干空气只是氧和氮气的混合气体，体积比为 21:79。

1kg 收到基燃料完全燃烧且没有剩余氧存在时所需的空气量，称为理论空气量 V^0，单位是 m³/kg，对气体燃料是 m³/m³。V^0 可根据燃料中各可燃元素的燃烧反应方程式，通过计算得到。表 3-1 和表 3-2 分别为固（液）体和气体燃料中可燃成分的燃烧反应式和所需的理论空气量。

表 3-1   固（液）体燃料中可燃成分燃烧反应式及所需的理论空气量

固（液）体燃料中可燃成分的质量百分数（%）	燃烧反应式	1kg 固（液）体燃料中可燃成分完全燃烧所需的理论空气量（m³/kg）	
		O_2	空气量
$\omega(C_{ar})$	$C + O_2 \longrightarrow CO_2$	$1.866\dfrac{\omega(C_{ar})}{100}$	$0.088\,9\omega(C_{ar})$
$\omega(H_{ar})$	$2H_2 + O_2 \longrightarrow 2H_2O$	$5.56\dfrac{\omega(H_{ar})}{100}$	$0.265\omega(H_2)$
$\omega(S_{ar})$	$S + O_2 \longrightarrow SO_2$	$0.7\dfrac{\omega(S_{ar})}{100}$	$0.033\,3\omega(S_{ar})$

表 3-2   气体燃料中可燃成分燃烧反应式及所需的理论空气量

气体燃料中可燃成分的体积百分数（%）	燃烧反应式	1m³ 气体燃料中,所含可燃成分完全燃烧所需的理论空气量（m³/m³）	
		O_2	空气量
$V(H_2)$	$2H_2 + O_2 \longrightarrow 2H_2O$	$0.5\dfrac{V(H_2)}{100}$	$0.023\,8V(H_2)$
$V(CO)$	$2CO + O_2 \longrightarrow 2CO_2$	$0.5\dfrac{V(CO)}{100}$	$0.023\,8V(CO)$
$V(H_2S)$	$2H_2S + 3O_2 \longrightarrow 2H_2O + 2SO_2$	$0.5\dfrac{V(H_2S)}{100}$	$0.071\,4V(H_2S)$
$V(C_mH_n)$	$C_mH_n + \left(m + \dfrac{n}{4}\right)O_2 \longrightarrow mCO_2 + \dfrac{n}{2}H_2O$	$\left(m + \dfrac{n}{4}\right)\dfrac{V(C_mH_n)}{100}$	$0.047\,6\left(m + \dfrac{n}{4}\right)V(C_mH_n)$

二、燃料燃烧所需理论空气量（V^0）的计算

1. 固（液）体燃料

1kg 燃料本身含有氧 $\omega(O_{ar})/100$kg，相当于自供氧：

$$\frac{22.4}{32} \times \frac{\omega(O_{ar})}{100} = 0.7\frac{\omega(O_{ar})}{100} \quad \text{m}^3/\text{kg}$$

所以 1kg 收到基燃料完全燃烧时所需外界供应的理论氧气量为

$$L_{0,O_2} = 1.886\frac{\omega(C_{ar})}{100} + 5.56\frac{\omega(H_2)}{100} + 0.7\frac{\omega(S_{ar})}{100} - 0.7\frac{\omega(O_{ar})}{100} \quad \text{m}^3/\text{kg}$$

按空气中氧的容积百分数 21% 计算，则 1kg 收到基燃料燃烧所需的理论空气量 V^0 为

$$V^0 = 0.088\,9\omega(C_{ar}) + 0.265\omega(H_{ar}) + 0.033\,3\omega(S_{ar}) - 0.033\,3\omega(O_{ar}) \quad （3-1）$$

式中 V^0——1kg 收到基燃料完全燃烧所需的理论空气量，m³/kg；

$\omega(C_{ar})$、$\omega(H_{ar})$、$\omega(S_{ar})$、$\omega(O_{ar})$——1kg 固（液）体燃料中，碳、氢、硫、氧的质量百分数，%。

将式（3-1）乘以干空气在标准状态下的密度，就可得到以质量表示的理论空气量 L^0（kg/kg），即

$$L^0 = 1.293V^0 = 0.115\omega(\text{C}_{ar}) + 0.342\omega(\text{H}_{ar}) + 0.043\,1\omega(\text{S}_{ar}) - 0.043\,1\omega(\text{O}_{ar})$$

2. 气体燃料

对于气体燃料，也可按其气体组成用化学反应方程式求得理论空气量 V^0：

$$V^0 = 0.047\,6\left[0.5V(\text{H}_2) + 0.5V(\text{CO}) + 1.5V(\text{H}_2\text{S}) + \sum\left(m+\frac{n}{4}\right)V(\text{C}_m\text{H}_n) - V(\text{O}_2)\right] \quad (3\text{-}2)$$

式中　　　　　　　　　　　　　V^0——1m³ 气体燃料完全燃烧所需的理论空气量，m³/m³；

$V(\text{H}_2)$、$V(\text{CO})$、$V(\text{H}_2\text{S})$、$V(\text{O}_2)$、$V(\text{C}_m\text{H}_n)$——1m³ 气体燃料中，氢气、一氧化碳、硫化氢、氧气和各种碳氢化合物的体积百分数，%。

以上所计算的理论空气量都是不含水蒸气的干空气量。实际上相当于 1kg 干空气中水蒸气含量约为 10g，所占份额很小而予以略去。

3. 理论空气量的近似估算公式

根据燃料燃烧所需的理论空气量与其可燃成分的含量成比例的相关关系，可用燃料的发热量来近似估算所需的空气量。

（1）对固体燃料。

1）对于 $V_{daf}<15\%$ 的贫煤及无烟煤：

$$V^0 = \frac{0.239Q_{net,ar} + 600}{990} \quad \text{m}^3/\text{kg} \quad (3\text{-}3)$$

式中　$Q_{net,,ar}$——燃料的收到基低位发热量，kJ/m³。

2）对于 $V_{daf}>15\%$ 的烟煤：

$$V^0 = 0.251\times\frac{Q_{net,ar}}{1000} + 0.278 \quad \text{m}^3/\text{kg} \quad (3\text{-}4)$$

3）对于 $Q_{net,ar}<12\,560\text{kJ/kg}$ 的劣质煤：

$$V^0 = \frac{0.239Q_{net,ar} + 450}{990} \quad \text{m}^3/\text{kg} \quad (3\text{-}5)$$

（2）对液体燃料。

$$V^0 = 0.203\times\frac{Q_{net,ar}}{1000} + 2.0 \quad \text{m}^3/\text{kg} \quad (3\text{-}6)$$

（3）对气体燃料。

1）对 $Q_{net,ar}<10\,467\text{ kJ/m}^3$ 的燃气：

$$V^0 = 0.209\times\frac{Q_{net,ar}}{1000} \quad \text{m}^3/\text{m}^3 \quad (3\text{-}7)$$

2）对 $Q_{net,ar}>10\,467\text{ kJ/m}^3$ 的燃气：

$$V^0 = 0.261 \times \frac{Q_{net,ar}}{1000} - 0.25 \quad m^3/m^3 \tag{3-8}$$

3）对液化石油气：

$$V^0 = 0.263 \times \frac{Q_{net,ar}}{1000} \quad m^3/m^3 \tag{3-9}$$

4）对于天然气还可用下式近似估算：

$$V^0 = 7.13\bar{n} \times 2.28 \quad m^3/m^3 \tag{3-10}$$

$$\bar{n} = \frac{1V(CH_4) + 2V(C_2H_6) + 3V(C_3H_8)}{100 - [V(CO) + V(N_2)]} \tag{3-11}$$

式中　$V(x)$——各成分在天然气中的体积百分数，%。

4. 不同温度（t）和压力（p）下的空气量修正

非标准状态下，燃料燃烧所需的理论空气量 $V_{t,p}$ 可由燃料在标准工况下的理论空气量 V^0 进行修正得到。

$$V_{t,p} = V^0 \left(\frac{273+t}{273}\right)\frac{0.1}{p} \tag{3-12}$$

式中　t——空气的实际温度，℃；

　　　p——空气的实际压力，MPa。

5. 过量空气系数（α）及漏风系数（$\Delta\alpha$）

（1）过量空气系数α。由于锅炉的燃烧设备不尽完善和燃烧技术条件等限制，送入的空气不可能与燃料进行理论上的充分混合反应。为使燃料与在炉内尽可能燃烧完全，供给的实际空气量（V_k）总是大于理论空气量（V^0），超出部分称为过剩空气量（ΔV_g）。实际供给的空气量（V_k）与理论空气量（V^0）的比值定义为过量空气系数（α）（在空气侧则用 β 表示），即

$$\alpha = \frac{V_k}{V^0} \text{ 或 } V_k = \alpha V^0 \quad m^3/kg \tag{3-13}$$

过剩空气量（ΔV_g）：

$$\Delta V_g = V_k - V^0 = (\alpha-1)V^0 \quad m^3/kg \tag{3-14}$$

α是锅炉燃烧计算的重要参数之一。同一种组成成分的燃料，其 V^0 相同，因此习惯上常用过量空气系数α来表示实际空气量 V_k 的大小。例如$\alpha=1.25$，实际空气量为 $V_k=1.25V^0$。

炉内燃烧过程都是在炉膛出口处结束，所以对燃烧有影响的是炉膛出口处的过量空气系数α_1''，因此过量空气系数一般指炉膛出口处的过量空气系数α_1''。它是指进入炉膛的总风量（包括经炉膛壁漏入炉内的空气量）与理论空气量的比值。α_1''与燃料种类、燃烧方式和燃烧设备结构的完善程度有关，其经验推荐值列于表3-3。

表 3-3   炉膛出口过量空气系数 α_1''

燃烧类型	无燃煤	贫煤	劣质烟煤	烟煤	褐煤	油页岩	重油及燃气
链条炉排炉	1.30~1.50					—	—
往复炉排炉	1.30~1.50					—	—
抛煤机机械炉排炉	1.30~1.40					—	—
固态排渣煤粉炉	1.20~1.25			1.15~1.20		1.20	—
液态排渣煤粉炉	1.20~1.25			1.15~1.20		—	—
沸腾炉[①]	1.10~1.20					—	—
燃油及燃气炉	—						1.05~1.10

① 指沸腾层出口的过量空气系数。

（2）漏风系数 $\Delta\alpha$。对于负压运行的锅炉，外界冷空气会通过锅炉的不严密处漏入炉膛及其后的烟道中。由于存在漏风，过量空气系数沿烟气流程有所增加。空气漏入量的多少通常用漏风系数表示。漏风系数为锅炉各部分漏入的空气量（ΔV）与理论空气量（V^0）的比值，以 $\Delta\alpha$ 表示，即

$$\Delta\alpha = \frac{\Delta V}{V^0} \qquad (3\text{-}15)$$

当锅炉为平衡通风时，锅炉各部分漏风系数（$\Delta\alpha$）经验值列于表 3-4。微正压锅炉各烟道的漏风系数 $\Delta\alpha=0$，仅需考虑空气预热器中空气侧对烟气侧的漏风。

表 3-4   漏风系数 $\Delta\alpha$

燃烧类型	炉膛	凝渣管屏式过热器	水平烟道	锅炉管束		过热器	再热器	省煤器		空气预热器		除尘器	锅炉后烟道	
				第一管束	第二管束			钢管式	铸铁式	钢管式	回转式		钢制烟道	砌砖烟道
层燃炉	0.1~0.3[①]			0.05[③]	0.10	0.05		0.1	0.15	0.1		0.1~0.15	0.01	0.05
室燃炉	0.05~0.1[②]	0	0.03			0.03	0.03	0.02		0.03	0.2	0.1~0.15	0.01	0.05

① 0.1 适用于机械化燃烧的层燃炉及悬浮式燃烧的沸腾炉（沸腾炉的沸腾层取 0，悬浮区取 0.1），0.3 适用于手烧炉。
② 当采用膜式水冷壁时，$\Delta\alpha$ 取 0.05，一般光管水冷壁炉膛取 0.1。
③ 锅炉管束如只有一级，$\Delta\alpha$ 取 0.1，如将两级管束合并在一起计算或锅炉管束的烟气流程较复杂且合并在一起计算时，$\Delta\alpha$ 取 0.15。

根据炉膛出口过量空气系数（α_1''）和各烟道部分的漏风系数（$\Delta\alpha$）可确定任意截面处的过量空气系数（α），即

$$\alpha = \alpha_1'' + \sum\Delta\alpha \qquad (3\text{-}16)$$

式中　$\sum\Delta\alpha$ ——从炉膛出口到计算烟道截面处，各段烟道漏风系数之和。

漏入烟道的冷空气会使烟气和受热面的换热变差，排烟温度升高。据统计计算，对于电厂煤粉锅炉，炉膛漏风系数每增加 0.1～0.2，排烟温度一般升高 3～8℃，锅炉效率降低 0.2%～0.5%。

（3）锅炉的空气平衡。锅炉空气预热器中，空气侧压力比烟气侧高，所以空气预热器的漏风是指空气侧向烟气侧漏风，漏风系数计为 $\Delta\alpha_{ky}$，而锅炉其余烟道部位在平衡通风条件下是由大气向烟道内漏风。为区别起见，前者的过量空气系数用 β_{ky} 表示，后者用 α 表示。在空气预热器中，有

$$\beta''_{ky} = \beta'_{ky} - \Delta\alpha_{ky} \tag{3-17}$$

式中 β'_{ky}、β''_{ky}——空气预热器空气侧进口和出口的过量空气系数。

考虑到炉膛及制粉系统漏风，β''_{ky} 与 α''_1 之间的关系为

$$\beta''_{ky} = \alpha''_1 - \Delta\alpha_1 - \Delta\alpha_{zf} \tag{3-18}$$

或

$$\alpha''_1 = \beta''_{ky} + \Delta\alpha_{zf} + \Delta\alpha_1 = \alpha'_1 + \Delta\alpha_1 \tag{3-19}$$

送入锅炉炉膛的实际空气量：

$$V'_1 = \alpha'_1 \cdot V^0 = (\alpha''_1 - \Delta\alpha_1) \cdot V^0 \tag{3-20}$$

式中 $\Delta\alpha_1$——炉膛的漏风系数；

$\Delta\alpha_{zf}$——制粉系统的漏风系数，参见表 3-5；

α'_1——进锅炉炉膛的过量空气系数。

表 3-5　　　　　　　　　　　制粉系统的漏风系数 $\Delta\alpha_{zf}$

制粉系统形式	钢球磨煤机		中速磨煤机		风扇磨煤机	
	中间储仓式	直吹式	正压	负压	无烟气下降管	带烟气下降管
$\Delta\alpha_{zf}$	0.3～0.4[①]	0.25	0	0.2	0.2	0.3

① 上限值适用于小型磨煤机，下限值适用于大型磨煤机。

这样，整个锅炉中的空气平衡有如下关系：

锅炉排烟处（末级空气预热器出口）的过量空气系数（α_{py}）为

$$\alpha_{py} = \alpha''_1 + \sum_{i=1}\Delta\alpha_i \tag{3-21}$$

式中 α''_1——炉膛出口过量空气系数，查表 3-3；

$\sum_{i=1}\Delta\alpha_i$——从炉膛出口到末级空气预热器出口的漏风总和，可查表 3-4。

第二节　燃烧产生的烟气量

一、理论烟气量计算

1kg 收到基燃料在供给理论空气量 V^0 条件下完全燃烧时，生成的烟气体积称为理论

烟气量，以 V_y^0 表示，即 $\alpha=1.0$ 时，1kg 或 $1m^3$ 燃料完全燃烧产生的烟气量。对于固（液）体燃料，单位为 m^3/kg；对于气体燃料，单位为 m^3/m^3。完全燃烧产生的烟气中有 CO_2、SO_2、H_2O（水蒸气）和 N_2，其对应的容积记为 V_{CO_2}、V_{SO_2}、$V_{N_2}^0$、$V_{H_2O}^0$。根根燃烧反应式，可计算出 1kg 燃料中每种可燃元素完全燃烧时生成的烟气体积。

1. 二氧化碳体积（V_{CO_2}）

1kg 碳完全燃烧产生 $1.866m^3CO_2$，1kg 燃料中含碳量为 $\omega(C_{ar})/100kg$，燃烧后产生的 CO_2 体积为

$$V_{CO_2} = 1.866\frac{\omega(C_{ar})}{100} \quad m^3/kg \tag{3-22}$$

2. 二氧化硫体积（V_{SO_2}）

1kg 硫完全燃烧产生 $0.7m^3SO_2$，1kg 燃料中含有 $\omega(S_{ar})/100kg$ 的硫，燃烧产生的 SO_2 体积为

$$V_{SO_2} = 0.7\frac{\omega(S_{ar})}{100} \quad m^3/kg \tag{3-23}$$

通常用 V_{RO_2} 表示二氧化碳和二氧化硫这两种气体体积的总和，即

$$V_{RO_2} = V_{CO_2} + V_{SO_2} = 1.866\frac{\omega(C_{ar})}{100} + 0.7\frac{\omega(S_{ar})}{100} \quad m^3/kg \tag{3-24}$$

3. 氮气体积（$V_{N_2}^0$）

$V_{N_2}^0$ 由两部分组成：燃料中含有的氮和理论空气量中含有的氮所占的体积，即

$$V_{N_2}^0 = \frac{22.4}{28} \times \frac{\omega(N_{ar})}{100} + 0.79V^0 = 0.008\omega(N_{ar}) + 0.79V^0 \quad m^3/kg \tag{3-25}$$

式中　$\omega(N_{ar})$——燃料中氮的质量百分数，%。

4. 水蒸气体积（$V_{H_2O}^0$）

$V_{H_2O}^0$ 由以下四部分组成：

（1）燃料中氢完全燃烧生成的水蒸气。1kg 氢完全燃烧产生 $11.1m^3$ 的水蒸气，1kg 燃料中氢的含量(kg)为 $\omega(H_{ar})/100$，燃烧后产生的 H_2O 体积（m^3/kg）为 $0.111\omega(H_{ar})$。

（2）燃料中的水分汽化生成的水蒸气。1kg 燃料中水分含量(kg)为 $M_{ar}/100$，形成的水蒸气体积（m^3/kg）为 $\frac{22.4}{18} \times \frac{M_{ar}}{100} = 0.012\,4M_{ar}$。

（3）理论空气量带入的水蒸气。设 1kg 干空气含有的水蒸气为 d_k（kg/kg），通常取 $d_k=10g/kg$。已知干空气的密度为 $1.293kg/m^3$，水蒸气的密度为 $18/22.4=0.804kg/m^3$。如此 1kg 燃料所需理论空气量带入的水蒸气体积（m^3/kg）为 $1.293V^0 \times \frac{d_k}{1000} \times \frac{1}{0.804} = 1.293V^0 \times \frac{10}{1000} \times \frac{1}{0.804} = 0.016\,1V^0$。

（4）燃用液体燃料且采用蒸汽雾化时带入的水蒸气。雾化 1kg 重油消耗的蒸汽量（kg）为 W_{wh}，这部分水蒸气体积（m³/kg）为 $\dfrac{22.4}{18}W_{wh}=1.24W_{wh}$。

如采用蒸汽二次风时，所带入水蒸气量的计算相同。

采用蒸汽雾化和蒸汽二次风时的理论水蒸气体积为上述四部分体积之和，即

$$V_{H_2O}^0 = 0.111\omega(H_{ar}) + 0.012\,4M_{ar} + 0.016\,1V^0 + 1.24W_{wh} \quad m^3/kg \quad (3-26)$$

把式（3-24）～式（3-26）相加，就可得到理论烟气量 V_y^0：

$$\begin{aligned} V_y^0 &= V_{RO_2} + V_{N_2}^0 + V_{H_2O}^0 \\ &= 1.866\frac{\omega(C_{ar})}{100} + 0.7\frac{\omega(S_{ar})}{100} + 0.008\omega(N_{ar}) + 0.79V^0 \\ &\quad + 0.111\omega(H_{ar}) + 0.012\,4M_{ar} + 0.016\,1V^0 + 1.24W_{wh} \quad m^3/kg \quad (3-27)\end{aligned}$$

式中　M_{ar}——燃料中水分的质量百分数，%；

　　　W_{wh}——当采用蒸汽雾化和蒸汽二次风时的蒸汽耗量，kg/kg 煤或 kg/kg 油，一般此项为 0。

这种含有水蒸气的烟气称为湿烟气。扣除水蒸气后的理论干烟气量 V_{gy}^0 为

$$V_{gy}^0 = V_{RO_2} + V_{N_2}^0 \quad m^3/kg \quad (3-28)$$

理论烟气量也可写成

$$V_y^0 = V_{gy}^0 + V_{H_2O}^0 \quad m^3/kg \quad (3-29)$$

二、实际烟气量计算

当 $\alpha > 1.0$ 时，1kg 或 1m³ 燃料燃烧产生的烟气量即为实际烟气量 V_y，为理论烟气量增加过剩空气量和随过剩空气带入的水蒸气量。固（液）体燃料实际烟气量 V_y 可表示为

$$\begin{aligned} V_y &= V_y^0 + (\alpha-1)V^0 + 0.016\,1(\alpha-1)V^0 = V_y^0 + 1.016\,1(\alpha-1)V^0 \\ &= V_{RO_2} + V_{N_2}^0 + V_{H_2O}^0 + 1.016\,1(\alpha-1)V^0 \quad m^3/kg \end{aligned} \quad (3-30)$$

式中　V_y^0——理论燃烧烟气量，m³/kg；

　　$(\alpha-1)V^0$——过剩空气量，m³/kg；

$1.016\,1(\alpha-1)V^0$——过剩空气量及过剩空气中带入的过量水蒸气量，m³/kg。

实际烟气中扣除水蒸气体积，得到实际干烟气量 V_{gy}(m³/kg)为

$$V_{gy} = V_{RO_2} + V_{N_2} + V_{O_2} \quad (3-31)$$

式中　V_{N_2}——烟气中含有的实际氮气体积，m³/kg；

　　　V_{O_2}——烟气中含有的过量氧气体积，m³/kg。

采用空气助燃时，V_{N_2} 可由下式计算：

$$V_{N_2} = V_{N_2}^0 + 0.79(\alpha - 1)V^0 \quad m^3/kg \tag{3-32}$$

$$V_{O_2} = 0.21(\alpha - 1)V^0 \quad m^3/kg \tag{3-33}$$

将式（3-32）和式（3-33）代入式（3-31），可得

$$V_{gy} = V_{RO_2} + V_{N_2}^0 + (\alpha - 1)V^0 \quad m^3/kg \tag{3-34}$$

实际烟气量可写成：

$$V_y = V_{gy} + V_{H_2O} \quad m^3/kg \tag{3-35}$$

其中实际烟气中的含水量 V_{H_2O} 可由式（3-36）计算得到。

$$V_{H_2O} = V_{H_2O}^0 + 0.016\,1(\alpha - 1)V^0 \tag{3-36}$$

以上有关燃烧产物的计算是针对固（液）体燃料。对于气体燃料，其理论烟气量 V_y^0 和实际烟气量 V_y 仍可用式（3-29）和式（3-35）计算，但式中的 V_{RO_2}、$V_{N_2}^0$、$V_{H_2O}^0$ 则要按照气体燃料的组成由下列各式计算：

$$V_{RO_2} = 0.01\left(V_{CO_2} + V_{CO} + V_{H_2S} + \sum m V_{C_mH_n}\right) \quad m^3/m^3 \tag{3-37}$$

$$V_{H_2O}^0 = 0.01\left(V_{H_2} + V_{H_2S} + \sum \frac{n}{2}V_{C_mH_n} + 0.124d_q\right) + 0.016\,1V^0 \quad m^3/m^3 \tag{3-38}$$

$$V_{N_2}^0 = 0.01V_{N_2} + 0.79V^0 \quad m^3/m^3 \tag{3-39}$$

式中 d_q——$1m^3$ 干气体燃料中的含湿量，g/m^3；

V^0——$1m^3$ 气体燃料燃烧的理论空气量，m^3/m^3。

三、不完全燃烧时的烟气量

当供给的空气量不足（$\alpha < 1$）或空气量充足（$\alpha \geq 1$），但与燃料混合不好时，都会发生不完全燃烧。当发生不完全燃烧时，烟气中除 CO_2、SO_2、N_2、O_2 和 H_2O 外，还有不完全燃料产物 CO、H_2 和 C_mH_n 等。其中未燃烧的氢和 C_mH_n 在现代工业锅炉中含量极低，可忽略不计。因此，可认为未完全燃烧产物只有 CO，并且常以 CO 在烟气中的含量来判断不完全燃烧程度。当燃烧不完全燃烧时，烟气量 V_y 可写成：

$$V_y = V_{CO_2} + V_{CO} + V_{SO_2} + V_{N_2} + V_{O_2} + V_{H_2O} \quad m^3/kg \tag{3-40}$$

式（3-40）也可以写成：

$$V_y = V_{gy} + V_{H_2O} \quad m^3/kg \tag{3-41}$$

其中 V_{gy} 为不完全燃烧时的干烟气体积，其表达式为

$$V_{gy} = V_{CO_2} + V_{CO} + V_{SO_2} + V_{N_2} + V_{O_2} \quad m^3/kg \tag{3-42}$$

式（3-40）中，V_{SO_2}、V_{N_2}、V_{H_2O} 与完全燃烧时相同，只有 V_{CO_2}、V_{CO}、V_{O_2} 需要重新计算。

1kg 燃料中含碳 $\omega(C_{ar})/100kg$，其中有 $\omega(C_{ar,CO})/100kg$ 的碳燃烧生成 CO，有 $\omega(C_{ar,CO_2})/100kg$ 的碳燃烧生成 CO_2，则有

$$\omega(C_{ar})= \omega(C_{ar,CO}) +\omega(C_{ar,CO_2}) \tag{3-43}$$

这部分碳燃料生成的 CO 和 CO_2 体积为 V_{CO}、V_{CO_2}：

$$V_{CO} =1.866\frac{\omega(C_{ar,CO})}{100} \quad m^3/kg \tag{3-44}$$

$$V_{CO_2} =1.866\frac{\omega(C_{ar,CO_2})}{100} \quad m^3/kg \tag{3-45}$$

$$V_{CO} + V_{CO_2} =1.866\frac{\omega(C_{ar})}{100} \quad m^3/kg \tag{3-46}$$

由此可知，不论燃烧是否完全，燃料中碳的燃烧产物的总容积是不变的。

1. 烟气中氧的体积（V_{O_2}）

不完全燃烧时，烟气中氧的体积等于过剩空气中氧的体积与不完全燃烧时未消耗的氧的体积之和，即

$$V_{O_2} = 0.21(\alpha -1)V^0 + 0.5\times 1.866\frac{\omega(C_{ar,CO})}{100}$$
$$= 0.21(\alpha -1)V^0 + 0.5V_{CO} \quad m^3/kg \tag{3-47}$$

2. 不完全燃烧时的烟气量（V_y）

将完全燃烧时生成的烟气中的 SO_2 和 N_2 的体积计算公式，即式（3-23）和式（3-32），以及式（3-45）～式（3-47）代入式（3-42），可得

$$V_{gy} =1.866\frac{\omega(C_{ar})}{100} + 0.7\frac{\omega(S_{ar})}{100} + V_{N_2}^0 + 0.79(\alpha -1)V^0 + 0.21(\alpha -1)V^0 + 0.5V_{CO}$$
$$=1.866\frac{\omega(C_{ar})}{100} + 0.7\frac{\omega(S_{ar})}{100} + V_{N_2}^0 + (\alpha -1)V^0 + 0.5V_{CO} \quad m^3/kg \tag{3-48}$$

未完全燃烧时水蒸气的体积（V_{H_2O}）可用完全燃烧时水蒸气的计算方法，即式（3-36）得到。已知未完全燃烧时干烟气的体积（V_{gy}）和水汽的体积（V_{H_2O}），即可得到实际烟气量。

3. 烟气中三原子气体的体积份额

在锅炉辐射换热计算中，由于烟气中的三原子气体（即 CO_2 和 SO_2）及水蒸气均参与辐射换热，故要计算出三原子气体和水蒸气的体积份额 r_{RO_2}、r_{H_2O} 和分压力 p_{RO_2}、p_{H_2O}(MPa)。

$$r_{RO_2} = \frac{V_{RO_2}}{V_y}, \quad p_{RO_2} = r_{RO_2}p \tag{3-49}$$

$$r_{H_2O} = \frac{V_{H_2O}}{V_y}, \quad p_{H_2O} = r_{H_2O}p \tag{3-50}$$

式中 p——烟气的总压力，MPa。

4. 烟气质量（G_y）和烟气密度（ρ_y）

（1）1kg 固（液）体燃料燃烧产生的烟气质量（G_y）和烟气密度（ρ_y）。

$$G_y = 1 - \frac{A_{ar}}{100} + \left(1 + \frac{d_k}{1000}\right) \times 1.293\alpha V^0 + G_w$$

$$= 1 - \frac{A_{ar}}{100} + 1.306\alpha V^0 + G_w \quad kg/kg \tag{3-51}$$

式中 A_{ar}——燃料的收到基灰分，%；

d_k——1kg 干空气中的含湿量，g/kg，一般取 10g/kg；

$1.306\alpha V^0$——1kg 燃料燃烧所消耗的湿空气质量，kg/kg；

1.306——湿空气的密度，kg/m^3；

G_w——采用蒸汽雾化和蒸汽二次风时的蒸汽耗量，kg/kg，一般情况下为 0。

则

$$\rho_y = \frac{G_y}{V_y} \quad kg/m^3 \tag{3-52}$$

式中 V_y——实际烟气量，m^3/kg，按式（3-30）计算。

烟气密度（ρ_y）还可用如下方法计算。

$$\rho_y^{\theta} = M \cdot \rho_k^{\theta} \quad kg/m^3 \tag{3-53}$$

$$\rho_y = \rho_y^{\theta} \times \frac{273}{273+t} \times \frac{p}{101\,325} \quad kg/m^3 \tag{3-54}$$

式中 ρ_y^{θ}——标准状况下的湿烟气密度，kg/m^3；

ρ_k^{θ}——标准状况下的干空气密度，$\rho_k^{\theta} = 1.293kg/m^3$；

M——考虑烟气中水蒸气体积份额对烟气密度影响的折算系数，查图 3-1；

ρ_y——在温度 t 和压力 p 下的烟气密度，kg/m^3；

t——测量断面内烟气平均温度，℃；

p——测量断面内烟气的绝对压力，Pa。

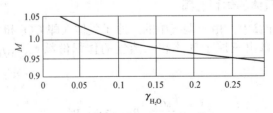

图 3-1 折算系数 M 与 γ_{H_2O} 的关系

（2）1m^3 气体燃料燃烧产生的烟气质量（G_y）和烟气密度（ρ_y）。

$$G_y = \rho_q + \frac{d_q}{1000} + 1.306\alpha V^0 \quad \text{kg/kg} \tag{3-55}$$

式中　ρ_q——干气体燃料的密度，kg/m^3；

　　　d_q——1m^3 干气体燃料中的含湿量，g/m^3。

则

$$\rho_y^\theta = \frac{\rho_q^\theta + 1.293\alpha V^0 + 0.001\left(d_q + 1.293\alpha V^0 d_k\right)}{V_y} \quad \text{kg/m}^3 \tag{3-56}$$

式中　ρ_q^θ——标准状态下干燃气的密度，kg/m^3；

　　　V_y——总烟气量，m^3/m^3（烟气/气体）。

烟气密度（ρ_y^θ）还可按烟气中燃烧产物的组成进行计算得到，即

$$\rho_y^\theta = \frac{44V_{CO_2} + 18V_{H_2O} + 28V_{N_2} + 32V_{O_2} + 64V_{SO_2}}{22.4\times100} \quad \text{kg/m}^3 \tag{3-57}$$

式中　V_{CO_2}、V_{H_2O}、V_{N_2}、V_{O_2}、V_{SO_2}——烟气中各成分所占的体积百分数，%。

5. 烟气中的飞灰浓度（μ）

烟气中的飞灰浓度对辐射换热也有影响。飞灰浓度（μ）是指 1kg 烟气中的飞灰质量，即

$$\mu = \frac{\alpha_{fh} \cdot A_{ar}}{100G_y} \quad \text{kg/kg} \tag{3-58}$$

式中　α_{fh}——烟气携带的飞灰量占燃料总灰分的质量份额，α_{fh} 与燃料和炉型有关，查表 3-6；

　　　G_y——1kg 燃料的烟气质量，kg/kg，用式（3-51）计算。

表 3-6　　　　各种炉型下烟气中携带灰分的份额 α_{fh}

炉型	层燃炉	沸腾炉	干态除渣煤粉炉	液态除渣煤粉炉	旋风炉
α_{fh}	0.1~0.3	0.25~0.6	0.90~0.95	0.6~0.7	0.1~0.15

四、一氧化碳含量的计算

在正常燃烧工况下，干烟气中可燃气体成分的含量很少，若忽略 H_2 和 C_mH_n，可认为不完全燃烧后烟气中的不完全燃烧产物只有 CO。由于烟气中 CO 的含量很少，烟气分析仪很难测准。当已测得烟气中 RO_2、O_2 浓度时，可通过计算得到烟气中 CO 的含量。

根据不完全燃烧时干烟气量的计算公式，有

$$V_{gy} = V_{CO_2} + V_{CO} + V_{SO_2} + V_{N_2} + V_{O_2}$$
$$= V_{RO_2} + V_{CO} + V_{N_2} + V_{O_2}$$

$$= V_{RO_2} + V_{CO} + V_{N_2}^0 + 0.79(\alpha - 1)V^0 + V_{O_2}$$

$$= V_{RO_2} + V_{CO} + V_{N_2}^0 + \frac{0.79}{0.21}(V_{O_2} - 0.5V_{CO}) + V_{O_2} \qquad \text{m}^3/\text{kg} \quad (3\text{-}59)$$

式（3-59）两边除以 V_{gy} 并乘以 100，则有

$$21 = 0.21\varphi_{RO_2} - 0.185\varphi_{CO} + \varphi_{O_2} + 0.21V_{N_2}^0 \times \frac{100}{V_{gy}} \qquad (3\text{-}60)$$

式中　　φ_{RO_2}、φ_{CO}、φ_{O_2} ——各组分在干烟气中的容积百分数，%；

$V_{N_2}^0$ ——燃料完全燃烧后产生的理论 N_2 量，m^3/kg。

将式（3-24）代入式（3-60）并整理，得

$$21 = \varphi_{RO_2} + 0.605\varphi_{CO} + \varphi_{O_2} + \left(0.21\frac{V_{N_2}^0}{V_{CO} + V_{CO_2} + V_{SO_2}} - 0.79\right)(\varphi_{RO_2} + \varphi_{CO}) \quad (3\text{-}61)$$

化简式（3-61），得

$$21 = \varphi_{RO_2} + 0.605\varphi_{CO} + \varphi_{O_2}$$
$$+ \left[2.35\frac{\omega(\text{H}_{ar}) - 0.126\omega(\text{O}_{ar}) + 0.038\omega(\text{N}_{ar})}{\omega(\text{C}_{ar}) + 0.375\omega(\text{S}_{ar})}\right](\varphi_{RO_2} + \varphi_{CO}) \quad (3\text{-}62)$$

令

$$\beta = 2.35\frac{\omega(\text{H}_{ar}) - 0.126\omega(\text{O}_{ar}) + 0.038\omega(\text{N}_{ar})}{\omega(\text{C}_{ar}) + 0.375\omega(\text{S}_{ar})} \qquad (3\text{-}63)$$

式（3-63）可写成

$$21 = \varphi_{RO_2} + 0.605\varphi_{CO} + \varphi_{O_2} + \beta(\varphi_{RO_2} + \varphi_{CO}) \qquad (3\text{-}64)$$

式（3-64）称为不完全燃烧方程式。当燃料燃烧后的不完全燃烧产物只有 CO 时，烟气中各成分的体积百分数含量与燃料的元素组成之间必然满足这个关系式。

β 称为燃料特性系数，它只取决于燃料的可燃元素组成，与燃料的水分和灰分无关。由 β 的计算式可知，β 是一个无因次量，因此它与燃料成分分析的表示基准也无关。对于固体燃料，由于氮含量很少，在计算 β 时，$\omega(\text{N}_{ar})$ 常忽略不计。若同时忽略含量相对较低的 N 和 S，β 可简化为

$$\beta = 2.35\frac{\omega(\text{H}_{ar}) - 0.126\omega(\text{O}_{ar})}{\omega(\text{C}_{ar})} \qquad (3\text{-}65)$$

此时 β 为燃料中自由氢 $[\omega(\text{H}) - 0.126\omega(\text{O})]$ 和 C 的比值。

由式（3-64）可得到干烟气中 CO 的体积百分数含量：

$$\varphi_{CO} = \frac{21 - \beta\varphi_{RO_2} - (\varphi_{RO_2} + \varphi_{O_2})}{0.605 + \beta} \qquad \% \qquad (3\text{-}66)$$

在完全燃烧的情况下，$\varphi_{CO} = 0$，则式（3-64）变成

$$(1+\beta)\varphi_{RO_2} + \varphi_{O_2} = 21 \qquad (3\text{-}67)$$

式（3-67）称为完全燃烧方程式。如果燃料燃烧完全，无论过剩空气量为何值，干烟气中 RO_2 和 O_2 的体积百分数含量必定满足完全燃烧方程式。

由式（3-67）可得

$$\varphi_{RO_2} = \frac{21 - \varphi_{O_2}}{1 + \beta} \quad \% \qquad (3\text{-}68)$$

在锅炉运行过程中，如测得 φ_{RO_2} 值过小，说明过量空气系数 α 过大或炉墙、烟道漏风量增大。

若在 $\alpha=1$ 的情况下完全燃烧，即 $\varphi_{O_2} = 0$，$\varphi_{CO} = 0$ 则烟气中三原子气体含量（φ_{RO_2}）达到最大值，即

$$\varphi_{RO_2}^{max} = \frac{21}{1 + \beta} \quad \% \qquad (3\text{-}69)$$

$\varphi_{RO_2}^{max}$ 只取决于燃料的特性系数 β，故与 β 一样，$\varphi_{RO_2}^{max}$ 也是只取决于燃料的可燃元素组成成分。

表 3-7 列出了各种燃料的 β 和 $\varphi_{RO_2}^{max}$ 值。

表 3-7   **各种燃料的 β 值和 $\varphi_{RO_2}^{max}$ 值**

燃料	β	$\varphi_{RO_2}^{max}$（%）	燃料	β	$\varphi_{RO_2}^{max}$（%）
碳	0	21	烟煤	0.10~0.15	19.1~18.3
无烟煤	0.02~0.09	20.6~19.3	甲烷	0.79	11.7
褐煤	0.05~0.11	20~18.9	油页岩	0.21	17.4
泥煤	0.07~0.08	19.6~19.4	重油	0.29~0.35	16.3~15.6
贫煤	0.09~0.12	19.3~18.75	天然气	0.75~0.8	12~11.7

第三节　运行中过量空气系数的确定

过量空气系数 α 的大小直接影响燃料在炉内燃烧的好坏及排烟热损失的大小，因此对于运行中的锅炉，必须严格控制 α 的大小。直接测量锅炉炉膛的过量空气系数是很困难的，但可根据测量的烟气成分来确定 α 大小。

一、固（液）体燃料燃烧过程中 α 的确定

根据过量空气系数的定义，即实际供给的空气量 V_k 与理论空气量 V^0 的比值称为过量空气系数 α，有

$$\alpha = \frac{V_k}{V^0} = \frac{V_k}{V_k - \Delta V_g} = \frac{1}{1 - \dfrac{\Delta V_g}{V_k}} = \frac{1}{1 - \dfrac{(\alpha-1)V^0}{\alpha V^0}} \qquad (3\text{-}70)$$

由式（3-47）可得

$$(\alpha-1)V^0=\frac{V_{O_2}-0.5V_{CO}}{0.21} \tag{3-71}$$

由式（3-25）和式（3-32）可得

$$\alpha V^0=\frac{V_{N_2}-0.008\omega(N_{ar})}{0.79} \tag{3-72}$$

固（液）体燃料中含氮量很少，可忽略不计，式（3-72）可简写成

$$\alpha V^0=\frac{V_{N_2}}{0.79} \tag{3-73}$$

将式（3-71）和式（3-73）代入式（3-70）中，得

$$\alpha=\frac{1}{1-\dfrac{0.79(V_{O_2}-0.5V_{CO})}{0.21V_{N_2}}} \tag{3-74}$$

根据 O_2、N_2 和 CO 在干烟气中的容积百分数含量的定义式，有

$$V_{O_2}=\frac{V_{gy}\cdot\varphi_{O_2}}{100}\quad m^3/kg \tag{3-75}$$

$$V_{N_2}=\frac{V_{gy}\cdot\varphi_{N_2}}{100}\quad m^3/kg \tag{3-76}$$

$$V_{CO}=\frac{V_{gy}\cdot\varphi_{CO}}{100}\quad m^3/kg \tag{3-77}$$

式中　　φ_{O_2}、φ_{N_2}、φ_{CO}——各组分在干烟气中的容积百分数含量，%；

V_{gy}——实际干烟气量，m^3/kg。

将式（3-75）～式（3-77）代入式（3-74），整理得

$$\alpha=\frac{1}{1-\dfrac{79}{21}\times\dfrac{\varphi_{O_2}-0.5\varphi_{CO}}{\varphi_{N_2}}} \tag{3-78}$$

据式（3-42）可得

$$\varphi_{N_2}=100-(\varphi_{RO_2}+\varphi_{O_2}+\varphi_{CO}) \tag{3-79}$$

将式（3-79）代入式（3-78），得到不完全燃烧时的过量空气系数的计算公式为

$$\alpha=\frac{21}{21-79\times\dfrac{\varphi_{O_2}-0.5\varphi_{CO}}{100-(\varphi_{RO_2}+\varphi_{O_2}+\varphi_{CO})}} \tag{3-80}$$

在不完全燃烧情况下，根据实测干烟气中的 RO_2、O_2 和 CO 的体积百分数含量，就可根据式（3-80）计算出 α 的大小。注意式（3-80）的推导是忽略了燃料中的氮含量，由

于固（液）体燃料中的含氮量一般小于 3%，因此这个忽略不影响 α 的准确度。

当锅炉燃烧状况良好时，可按完全燃烧过程处理，即完全燃烧时，$\varphi_{CO} = 0$，式（3-80）改写成

$$\alpha = \frac{21}{21 - 79 \times \dfrac{\varphi_{O_2}}{100 - (\varphi_{RO_2} + \varphi_{O_2})}} \tag{3-81}$$

由完全燃烧方程式（3-68）可得

$$\varphi_{RO_2} + \varphi_{O_2} = 21 - \beta\varphi_{RO_2} \tag{3-82}$$

$$\varphi_{O_2} = 21 - (1 + \beta)\varphi_{RO_2} \tag{3-83}$$

将式（3-82）和式（3-83）代入式（3-81），整理得

$$\alpha = \frac{21 \times (79 + \beta\varphi_{RO_2})}{\left[79 \times (1 + \beta) + 21\beta\right]\varphi_{RO_2}} \tag{3-84}$$

由式（3-67）可得

$$1 + \beta = \frac{21}{\varphi_{RO_2}^{\max}} \tag{3-85}$$

将式（3-85）代入式（3-84），并将等式右边表达式中分子、分母均除以 $21\varphi_{RO_2}$ 得

$$\alpha = \frac{\dfrac{79}{\varphi_{RO_2}} + \beta}{\dfrac{79}{\varphi_{RO_2}^{\max}} + \beta} \tag{3-86}$$

考虑到燃料特性系数 β 值很小，在上式中可忽略不计，于是式（3-86）简化成

$$\alpha \approx \frac{\varphi_{RO_2}^{\max}}{\varphi_{RO_2}} = \frac{21}{21 - \varphi_{O_2}} \tag{3-87}$$

上述简化公式表明，过量空气系数 α 与锅炉烟气中含氧量密切相关。只要测量锅炉某烟道处的 O_2 浓度，就可以很方便地估算该烟道截面处的过量空气系数，方便用于现场监督燃烧工况。目前电厂锅炉中一般采用磁性氧量计或氧化锆氧量计来测量烟气中的含氧量 O_2，以监控锅炉运行中的过量空气系数。

二、气体燃料燃烧过程中 α 的确定

气体燃料在不完全燃烧状况下，根据实测烟气中的 RO_2、O_2、CO、H_2 和 CH_4 的体积百分数含量，可计算其过量空气系数（α）。计算公式为

$$\alpha = \cfrac{21}{21 - 79 \times \cfrac{\varphi_{O_2} - (0.5\varphi_{CO} + 0.5\varphi_{H_2} + 2\varphi_{CH_4})}{100 - (\varphi_{RO_2} + \varphi_{O_2} + \varphi_{CO} + \varphi_{H_2} + \varphi_{CH_4}) - \cfrac{V_{N_2}}{V_{gy}}}} \tag{3-88}$$

式中 φ_{RO_2}、φ_{O_2}、φ_{CO}、φ_{H_2}、φ_{CH_4}——燃烧烟气中各成分占干烟气的体积百分数，%；

$\qquad\qquad V_{N_2}$——1m³ 气体燃料中，氮气的体积百分数，%；

$\qquad\qquad V_{gy}$——气体燃料燃烧后产生的实际干烟气量，m³/m³。

根据燃料成分和实测烟气中的产物成分，可计算燃烧后的干烟气量。

$$V_{gy} = \frac{V_{CO_2} + V_{CO} + V_{H_2S} + \sum m V_{C_m H_n}}{\varphi_{RO_2} + \varphi_{CO} + \varphi_{H_2} + \varphi_{CH_4}} \tag{3-89}$$

式中 V_{CO_2}、V_{CO}、V_{H_2S}、$V_{C_m H_n}$——1m³ 气体燃料中，各组分的体积百分数，%。

如果燃烧完全，且烟气中没有未燃尽的可燃气体 CO、H₂、CH₄ 时，式（3-88）简化成

$$\alpha = \cfrac{21}{21 - 79 \times \cfrac{\varphi_{O_2}}{100 - (\varphi_{RO_2} + \varphi_{O_2}) - \cfrac{V_{N_2}}{V_{gy}}}} \tag{3-90}$$

第四节　空气和燃烧产物焓的计算

在进行锅炉设计和校核计算时，都需要知道空气和烟气的焓。空气和烟气的焓是指在定压条件下，将 1kg 燃料所需的空气量或产生的烟气量从 0℃加热到 θ℃时所需的热量，单位为 kJ/kg。

一、空气焓

在标准状态下，理论空气焓 I_a^0 按下式计算：

$$I_a^0 = V^0 (c\theta)_a \tag{3-91}$$

式中 I_a^0——理论空气量的焓，对固（液）体燃料，kJ/kg；对气体燃料，kJ/m³；

$\qquad\qquad (c\theta)_a$——1m³（标准状况下）干空气连同带入的水蒸气在温度为 θ℃时的焓，kJ/m³，查表 3-8。

实际空气焓 I_a 为

$$I_a = V(c\theta)_a = \beta V^0 (c\theta)_a = \beta I_a^0 \quad \text{kJ/kg} \tag{3-92}$$

式中 I_a——实际空气量的焓，对固（液）体燃料，单位为 kJ/kg；对气体燃料，kJ/m³；

$\qquad\qquad \beta$——空气侧过量空气系数。

表 3-8 $1m^3$（标准状况下）空气、烟气和 1kg 飞灰的焓

θ（℃）	烟气中各成分的焓（kJ/m³）				空气焓（kJ/m³）	飞灰焓（kJ/kg）
	$(c\theta)_{CO_2}$	$(c\theta)_{N_2}$	$(c\theta)_{O_2}$	$(c\theta)_{H_2O}$	$(c\theta)_a$	$(c\theta)_{ash}$
100	170	130	132	151	132	81
200	358	260	267	305	266	170
300	559	392	407	463	403	264
400	772	527	551	626	542	360
500	994	664	699	795	684	459
600	1225	804	850	969	830	560
700	1462	948	1004	1149	978	662
800	1705	1094	1160	1334	1129	767
900	1952	1242	1318	1526	1282	875
1000	2204	1392	1478	1723	1437	984
1100	2458	1544	1638	1925	1595	1097
1200	2717	1697	1801	2132	1753	1206
1300	2977	1853	1964	2344	1914	1361
1400	3239	2009	2128	2559	2076	1583
1500	3503	2166	2294	2779	2239	1759
1600	3769	2325	2461	3002	2403	1876
1700	4036	2484	2629	3229	2567	2064
1800	4305	2644	2798	3458	2732	2186
1900	4574	2804	2967	3690	2899	2387
2000	4844	2965	3138	3926	3065	2512
2100	5115	3127	3309	4163	3234	
2200	5387	3289	3483	4402	3402	

二、烟气焓

燃烧产生的烟气是多种成分组成的混合气体，同时还夹带一定数量的飞灰，其焓等于各组成成分的总和，即烟气焓 I_g 等于理论烟气焓 I_g^0、过剩空气的焓 $(\alpha-1)I_a^0$ 和飞灰焓 I_{fa} 之和，即

$$I_g = I_g^0 + (\alpha-1)I_a^0 + I_{fa} \quad kJ/kg \qquad (3-93)$$

其中理论烟气焓（$\alpha=1$）为

$$I_g^0 = V_{RO_2}(c\theta)_{RO_2} + V_{N_2}^0(c\theta)_{N_2} + V_{H_2O}^0(c\theta)_{H_2O} \quad kJ/kg \qquad (3-94)$$

式中 I_g^0——理论燃烧烟气的焓，对固（液）体燃料，kJ/kg；对气体燃料，kJ/m³；

$(c\theta)_{RO_2}$、$(c\theta)_{N_2}$、$(c\theta)_{H_2O}$——$1m^3$（标准状况下）三原子气体、N_2 和水蒸气在温度 θ℃ 时的焓，kJ/m³，查表 3-8。

烟气中飞灰焓 I_{fa} 由下式计算：

$$I_{fa} = \alpha_{fa} \frac{A_{ar}}{100} (c\theta)_{ash} \quad kJ/kg \qquad (3\text{-}95)$$

式中　$\alpha_{fa} \dfrac{A_{ar}}{100}$——1kg 燃料燃烧产生的烟气中携带的飞灰质量，kg/kg；

　　　　α_{fa}——烟气中夹带的飞灰质量与总灰量的比值，α_{fa} 与燃料和炉型有关，表
　　　　　　3-9 列出了层燃炉和煤粉炉中烟气携带飞灰的质量份额 α_{fa}；

　　　　A_{ar}——燃料收到基灰分的质量百分数，%；

　　　$(c\theta)_{ash}$——1kg 飞灰在 θ℃时的焓，kJ/kg，查表 3-8。

表 3-9　　　　　　　　层燃炉和煤粉炉中烟气携带飞灰的质量份额 α_{fa}

炉型	手烧炉	链条炉	抛煤机炉	往复推动炉排炉	振动炉排炉	固态排渣煤粉炉	液态排渣煤粉炉
α_{fa}	0.2~0.3	0.1~0.2	0.2~0.3	0.15~0.2	0.15~0.25	0.90~0.95	0.6~0.7

由于飞灰焓的数值相对较小，对层燃炉和煤粉炉，只有从炉膛带出的折算飞灰量满足式（3-96）的条件时，才计算飞灰焓，否则可忽略不计。

$$\frac{1000\alpha_{fa}A_{ar}}{Q_{net,ar}} > 1.433 \qquad (3\text{-}96)$$

第五节　燃烧温度的计算

一、燃烧温度的概念

燃料燃烧放出的热量全部被燃烧产物所吸收，燃烧产物所能达到的温度叫燃料的燃烧温度。

根据能量守恒和转化定律，燃烧过程中燃烧产物的热量收入和热量支出之间必然相等。在实际生产条件下，燃料燃烧时，热量的来源(即燃烧过程热平衡方程式的收入项)有：

（1）燃料的化学热 $Q_{net,ar}$。

（2）空气的物理热 $Q_{p,a}$。

（3）煤气的物理热 $Q_{p,g}$。

热量的支出项有：

（1）燃烧产物得到的热量 $Q_{p,c}$。

（2）传给周围介质的热量 Q_s。

（3）由于不完全燃烧所损失的热量 Q_{no}。

（4）由于燃烧产物的热分解而损失的热量 Q_{td}。

因此，燃烧过程的热平衡方程式为

$$Q_{net,ar}+Q_{p,a}+Q_{p,g}=Q_{p,c}+Q_s+Q_{no}+Q_{td} \tag{3-97}$$

根据热平衡方程式，可求出燃烧产物所含的热量为

$$Q_{p,c}=Q_{net,ar}+Q_{p,a}+Q_{p,g}-Q_s-Q_{no}-Q_{td} \tag{3-98}$$

又因

$$Q_{p,c}=V_nC_{p,c}t_s$$

式中 V_n——燃烧产物的体积，m^3/kg 或 m^3/m^3；

$C_{p,c}$——燃烧产物的平均热容量，$kg/(m^3 \cdot ℃)$；

t_s——燃烧产物的温度，即燃烧温度，℃。

所以

$$t_s = \frac{Q_{net,ar} + Q_{p,a} + Q_{p,g} - Q_s - Q_{no} - Q_{td}}{V_nC_{p,c}} \tag{3-99}$$

t_s 反映了在生产实际条件下燃烧产物所能达到的实际温度，所以叫作"实际燃烧温度"。

在完全燃烧和绝热条件下，也就是当 Q_{no} 和 Q_s 都等于零时，燃烧产物所能达到的温度叫作"理论燃烧温度"，即

$$t_g = \frac{Q_{net,ar} + Q_{p,a} + Q_{p,g} - Q_{td}}{V_nC_{p,c}} \tag{3-100}$$

可见，理论燃烧温度是当燃烧条件一定时(即 $Q_{net,ar}$、$Q_{p,a}$、$Q_{p,g}$、n 已定)，燃烧产物所能达到的最高温度。

根据生产实践和科学实验所积累的经验知道，在一定条件下，实际燃烧温度和理论燃烧温度之间存在一定关系，即

$$t_s = \eta t_g \tag{3-101}$$

式中 η——炉温系数，它主要和锅炉的温度、锅炉生产率的大小、锅炉的结构和形状等因素有关。当生产条件一定时，为保证生产工艺所需要的炉温(即实际燃烧温度时)，燃料的理论燃烧温度必须达到：

$$t_g = \frac{t_s}{\eta} \tag{3-102}$$

因此，燃料的理论燃烧温度是设计锅炉时选择燃料和确定燃烧条件的重要依据。

二、燃烧温度的计算

根据式（3-102）可知，只要算出理论燃烧温度就可初步确定炉子所能达到的温度水平。为计算理论燃烧温度，必须分别求出以下各项参数：

（1）燃烧产物的体积 V_n。

（2）燃烧产物的平均热容量 $C_{p,c}$，可以根据燃烧产物的成分及每种成分的平均热容量来计算。

（3）燃料的低发热量 $Q_{net,ar}$。

（4）空气的物理热 $Q_{p,a}$，可用下式计算：

$$Q_{p,a} = L_n C_{p,a} t_{p,a} \tag{3-103}$$

式中　　L_n——燃料燃烧时所需要的空气量，m^3/kg 或 m^3/m^3；

　　　　$C_{p,a}$——空气在 $0 \sim t_{p,a}$℃范围内的平均热容量，$kJ/(m^3 \cdot ℃)$；

　　　　$t_{p,a}$——空气的预热温度，℃。

（5）煤气的物理热 $Q_{p,g}$，计算公式为

$$Q_{p,g} = L_n C_{p,g} t_{p,g} \tag{3-104}$$

式中　　$C_{p,g}$——煤气在 $0 \sim t_{p,g}$℃范围内的平均热容量，$kJ/(m^3 \cdot ℃)$；

　　　　$t_{p,g}$——煤气的预热温度，℃。

（6）由于燃烧产物的热分解所损失的热量。它指的是燃烧产物中三原子以上的气体（主要是 CO_2 和 H_2O）在高温下发生分解时所消耗的热量。

第四章 燃烧基本理论

在日常生活和生产过程中，燃烧现象主要分为两种：一种是可燃物质与空气作用燃烧现象；另一种是与其他氧化剂进行剧烈反应而发生的放热发光现象。这些燃烧现象在燃烧过程中的化学反应十分复杂，有化合反应、分解反应，此外，有些复杂物质的燃烧先是物质受热分解，再发生化合反应。从本质上讲，燃烧是一种可燃物与氧化剂作用发生氧化反应的现象。燃烧的基本特征表现为放热、发光、发烟、伴有火焰等。

第一节 燃烧过程的化学反应

根据燃烧过程反应机理复杂程度的不同，燃烧过程的化学反应一般分为两大类：一是由反应物经一步反应直接生成产物的反应，即简单反应；二是燃烧过程的化学反应是复杂的反应，不是经过简单的一步就完成，而是要通过生成中间产物的许多反应步骤来完成，其中每一步反应称作基元反应，即复杂反应。

一、化学反应速度的确定

化学反应速度表示单位时间内由于化学反应而使反应物质(或燃烧产物)浓度的改变率，一般常用 W 来表示，因此可将反应速度写为

$$W = \pm \frac{dC}{d\tau} \tag{4-1}$$

式中　C——浓度；

　　　τ——时间。

由于化学反应中各反应物质浓度数量之间的关系是由化学反应式的平衡关系决定的，因此在研究反应速度时，可以只研究某一种物质的浓度随时间的变化。式中"+"号表示某一物质的浓度是随时间而增加的，"–"号表示某一物质的浓度是随时间而减小的。

化学反应速度与浓度、温度和压力有关，根据质量作用定律，与浓度的关系可写为

$$W = K \cdot W'(C) \tag{4-2}$$

式中　K——反应速度常数；

　$W'(C)$——反应速度与浓度的关系，它取决于反应类别。

对于简单反应，可写为

$$W = K \cdot C^n \tag{4-3}$$

式中　n——反应级数。

反应速度与温度的关系常用反应速度常数与温度的关系来表达,按阿伦尼乌斯定律,这个关系为超越函数,如式（4-4）所示。

$$K = K_0 \exp\left(-\frac{E}{RT}\right) \tag{4-4}$$

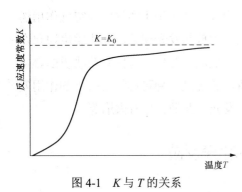

图 4-1　K 与 T 的关系

式（4-4）可用图 4-1 表示,随着温度的升高,反应速度在一定温度范围内是急剧增加的,大约达到 10 000K,反应速度常数才缓慢增加且趋近于一常数 K_0。

通过图 4-1 可看出,反应速度可表示为温度和浓度的函数,即

$$W = W(C,T) = K_0 C^n \exp\left(-\frac{E}{RT}\right) \tag{4-5}$$

显然,式（4-5）只适用简单反应,而对于复杂反应,表达式将不同。而燃烧反应属于链锁反应,活性中间产物(活化中心)起着重要作用。这时的反应速度不仅与原始物质浓度有关,活性中间产物的浓度有关,其表达式更为复杂,一般由实验确定。尽管如此,在燃烧理论研究中,仍经常采用式（4-5）的形式作为燃烧反应速度的表达式,并由此可以得到定性的结论。

反应速度与压力的关系在一般工业炉燃烧过程的研究中常予以忽视,这是因为工业炉燃烧室中的压力接近于常压且变化范围不大。

二、影响化学反应速度的因素

影响化学反应速度的因素有很多,一般可分为内部因素（反应物的性质）和外部因素（温度、压力、浓度、催化剂等）,但因为物质本身的属性对于研究价值不大,因此在研究化学反应速率的影响因素时,主要是着重考虑外部因素。

1. 温度对化学反应速度的影响

在影响化学反应速度的外部因素中,温度对化学反应速度的影响最为显著。化学反应速度和温度的关系可用范托夫定律和阿伦尼乌斯定律这两条规则来表示。范托夫定律指出:在不大的温度范围内和不高的温度时（在室温附近）,温度每升高 10℃,反应速度增大 2~4 倍。用数学表达式可写成

$$\gamma_{10} = \frac{k_{t+10}}{k_t} = 2 \sim 4 \tag{4-6}$$

式中　k——化学反应的速度常数;

γ_{10}——反应速度的温度系数。

由式（4-6）可见，温度对化学反应速度的影响十分大。但需指出的是，这个规则不是一个定律，它只能决定各种化学反应中大部分反应的速度随温度变化的数量级。在粗略地估计温度对反应速度的影响时，有着很大的用处。

温度对反应速率的影响，集中反应在化学反应速度常数 K 上。在大量实验的基础上，阿伦尼乌斯于 1889 年提出化学反应速度常数 K 与反应温度 T 之间的关系：

$$\ln K = -\frac{E}{RT} + \ln k_0 \qquad (4\text{-}7)$$

式中 E、k_0——实验常数，即为活化能和前指数因素；

R、T——气体的通用气体常数和绝对温度；

K——化学反应速度常数。

式（4-7）微分形式表示为

$$K = k_0 \exp\left(-\frac{E}{RT}\right) \qquad (4\text{-}8)$$

从图 4-2 中可看到，化学反应速度常数 K 的对数和温度 T 的倒数成直线关系，以及温度对活化能的影响。

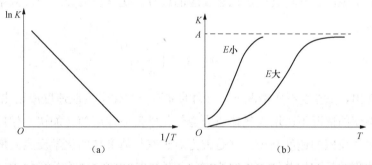

图 4-2　符合阿伦尼乌斯定律的化学反应速度常数与温度的关系及温度对活化能的影响

（a）速度常数 K 的对数与温度 T 的倒数的关系；（b）温度 T 对活化能的影响关系

通过对范托夫定律和阿伦尼乌斯定律这两条规则的研究可知，化学反应速度随着温度的增加而显著地增大。发生这种变化趋势的主要原因是当温度升高时，反应物分子的能量加强，可使一部分原来能量不高的分子变成能量较高的分子即活化分子，反应物分子中活化分子的比例增大，分子间的有效碰撞次数增多，化学反应速率增大。

2. 活化能对化学反应速度的影响

活化能是衡量物质反应能力的一个主要参数，活化能的大小间接反映了化学反应过程中反应速度的大小。例如在 T=500K 时，E=83 700kJ/mol 时的反应速度将比同温度时 E=167 500kJ/mol 的反应速度快 $5×10^8$ 倍，这其中的原因是在一定温度下，活化能越大，活化分子数越少，则化学反应速度越慢；反之，在活化能较小的反应中，反应物具有等于或大于活化能数值的活化分子数较多，因而反应速度就较高。在相同条件下，不同燃料的焦炭燃烧反应的活化能是不同的，高挥发分煤的活化能较小，低挥发分煤的活化能较大。各类煤的焦炭按方程反应的活化能的值(MJ/kmol) 分别为褐煤：92～105；烟煤：117～134；无烟煤：140～147。

3. 反应物浓度对反应速度的影响

浓度对反应速度的影响可用质量作用定律来表示，即反应在等温下进行时，反应速度只是反应物浓度的函数。用数学表达式表示，即

$$W = -\frac{dC}{dt} = k_A C_A^a C_B^b \tag{4-9}$$

式中　C_A、C_B——反应物 A、B 的浓度；

　　　a、b——反应物 A、B 的反应系数；

　　　k_A——反应速度常数。

根据质量作用定律，对于均相反应，在一定温度下化学反应速度与参加化学反应的各反应物的浓度成正相关，而各反应物浓度项的次方等于化学反应式中相应的反应系数。

4. 压力对化学反应速度的影响

在等温情况下，气体的浓度与气体的分压力成正比关系。因此，增大气体浓度可通过提高压力来实现，这样将会促进化学反应的进行。化学反应速度与反应系统压力的次方成正比，即

$$W = k_n x_A^n \left(\frac{p}{RT}\right)^n \tag{4-10}$$

由此可看出，在温度不变情况下，压力的 n 次方与化学反应速度成正比，即 $W \propto p^n$。在其他条件不变的情况下，增大气体压力会使化学反应速度随之加快，相反气体压力减小时，会使化学反应的速度减少。这是因为对于有气体参加的化学反应，增大气体压力将会减小其体积并且增加单位体积的浓度从而使单位体积内活化分子数量增加、有效碰撞的次数增多，所以化学反应速度增大。

第二节　着　火　与　熄　火

一、着火与熄火概念

燃烧过程分为两个阶段，分别为着火阶段和着火后的燃烧阶段。在着火阶段中，燃料和氧化剂进行缓慢的氧化作用，氧化反应释放的热量只是提高可燃混合物的温度和累积活化分子，并没有形成火焰。在燃烧阶段中，反应进行得很快，并发出强烈的光和热，形成火焰。

着火与连续、稳定的燃烧阶段有很大的不同，它是一个从不燃烧到燃烧的自身演变或外界引发的过渡过程，是可燃混合物的氧化反应逐渐加速、形成火焰或爆炸的过程。在这

个过渡过程中，反应物的消耗及产物的生成尚不明显，它们之间相互扩散的量级不大，扩散速度对此过渡过程的化学反应影响极微。因此，着火是一个化学动力学控制的过程。

当反应器正以显著的反应速率进行操作时，若降低进料入口的温度，使它达到多重态区域的下限，反应速度会突然大幅度下降，反应基本停止，这个现象称为熄火。

火焰的熄火过程是一个化学反应速度控制的过程。熄火过程相比于着火过程是相反的，它是一个从极快的燃烧化学反应到反应速度极慢，以致不能维持火焰或几乎停止化学反应的过程。

热自燃机理：当预混可燃气体受到外部热源加热，混合气体温度升高到一定值后，化学反应放热量大于散热量，系统由于热量的积累又促使混合气体温度继续升高，反应速度和放热速度加大，这种相互促进作用的结果导致着火。

化学自燃机理：如果在可燃混合气体中存在链载体，且链载体产生速率大于链载体销毁速率时，即使在常温条件下，反应速度也可以自动加快而达到着火。

熄火理论：熄火是由强烈反应状态向无反应状态过渡的过程。此外着火、熄火是反应放热因素与散热因素相互作用的结果。如果在某一系统中反应放热占优势，则着火容易发生（或熄火不易发生），反之，则着火不易，熄火容易。

二、着火和熄火的热力条件

影响燃料与空气组成的可燃混合物的着火、熄火及燃烧过程能否稳定进行的因素主要与燃烧过程的热力条件有关。其原因是在燃烧过程中，必然同时存在放热和吸热两个过程，这两个互相矛盾过程的发展，对燃烧过程可能是有利的，也可能是不利的，它会使燃烧过程发生（着火）或停止（熄火）。

下面以煤粉空气混合物在燃烧室的燃烧情况来分析燃烧过程的热力过程。

为得到简明的概念，需假定一个简化的物理模型：①容器体积为 V，表面积为 A，内部充满了温度为 T_0，浓度为 ρ_0 的可燃混合气体；②开始时，混合气体的温度与外界环境温度一样为 T_0，反应过程中，混合气体的温度为 T 且随时间而变化。这时容器内的温度和浓度仍是均匀的；③外界和容器壁之间有对流换热，对流换热系数为 α，它不随温度变化。

燃烧室内煤粉空气混合物燃烧时的放热量 Q_1 为

$$Q_1 = qVk_0C^n \exp\left(-\frac{E}{RT}\right) \tag{4-11}$$

在燃烧过程中向周围介质的散热量 Q_2 为

$$Q_2 = \alpha \cdot A \cdot (T - T_0) \tag{4-12}$$

式中 q、V、k_0——定值；

　　　　C——初始溶度；

　　　　　A——燃烧室壁面面积。

　　根据式（4-11）和式（4-12）可画出放热量 Q_1 和散热量 Q_2 随温度的变化情况曲线，如图 4-3 所示。

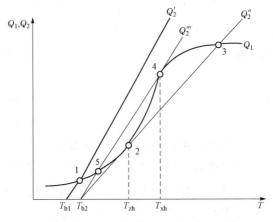

图 4-3　热着火过程中 Q_1 和 Q_2 曲线

　　通过图 4-3 可知，当 T_{b1} 很低时，对应的散热曲线为 Q_2'，Q_2' 与放热曲线 Q_1 相交于点 1。在交点 1 之前是反应的初始阶段，因为放热大于散热，随着反应系统开始升温，到达点 1 时达到放热、散热的平衡。所以点 1 是一个稳定的平衡点，但在点 1 处的温度还是很低，煤粉处于低温缓慢氧化状态，此时煤粉只会缓慢氧化而不会着火。

　　如果将煤粉气流的初始温度提高到 T_{b2}，此时相应的散热曲线为 Q_2''。它与放热曲线 Q_1 相交于点 2。由图 4-3 可知，在反应的初期，由于放热大于散热，反应系统温度逐步增加，在交点 2 时反应达到平衡。但点 2 是一个不稳定的平衡点，因为只要稍微增加系统的温度，放热量就会大于散热量，即反应温度不断升高，一直到点 3 才会稳定下来。所以点 3 是整个过程的一个高温温度平衡点，因此要想反应自动加速而转变为高速燃烧状态，只要保证煤粉和空气的不断供应就能达到，而交点 2 对应的温度即为着火温度 T_{zh}。

　　当反应系统处在高温燃烧状态下时，如果散热加大，反应系统的温度便随之下降，散热曲线变为 Q_2'''，它与放热曲线 Q_1 线相交于点 4。由于点 4 前后都是散热大于放热，所以反应系统状态很快便从点 3 变为点 4，点 4 是一个不稳定的平衡点。在点 4 处只要反应系统的温度稍微降低，便会由于散热大于放热，而使反应系统温度自动急剧地下降，一直到点 5 的地方才稳定下来。但点 5 处的温度已很低，此处煤粉只能缓慢的氧化，而不能着火和燃烧，从而使燃烧过程熄火。因此点 4 状态对应的温度即为熄火温度。

　　由上述分析可知，散热曲线和放热曲线的切点 2 对应反应系统的着火温度，切点 4 对应反应系统的熄火温度。然而点 2 和点 4 的位置是随着反应系统的热力条件（散热和放热）变化而变化的。因此，着火温度和熄火温度也是随着热力条件变化而变化的。

　　着火温度表示可燃混合物系统化学反应可自动加速而达到自燃着火的最低温度。着火温度对某一可燃混合物来说，并不是一个化学常数或物理常数，而是随具体热力条件不同而不同的。

着火温度的数学表示方法如下：

在切点 2 处相应的温度为着火温度 T，则有 T 的条件为

$$\begin{cases} Q_1 = Q_2 \\ \dfrac{dQ_1}{dT} = \dfrac{dQ_2}{dT} \end{cases} \quad (4\text{-}13)$$

将式（4-11）和式（4-12）代入式（4-13）可得

$$\begin{cases} K_0(\rho_0 y_i)^n \exp(-E/RT_B)Q = \dfrac{\alpha A}{V}(T_B - T_0) \\ K_0(\rho_0 y_i)^n \exp(-E/RT_B)Q(E/RT_B^2) = \dfrac{\alpha A}{V} \end{cases} \quad (4\text{-}14)$$

$$T_B = \frac{E}{2R} \pm \frac{E}{2R}\sqrt{1 - 4R\frac{T_0}{E}} \quad (4\text{-}15)$$

化简后可得

$$T_B - T_0 = \frac{RT_B^2}{E} \quad (4\text{-}16)$$

式（4-16）表示在可以自燃着火的条件下气体的着火温度与器壁温度之间的关系。一般情况下，若 $E=167$kJ/mol，器壁温度为 1000K 时，

$$T_B - T_0 \approx 50℃ \quad (4\text{-}17)$$

可知，T_B 与 T_0 相差很小。故试验中用 T_0 代表着火温度，并不会引起很大误差。

虽然着火温度并不是可燃物质的化学、物理常数，但人们对各种物质的着火温度进行实验测定，并把所测定的着火温度数值作为可燃物质的燃烧和爆炸性能的参考指标。

三、影响着火温度的因素

1. 容积的影响

容器体积的大小是影响着火温度的因素，当容器体积减小时会使一个着火的系统变得不能着火。容器尺寸对自燃过程造成影响的物理原因是当容器尺寸变小时，热量损失相对同体积是增加的，而热量生成是减少的。

通过图 4-4 可看出，体积大小对着火温度的影响。如图所示，实线是热力爆燃的临界情况，从前面的分析可知，虚线对应于较小的体积，可以看到壁面温度为 T_{w2} 时不会发生着火。

2. 反应物成分的影响

反应物的成分也是影响着火温度的因素之一，因为 Q_1 是反应速率的函数，而反应速率取决于化学组成，如图 4-5 所示是着火温度 T_i 与 $(F/O)_{st}$（燃料/氧化剂比）之间的典型

关系。通过图中曲线可以清晰地知道反应物成分对着火温度的影响，但要特别注意，最小的 T_i 并不对应着化学计量数配比的混合成分。

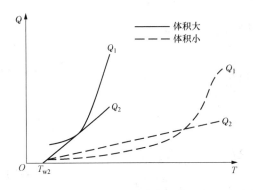

图 4-4　容器体积对自加热着火过程的影响

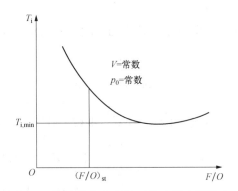

图 4-5　燃料量/氧化剂量对着火温度的影响

3. 时间的影响

着火温度还是时间的函数，由阿伦尼乌斯定律可知时间与着火温度的关系：

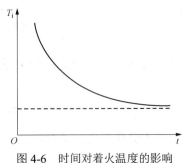

图 4-6　时间对着火温度的影响

$$t \propto \frac{1}{w} \propto \exp\left(\frac{E_a}{RT_i}\right) \tag{4-18}$$

着火温度 T_i 随时间的变化如图 4-6 所示。着火温度 T_i 随时间的增长而降低的事实说明：要在一定的温度水平 T_i 下出现着火，必须有充分的时间使得突变出现。在流动系统中，发生着火需要一个感应时间，它对应于给定的气体混合物在特定的流动条件下的最小流动停留时间。

4. 其他影响因素

影响着火温度的因素还有装置的形状和材料、混合物的初始温度、反应物的成分，以及混合物中起控制反应物化学反应作用的活化能、时间、压力、流体元的速度、流动中湍流的尺寸和强度等。

着火温度只对一个完整的、严格定义的系统才有确定的值，在对实验数据进行应用外推时更要注意其获得的系统条件。

四、着火浓度界限

通过理论研究显示，自燃着火和强制点火的着火条件都与可燃物的浓度有关，而浓度又决定于体系的压力和可燃混合物的成分。因此除了温度条件外，也只有在一定的压力和成分条件下才能实现。

临界压力与温度的关系，如图 4-7 所示。自燃温度与混合气体成分的关系，如图 4-8 所示。

由图 4-7 可知，每对应一个压力值时，即一个可燃物的浓度，就有一个相应的自燃温度。当压力减小时，自燃温度将增大，也就是说在一定的压力下，对应于每一个温度只有在一定燃料浓度范围之内才能发生自燃，即存在低燃料浓度和高燃料浓度的自燃极限。该曲线把 T-p 图划分成两个区域：自燃区与非自燃区。对于一定组成的可燃混合气体，在一定的压力和散热条件下，只有当外界温度达到曲线上相应点的温度值时才能发生自燃，否则不可能自燃，而只能长期处于低温氧化状态。同理，当温度一定时，假如其压力未能达到临界值，其过程也是不可能发生自燃的。所以，对于简单热力反应来说，要在压力很低时达到着火要求，就必须要有很高的温度，反之亦然。

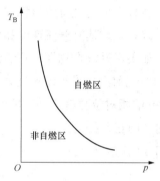

图 4-7　临界压力与温度的关系

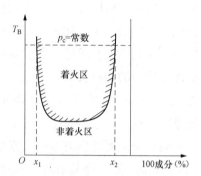

图 4-8　自燃温度与混合气体成分的关系

随着温度（或压力）的降低，着火的上下界限逐渐彼此靠近，即着火范围变窄。因此当温度（或压力）降低到某一数值以后，着火界限就会消失，此时，对混合气体的任何组成来说都不可能引起着火。这些关系说明：在一定压力或温度下，并非所有可燃混合气体成分（浓度）都能着火，而是存在一定的浓度范围，超出这一范围，混合气体便不能着火。这个浓度范围便称为"着火浓度界限"。从图 4-8 中可看出，只有在 x_1 与 x_2 之间的浓度范围内可以着火，其中 x_2 为能实现着火的最大浓度，称为"浓度上限"；x_1 为能实现着火的最小浓度，称为"浓度下限"。当压力或温度下降时，着火浓度范围缩小；当压力或温度下降到某一点时，任何浓度成分的混合气体将不能着火。

各种燃料所对应的着火界限数值也是不同的，所有影响可燃混合气体初期放热速率和散热速率的因素都会影响着火界限。可燃混合气体初始温度增高，有利于放热速率的提高和散热速率的降低，从而扩大了着火界限。此外，由于残余废气中含有大量的惰性分子，当残余废气系数增大时，着火界限将缩小。可燃混合气体的自燃温度与临界压力影响着火界限。

第三节 火焰传播过程

一、火焰传播的概念

当一个炽热物体或电火花将可燃混合气体的某一局部点燃着火时，将形成一个薄层火焰面，在这个薄层火焰面内发生燃烧化学反应从而产生很高的温度，并在其边界上形成较大的温度梯度，从而产生强烈的热量和质量交换，使邻近较冷的新鲜可燃混合气体层温度升高，当达到着火温度时，就着火燃烧，形成新的火焰面，火焰传播指的就是一层一层地使每层气体都相继经历加热、着火和燃烧的过程，把燃烧扩展到整个混合气体中去。

在实际燃烧室中，可燃混合物是连续流动的，并且火焰的位置应该稳定在燃烧室之中，也就是说，燃烧前沿应该驻定而不移动。这一状态是靠建立气流速度和燃烧前沿传播速度之间的平衡关系来实现的。如图 4-9 所示，如果可燃混合物经一管道流动，其速度分布沿断面是均匀的，点火后可形成一个平面的燃烧前沿。设气流速度为 w，燃烧前沿的速度为 u；u 与 w 的方向相反。燃烧前沿对管壁的相对位移有三种可能的情况。

（1）如果 $|u| > |w|$，则燃烧前沿向气流上游方向（向左）移动；

（2）如果 $|u| < |w|$，则燃烧前沿向气流下游方向（向右）移动；

（3）如果 $|u| = |w|$，则燃烧前沿驻定不动。

上述平整形状的燃烧前沿是当可燃混合物为层流流动或静止的情况下才能得到的。当紊流流动时，燃烧前沿将会是紊乱的、曲折的。

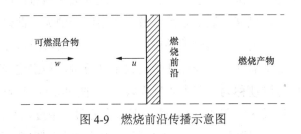

图 4-9　燃烧前沿传播示意图

根据反应机理及火焰传播速度可分为缓燃和爆燃（或爆震）。

缓燃是火焰锋面以导热和对流的方式下传热给可燃混合物引起的火焰传播，也可能有辐射（如煤粉燃烧时的火焰传播可能以辐射为主，也有可能为对流和辐射并重）。缓燃过程的传播速度较低（$1 \sim 3\text{m/s}$，远小于声速），并且传播过程也比较稳定。一般的工程燃烧均为此类。

爆燃是绝热压缩引起的火焰传播，是依靠激波的压缩（冲击波的绝热压缩）作用使未燃混合气体的温度升高而引起的化学反应，从而使燃烧波不断向未燃气体推进，传播速度大于 1000m/s，大于声速。如爆炸、压燃式内燃机的火焰传播。

根据气流流动情况，预混合气体中火焰传播可分为层流火焰传播和湍流火焰传播。

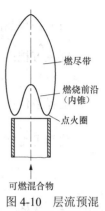

1. 层流火焰传播

将可燃混合物通过一个普通的管口流入自由空间，形成一个射流，在射流断面中心线上流速最大。这时点火后便可形成一个锥形火焰，如图 4-10 所示。如果可燃混合物的空气消耗系数 $n \geqslant 1$，则只形成一个锥形燃烧前沿。在该前沿的上游区域中为新鲜的可燃混合物；下游区域为燃烧产物，在燃烧前沿面上，大部分燃料被烧掉，燃烧前沿之后还有一个燃尽段，燃料逐渐完全燃烧。如果可燃混合物 $n<1$，则会产生一个内锥（它是一个稳定的燃烧前沿），同时还产生一个外锥。在内锥前沿面未燃尽的燃料靠射流从周围空间吸入空气与之混合，继续燃烧，形成明显的外锥火焰。

图 4-10 层流预混火焰的形状

层流预混火焰的特点：火焰面是一个厚度在 $0.01 \sim 0.1$mm 左右的狭窄区域；此区域内，可燃混合气的温度和成分都有急剧的变化（极大的浓度和温度梯度）；层流火焰压力变化很小，可以认为是等压流动燃烧过程；层流火焰传播速度很低，通常在 1m/s 以下。

通常，层流下燃烧前沿的传播速度(沿法线方向)称为"正常传播速度"或"层流传播速度"（u_1）；紊流下的传播速度称为"紊流传播速度"（u_T）或"实际传播速度"。实际燃烧过程多是在紊流下进行的，但是层流火焰的研究仍然是燃烧理论的中心问题。这是因为在层流火焰的研究中同时用流体力学和化学动力学求解燃烧问题，而且在层流火焰理论中得到的结果和发展的概念等方面的知识，对燃烧中的其他许多研究都是很基本的。

层流燃烧前沿火焰传播速度的推导如下。

假设条件：①在所取的坐标系中，流动是平面一维的；②忽略辐射传热；③火焰对管壁没有给热；④化学反应只在高温区进行。

对于一维的化学反应的定常层流流动，其基本方程为

连续方程：
$$\rho u = \rho_0 u_0 = \rho_0 u_1 = \dot{m} \tag{4-19}$$

动量方程：
$$P \approx 常数$$

能量方程：
$$\rho_0 u_1 C_p \frac{dT}{dx} = \frac{d}{dx}\left(\lambda \frac{dT}{dx}\right) + WQ \tag{4-20}$$

绝热条件下，火焰的边界条件为

$$\left. \begin{array}{l} x=-\infty, T=T_0, y=y_0, \quad \dfrac{dT}{dx}=0 \\[2mm] x=+\infty, T=T_m, y=0, \quad \dfrac{dT}{dx}=0 \end{array} \right\}$$

将燃烧前沿分为两层，一层为预热区；另一层为反应区。根据假设，化学反应仅在反应区进行，其反应热量由该区通过导热传给预热区。

（1）在预热区中忽略化学反应的影响。

能量方程：
$$\rho_0 u_1 C_p \frac{dT}{dx} = \lambda \frac{d}{dx}\left(\frac{dT}{dx}\right) \tag{4-21}$$

边界条件：
$$x = -\infty, T = T_0, \frac{dT}{dx} = 0$$

化简可得
$$\rho_0 u_1 C_p (T_f - T_0) = -\lambda \left(\frac{dT}{dx}\right) \tag{4-22}$$

（2）在反应区中忽略能量方程中温度的一阶导数项。

能量方程：
$$\lambda \frac{d^2 T}{dx^2} + WQ = 0 \tag{4-23}$$

边界条件：
$$\begin{cases} x = 0, \ T = T_f \\ x = +\infty, T = T_m, \frac{dT}{dx} = 0 \end{cases}$$

化简可得
$$\left(\frac{dT}{dx}\right) = -\sqrt{\frac{2}{\lambda} \int_{T_f}^{T_m} WQ dT} \tag{4-24}$$

由预热区反应区能量方程的推导可得火焰正常传播速度：
$$u_L = \sqrt{\frac{2\lambda \int_{T_f}^{T_m} WQ dT}{\rho_0^2 C_p^2 (T_f - T_0)^2}} \tag{4-25}$$

影响正常传播速度的因素有以下几点。

（1）不同的可燃气体燃烧时正常传播速度都是不同的，且与浓度有关，通过图 4-11 可知，当提高导温系数（或扩散系数 D）、理论燃烧温度 T_{1r}（或反应热 Q_r）及化学反应

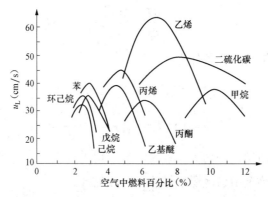

图 4-11　烃类燃料在空气中的层流火焰传播速度

速度 V_m 时，这些因素的改变都会使层流火焰传播速度增大。化学反应速度的大小与可燃混合气体本身的化学性质有关，不同的燃料和氧化剂就有不同的火焰传播速度。

（2）可燃气体的浓度(或表示为空气消耗系数)也明显地影响正常传播速度，而且超过一定范围，火焰将不能传播。值得注意的是，正常传播速度的最大值并不是在空气消耗系数 $n=1.0$ 的地方，而是在 $n<1.0$ 的某个地方。这就是说，当空气量不足（小于 L_0）的情况下，火焰正常传播速度可能最大。这是因为在煤气浓度偏高的条件下,燃烧链锁反应的活化中心的浓度较大,因而燃烧反应进行较快，即得到较大的火焰正常传播速度。

（3）提高氧化剂中的含氧量也明显地影响正常传播速度，例如用富氧空气或纯氧燃烧时，燃烧传播速度将会增加，这是因为相当于减少了可燃混合物中的惰性气体。几种可燃混合物的正常传播速度与氧化剂富氧浓度的关系如图 4-12 所示。氧化剂中的含氧量越高，正常传播速度越大。

（4）提高可燃混合物的初始温度，可增加燃烧正常传播速度，对不同燃料及成分的可燃混合气体进行实验，测定 u_L 随混合物初温 T_0 的变化，其结果如图 4-13 所示。实验结果表明，火焰正常传播速度 u_L 随初温 T_0 的增大而增大。

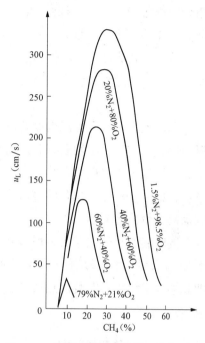

图 4-12　几种可燃混合物的正常传播速度与氧化剂富氧浓度的关系

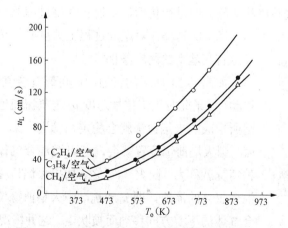

图 4-13　几种混合物初温对其火焰传播速度的影响

2. 湍流火焰传播

当燃烧过程处于湍流（或称紊流）流动时，流体内的传热、传质及燃烧过程得到加强。其过程的燃烧传播速度将远远大于层流时的传播速度，并且此阶段的传播速度不仅与燃料的物理化学性质有关，更与流动状态有关。

湍流火焰的化学反应区要比层流火焰前沿面厚得多。此时，观察到的火焰面是紊乱的、毛刷状的，常伴有噪声和脉动。但是，为易于分析湍流燃烧传播过程，常借用层流燃烧的概念，在火焰和未燃预混气的分界处，近似地认为存在一个称为湍流燃烧前沿（或称火焰前沿）的几何面。

这样，湍流燃烧前沿传播速度（或称火焰传播速度）就可用类似于层流传播速度的概念来定义，即湍流燃烧前沿传播速度是指湍流燃烧前沿法向相对于新鲜可燃气体运动的速度。

湍流火焰相对于层流火焰有以下几个特点：①湍流火焰传播速度比层流大几倍，不仅与燃料的物理化学性质有关，而且与湍流性质有关，湍流强度增大，将使湍流火焰传播速度增加，火焰更短；②燃烧室尺寸更紧凑，加上向外散热损失小，因此燃烧设备的经济性好；③湍流火焰伴随着噪声；④湍流火焰的燃烧产物中氧化氮（NO_x）含量少，因而对环境的污染小。

同时湍流火焰比层流火焰传播快主要是因为：①湍流流动使火焰变形，火焰表面积增加，因而增大了反应区；②湍流加速了热量和活性中间产物的传输，使反应速率增加，即燃烧速率增加；③湍流加快了新鲜空气和燃气之间的混合，缩短了混合时间，提高了燃烧速度。

二、火焰传播的稳定

1. 火焰回火、脱火现象

可燃混合物着火并使其在气流中进行传播，是燃料燃烧过程的一个很重要的研究，但是如何使火焰在气流中维持稳定的传播，对燃烧过程至关重要。在气流中维持火焰的稳定有其基本的稳定条件。

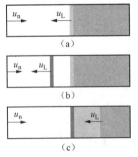

图 4-14　在等速流动可燃混合气流中的火焰传播

(a) $u_L = u_n$；(b) $u_L > u_n$；

(c) $u_L < u_n$

如图 4-14 所示的管道中，可燃混合气体以等速度 u_n 向前移动，如果此时火焰传播速度 u_L 与气流流速 u_n 相等，即 $u_L = u_n$，则所形成的火焰前锋就会稳定在管道内某一位置上。如果 $u_L > u_n$，则火焰前锋位置就会向着可燃混合气体上游方向移动。这种情况就称为"回火"。反之，如果火焰传播速度小于新鲜可燃混合气体的流速，即 $u_L < u_n$，则火焰前锋位置就会向着新鲜混合气体的下游方向移动而被吹走。这种情况称为"吹熄"。由此可见，为了保证在管道中可燃混合气体能连续不断地燃烧而不致产生回火或吹熄现象，就要求火焰前锋稳定在某一位置上不动，以便不断点燃混合气体，这就是所谓的火焰的稳定。

从上述分析可知，为保证一维火焰稳定，既不回火，又不吹熄，就必须使火焰传播速度与可燃混合气体的流动速度相等，即 $u_L=u_n$。若在管道中可燃混合气体的流速是均等的，则显然此时火焰前锋面是一平面型焰锋。然而实际上，这种平面型焰锋是极不稳定的，如图 4-15 所示。因为实际的火焰由于壁面处的散热损失，熄火距离内的火焰将熄

图 4-15 在管内传播的
火焰焰锋实际形状

灭，壁面摩擦，靠近轴线处的火焰速度比靠近壁面处的速度快，黏性力使火焰前沿呈抛物面形，由于浮力存在，抛物面的火焰前沿歪曲成非对称形，此时，火焰前沿各处的法向火焰传播速度并不相同。因此实际火焰的稳定条件是必须保证火焰前沿各处的法向火焰传播速度等于可燃混合气体在火焰前沿法向的分速度。

2. 防止火焰回火、脱火措施

防止火焰回火、脱火主要从两方面入手：一是设法降低喷口处的火焰传播速度；二是设法提高可燃混合气体在喷口处的速度。具体措施可以从这些方面入手：①喷口较大时，一般来说难于吹脱，但容易回火，可采用减小喷孔直径及增加喷孔深度的办法；②当热负荷一定时，可增加喷孔数，目的是利用喷孔壁面的冷却作用，降低壁面边界层处的火焰传播速度；③采用导热性能差的陶瓷喷嘴，以减少热量通过喷嘴壁面传到喷嘴内部而引起预热可燃混合气体的作用，因为可燃混合气体的温度提高，使火焰传播速度增加；④对喷嘴头部采用水冷或风冷，以降低喷嘴壁面温度，防止可燃混合气体温度升高；⑤减少一次空气量，增加二次空气量，因为一次空气量减少，可燃混合气体浓度将偏离化学当量比，火焰传播速度降低；⑥保持较高的喷嘴内压力，以保持高的喷出速度；⑦采用喷头混合型喷嘴，是防止回火的根本措施，即在喷嘴处使气体燃料和空气边混合，边燃烧。

第四节 可燃气体的链锁反应机理

一、链锁反应定义

链锁反应的定义是指可使化学反应自动连续加速进行。链锁反应的原理是碳氢化合物在燃烧过程中有着大量的化学反应，当可燃物分子在高温的条件下热解时，会产生一种具有催化作用的活性中间物的链载体或自由基，自由基是一种具有更多活化能、高度活泼的化学形态，能与其他自由基和分子反应生成新的自由基，而新生成的自由基又迅速参加反应，只要反应一旦开始，这种自由基不消失，反应就一直进行下去，直到反应终止或其他反应步骤被中断为止，这就是燃烧链式反应，又称链锁反应，所以链锁反应的实质就是旧的自由基消失和新的自由基生成。

链锁反应一旦开始，它便能相继产生一系列的连续反应，使反应不断进行。在这些反应过程中始终包括有自由原子或自由基（链载体），只要链载体不消失，反应就一定能

进行下去。

二、链锁反应基本原理

有些化学反应即使在低温的条件下，其化学反应速度也会自动加速引起着火燃烧，由于这些不能用阿伦尼乌斯定律和分子运动理论来解释现象的存在，不得不寻求化学动力学的新理论即催化作用及链锁反应的理论。按照阿伦尼乌斯理论，化学反应速度只取决于一般分子所具有的能量大的活化分子数目，且其值由麦克斯韦尔-玻尔兹曼定律所决定。但假如每一个活化分子的反应看作是单元反应的话，则每一次单元反应后放出 $E+Q$ 的能量，并且每一单元反应所放出的能量集中在为数不多的产物分子上，当这些具有富裕能量的产物分子与一般普通分子相碰撞的时候，则将多余的能量转移给普通分子而使其活化，或者甚至与其反应，在此情况下，该反应产物本身即为活化分子。

反应本身即能创造活化分子，并且在某些情况下，这种反应本身所创造的活化分子数目大大超过了由麦克斯韦尔-玻尔兹曼定律所决定的活化分子数目。按照链锁反应理论，由于单元反应所产生的活化分子过程即为链的传递过程，促使反应能够继续进行，所以链锁反应可称为具有活化分子再生的化学反应。

三、链锁反应的基本步骤

链锁反应一般由三个步骤组成：

（1）链的产生：反应物的分子由于热力活化作用、光子作用或其他激发作用，开始形成活化分子（活化中心）。此过程一般伴随光化作用、高能电磁辐射或微量活性物质的引入等。

（2）链的传播：在活化分子与反应物相互结合，产生反应产物的同时，又再生出新的活化分子，而产生新的活化分子所需的活化能又很小，致使反应加速。链的传播可以是不分支式，也可以是分支式，即不分支链锁反应和分支链锁反应。

（3）链的终止：即活化分子与器壁或与惰性分子相碰后失去能量，而使活化分子消失的过程。活化分子消失了，链锁反应就会终止。

链锁反应按再生的活化分子数目等于或大于消耗的活化分子数目，可分为不分支链锁反应和分支链锁反应两种。在不分支链锁反应过程中，活化分子的数量保持不变；在分支链锁反应过程中，一个活化分子在生成最终产物的同时，可以产生两个或两个以上的活化分子，化学反应速度自行加速。

不分支链锁反应具有代表性的例子是氢和氯光化合反应，生为氯化氢，其化学反应计算方程式为

$$Cl_2 + H_2 \longrightarrow 2HCl \tag{4-26}$$

但实际反应是由一系列的中间反应完成，当一个氯分子吸收一个光量子（光子）$h\upsilon$，就开始下列的中间反应：

$$Cl_2 + h\upsilon \longrightarrow 2\dot{C}l + h\upsilon \tag{4-27}$$

$$\dot{C}l + H_2 \longrightarrow HCl + \dot{H} \tag{4-28}$$

$$\dot{H} + Cl_2 \longrightarrow HCl + \dot{C}l \tag{4-29}$$

$$\dot{C}l + H_2 \longrightarrow HCl + \dot{H} \tag{4-30}$$

只要中间反应的式（4-26）开始了，即产生了一个活化中心——氯原子（$\dot{C}l$），以后便沿着式（4-27）～式（4-29）的反应循环下去，一直到 Cl_2 和 H_2 完全消耗掉或活化中心消失为止。而每个循环始终保持有一个氯原子（Cl），因此是不分支的链锁反应。

在等温条件下，不分支链锁反应的反应速度随时间变化有两种可能：①如果反应在初始时活性中间产物的浓度已达到离解平衡的数值（最大值），则反应速度将随着反应物质的浓度下降而减小；②如果反应在初始时活性中间产物的浓度未达到平衡的最大值，则反应速度起初较小，而后随着活性中间产物增多而加快，一直到浓度为平衡数值时，然后随着反应物的消耗而减小。

分支链锁反应最典型的例子是氢的燃烧反应，反应过程中的基本反应方程式如下。

链的产生：

$$H_2 + O_2 \longrightarrow 2OH \tag{4-31}$$

$$H_2 + M \longrightarrow 2H + M \tag{4-32}$$

$$O_2 + O_2 \longrightarrow O_3 + O \tag{4-33}$$

链的继续及支化：

$$H + O_2 \longrightarrow OH + O \tag{4-34}$$

$$OH + H_2 \longrightarrow H_2O + H \tag{4-35}$$

$$O + H_2 \longrightarrow OH + H \tag{4-36}$$

器壁断链：

$$H + 器壁 \longrightarrow \frac{1}{2}H_2 \tag{4-37}$$

$$OH + 器壁 \longrightarrow \frac{1}{2}(H_2O_2) \tag{4-38}$$

$$O + 器壁 \longrightarrow \frac{1}{2}O_2 \tag{4-39}$$

空间断链：

$$H + O_2 + M \longrightarrow HO_2 + M^* \tag{4-40}$$

$$O + O_2 + M \longrightarrow O_3 + M^* \tag{4-41}$$

$$O + H_2 + M \longrightarrow H_2O + M^* \tag{4-42}$$

式中　M——不活泼分子；

M*——自由基。

由上述反应可看出，主要的基本反应是由自由原子和自由基的反应，而且几乎每一个环节都发生链的支化。反应的循环进行引起氢原子数的不断增加，即

$$H + O_2 \longrightarrow OH + O$$
$$2OH + 2H_2 \longrightarrow 2H_2O + 2H$$
$$\underline{O + H_2 \longrightarrow OH + H}$$
$$H + 3H_2 + O_2 \longrightarrow 2H_2O + 3H$$

由上式可知，一个氢原子产生了三个氢原子，从而反应速度越来越快。链锁反应的反应速度随时间的变化有一个重要的特点，就是在反应初期有一个"感应期"。在感应期中，反应的能量主要用来产生活化中心。由于此时的活化中心浓度还不大，因此实际上还观察不到反应在以一定速度进行。如图 4-16 所示，超过感应期，反应速度由于链的支化而迅速增大，直至最大值，然后在一定容积中，随着反应物质的消耗，活化中心浓度逐渐减小，反应将停止。对于燃烧反应来讲，热效应很大，如果反应体系的热损失较小，那么体系便不能看作是等温的，而应当看作是绝热的。如图 4-17 所示，在绝热过程中，上述反应速度随时间变化的特点更为明显。绝热体系在反应过程中不仅活化中心在积累，而且体系的温度逐渐升高，所以在感应期内反应速度便开始增加，而当过了感应期，速度便急剧增加，并使一定容积中的反应物质急剧耗尽，随即反应就停止。当然如果像在稳定燃烧的燃烧室中那样，连续地供应反应物质，那么燃烧反应也会以最大反应速度进行下去。

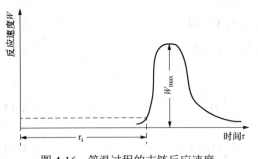

图 4-16　等温过程的支链反应速度

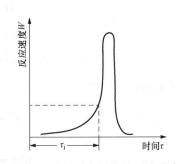

图 4-17　绝热过程的支链反应速度

由此可见，支链反应速度与简单反应不同。对于氢则有

$$2H_2 + O_2 \longrightarrow 2H_2O \tag{4-43}$$

那么反应速度应为

$$W = \frac{dC_{H_2O}}{d\tau} = KC_{H_2}^2 \cdot C_{O_2} \qquad (4-44)$$

但实际中氢的反应速度取决于前述支链反应。而这些基本反应中，反应活化能最大的是 $7.54 \times 10^4 J/mol$，反应活化能（$4.19 \times 10^4 J/mol$）和反应活化能（$2.51 \times 10^4 J/mol$）都比较小。因此，反应速度取决于浓度，即

$$W = KC_H C_{O_2} \qquad (4-45)$$

第五节　碳粒的燃烧和反应机理

一、碳粒燃烧的反应机理

碳的燃烧反应机理属于异相反应。其实质是石墨结晶中的碳原子与气体中的氧分子相互作用，整个过程包括扩散、吸附和化学反应。它们生成的产物又与氧和碳相互作用，是比较复杂的。就化学反应来说，总的包括三种反应。

（1）碳与氧反应（燃烧反应），生成 CO 和 CO_2。

$$C + O_2 = CO_2 + 409 \quad kJ/mol \qquad (4-46)$$

$$2C + O_2 = 2CO + 246 \quad kJ/mol \qquad (4-47)$$

（2）碳与 CO_2 反应。

$$C + CO_2 = 2CO - 162 \quad kJ/mol \qquad (4-48)$$

（3）CO 的氧化反应。

$$2CO + O_2 = 2CO_2 + 571 \quad kJ/mol \qquad (4-49)$$

式（4-46）和式（4-47）反应称为"初级"反应，其产物称为初级产物；式（4-48）和式（4-49）反应称为"二级"反应，其产物称为二级产物。

由这些反应可看出，初级反应和二级反应都可生成 CO 和 CO_2。

二、碳粒的燃烧

研究碳粒的燃烧速度和燃尽时间有重要的实际意义，因为固体燃料燃烧时，不论是固定床燃烧还是粉煤的流动床燃烧，燃料都是呈粒状的。

碳的燃烧反应速度，按表面上反应气体的消耗计算（如氧气的消耗计算），即

$$W = \frac{C}{\dfrac{1}{k} + \dfrac{1}{\beta}} \qquad (4-50)$$

设 m 为燃烧的碳量与消耗的氧量之比，则碳的燃烧速度为 K_S^C。

$$K_S^C = m\frac{C}{\frac{1}{k}+\frac{1}{\beta}} \tag{4-51}$$

设在 $d\tau$ 时间内颗粒燃烧使直径减少了 dr，则在此时间内烧掉的碳量为

$$dG = -4\pi r^2 \rho_r dr$$

式中　ρ_r——碳的密度，g/cm^3。

因为 K_S^C 正是单位时间单位表面积上烧掉的碳量，即

$$K_S^C = -\frac{4\pi r^2 \rho_r dr}{4\pi r^2 d\tau} = -\rho_r \frac{dr}{d\tau} \tag{4-52}$$

颗粒直径由初始直径烧到某一直径 r 所需得时间为

$$\tau = -\rho_r \int_{r_0}^{r}\frac{dr}{K_S^C} = \rho_r \int_{r}^{r_0}\frac{dr}{K_S^C} \tag{4-53}$$

颗粒完全烧掉的总时间为

$$\tau_0 = \rho_r \int_{0}^{r_0}\frac{dr}{K_S^C} \tag{4-54}$$

因为在实际中燃烧是在有一定的过剩空气的介质中进行，而不是在无限空间中进行，所以在燃烧过程中氧的浓度是逐渐减小的。根据氧的浓度和过量空气系数 n 的关系很容易得

$$C = \frac{r_0^3(n-1)+r^3}{nr_0^3}C_0 \tag{4-55}$$

式中　C_0——送风中氧的浓度。

将式（4-51）和式（4-55）代入式（4-54）中整理得

$$\tau_0 = \frac{\rho_r r_0^2}{mC_0 D}\int_{0}^{r_0}\frac{nr_0^3\left(\frac{D}{k}+\frac{2r}{Nu}\right)}{r_0^3(n-1)+r^3}dr \tag{4-56}$$

τ_0 即焦炭粒燃烧所需的总时间。实际上煤的燃烧过程是更为复杂的，它包括煤的干燥（析出水分和干馏出挥发分），以及挥发分的分解、着火和燃烧，然后是剩余焦炭的燃烧。挥发物一般会先于焦炭而着火，但其燃尽过程是在焦炭开始燃烧之后才完成的。但是总的说来，在煤燃烧所需的总时间中，焦炭的燃烧时间是主要的，可达 90%左右。

第六节　油滴燃烧和反应机理

液体燃料在炉内燃烧时，大多是要将燃料油雾化成细小的颗粒喷入炉内燃烧。油燃烧是一个复杂的物理化学过程，由于油的沸点低于其燃点，因此油滴总是先蒸发成气体，

并以气态的方式进行燃烧。因此，作为理论基础，研究油滴的燃烧过程及燃烧速度是必要的。

油滴燃烧的方式主要有两种：

（1）预蒸发型：燃料进入燃烧室前先蒸发为油蒸汽，再与空气混合进入燃烧室中燃烧（如汽油机装汽化器、燃气轮机中的蒸发管）。

（2）喷雾型：通过雾化器雾化成细小液滴（50～200μm），在燃烧室中边蒸发、边混合、边燃烧（如柴油机、燃油锅炉）。

油滴的燃烧过程如下：

（1）雾化：工业上燃烧油的方法是先将油雾化成很细的油雾，这样就大大增加了油滴与氧气的接触面积。1kg 未经雾化的油表面积大约只有 0.065m²，如果雾化成直径为 0.04mm 的油滴，表面积可增加到 175m²，即增大 2500 倍以上，所以雾化对于油燃烧是十分有意义的。雾化的方法通常是利用高速流出气体的摩擦和冲击作用，将油分割成 0.05～0.07mm 以下的油滴。雾化用的气体，称为雾化剂，雾化剂可用空气或蒸汽。

（2）受热蒸发：油滴受热后表面开始蒸发，产生油气。大多数油的沸点不高于 200℃，一般蒸发是在较低温度下进行的。

（3）热解和裂化：油及其蒸汽，都是由碳氢化合物组成。它们在高温下若能以分子状态与氧分子接触，可发生燃烧反应。但是若与氧接触之前便达到高温，则会发生受热而分解的现象。油的蒸汽热解后可产生固体的碳和氢气。实际中烧油锅炉所见到的黑烟，便是火焰或烟气中含有热解而产生的"烟粒"（或称碳粒、油烟），但是这种烟粒并非纯碳，还含有少量的氢。

另外，尚未来得及蒸发的油滴本身，如果剧烈受热而达到较高温度，液体状态的油也发生裂化现象。裂化的结果，产生一些较轻的分子，呈气体状态从油滴中飞溅出来；剩下的较重的分子可能呈固态，即平常所说的焦粒或沥青，如生产中重油烧嘴的"结焦"现象便是裂化的结果。

（4）着火燃烧：气体状态的碳氢化合物，包括油蒸汽及热解、裂化产生的气态产物，与氧分子接触且达到着火温度时，便开始剧烈的燃烧反应。这种气体状态的燃烧是主要的。此外，固体状态的烟粒、焦粒等在这种条件下也开始燃烧反应。

由图 4-18 可知，在含氧高温介质中，油蒸汽及热解、裂化产物等可燃物不断向外扩散，氧分子不断向内扩散，两者混合达到化学当量比时，即开始着火燃烧。燃烧后便可产生一个燃烧前沿，在燃烧前沿处，温度是最高的。燃烧前沿面上所释放的热量，又向油滴传去，使油滴继续受热、蒸发。

因此，油滴燃烧过程的特点就是存在着两个互相依存的过程，即一方面燃烧反应要由油的蒸发提供反应物质；另一方面，油的蒸发又要靠燃烧反应提供热量。在稳定状态过程中，蒸发速度和燃烧速度是相等的。但是，如果油蒸汽与氧的混合燃烧过程有条件强烈进行，即只要有蒸汽存在，便能立即烧掉。那么，整个燃烧过程的速度就取决于油的蒸发速度。反之,如果相对来说,油的蒸发很快而蒸汽的燃烧很慢,则整个过程的速度便取决于油蒸汽的均匀相燃烧。所以,液体燃料的燃烧不仅包括均相燃烧过程,还包括对液粒表面的传热和传质过程。

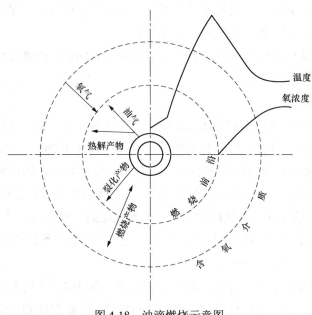

图 4-18　油滴燃烧示意图

为分析和了解影响油滴燃烧速度的基本因素,用下面的方法可求出油滴完全燃烧所需要的时间。

设油滴的初始半径为 r_0,经过 $\mathrm{d}\tau$ 的时间燃烧后变成 r,在此时间内由周围介质传给油滴的热量为

$$\mathrm{d}Q = 4\pi r^2 \cdot \alpha(T_1 - T_0)\mathrm{d}\tau \tag{4-57}$$

式中　T_1——介质温度,K;

　　　　T_0——油滴的温度,K;

　　　　α——传热系数,W/(m²·K)。

这部分热量可汽化的燃料量为

$$\mathrm{d}G = \frac{\mathrm{d}Q}{L} = -4\pi r^2 \cdot \rho_0 \mathrm{d}r \tag{4-58}$$

式中　L——油的蒸发潜热。

将式(4-57)和式(4-58)化简后可得

$$-\rho_0 \frac{\mathrm{d}r}{\mathrm{d}\tau} = \alpha \frac{T_1 - T_0}{L} \tag{4-59}$$

式中　$\rho_0 \dfrac{\mathrm{d}r}{\mathrm{d}\tau}$——单位时间内从单位表面上蒸发的燃料量。

将该式积分，即得油滴完全燃烧所需的时间：

$$T = \rho_0 L \int_0^{r_0} \frac{\mathrm{d}r}{\alpha(T_1 - T_0)} \tag{4-60}$$

此处给热系数 α 与介质的运动状态有关，由实验方法得出。通常实验时，得出 Nu 准数与 Re 准数的关系，然后由努塞尔数求出 α，即

$$\alpha = \frac{\lambda}{d} Nu \tag{4-61}$$

式中 λ——气体介质的导热系数；

$\quad\quad d$——油滴的直径。

当 $Re > 100$ 时，$Nu = 0.56\sqrt{Re}$；当 $Re < 100$ 时，$Nu = 2(1 + 0.08Re^{\frac{2}{3}})$。

在一些简单情况下，可将式（4-60）积分。例如，当油滴很小或相对运动速度很小时，$Nu \approx 2$，则 $\alpha = \frac{\lambda}{r}$；在沸腾状态下，设油的沸点为 T_K，则 $T_0 = T_K$，T_K 为一定常数。

在这些条件下积分可得

$$\tau = \frac{\rho_0 \dfrac{L}{\lambda}}{2(T_1 - T_K)} r_0^2 \tag{4-62}$$

式（4-62）表明，当油质一定时，油滴完全烧掉所需的时间与油滴半径的平方成正比。由此可知，油雾化越细，燃烧速度便越快。此外，油滴燃烧速度与周围介质的温度有关，周围介质的温度越高，越有利于加速油的燃烧。因此，为强化油的燃烧过程，除要将油雾化成细小的颗粒外，还应保证燃烧室的高温。

通过分析可知，强化油燃烧的途径可从这些方面着手：①加强雾化，减小油滴直径，选用合适的雾化器；②增加空气之间的扩散、混合，加强燃烧；③及时、适量供风，因为及时的供风可避免缺氧造成燃料热分解，适量供风可提高燃烧效率；④保证点火区域和燃烧室中一定的高温。

第七节　强化燃烧反应的措施

一、强化煤粉燃烧机理

良好燃烧必须具备三个条件：

（1）温度。温度越高，化学反应速度快，燃烧就越快。层燃炉温度通常在 1100～1300℃。

（2）空气。空气冲刷碳表面的速度越快，碳和氧接触越好，燃烧就越快。

（3）时间。要使煤在炉膛内有足够的燃烧时间。

碳燃烧时在其周围包上一层灰壳，碳燃烧形成的一氧化碳和二氧化碳往往透过灰壳向外四周扩散运动，其中一氧化碳遇到氧后又继续燃烧形成二氧化碳。也就是说，碳粒燃烧时，灰壳外包围着一氧化碳和二氧化碳两层气体，空气中的氧必须穿过外壳才能与碳接触。因此，加大送风，增大空气冲刷碳粒的速度，就容易把外包层的气体带走；同时加强机械搅动，就可破坏灰壳，促使氧气与碳直接接触，加快燃烧速度。如果氧气不充足，搅动不够，煤就烧不透，造成灰渣中有许多未参与燃烧的碳核，另外还会使一部分一氧化碳在炉膛中没有燃烧就随烟气排出。对于大块煤，必须有较长的燃烧时间，停留时间过短，燃烧不完全。因此，实际运行中，一般采取供给充足的氧气，采用炉拱和二次风来加强扰动，提高燃烧温度，炉膛容积不宜过小等措施保证煤充分燃烧。

提高锅炉机组煤粉燃烧的稳定性和煤粉的燃尽率是统一的，随着煤粉燃烧得到强化，炉内温度水平得到提高，这两个问题将同时得到解决。实现"三强原理"（即强化煤粉颗粒与高温烟气的对流传热、强化煤粉的高浓度聚集和强化燃烧过程的初始阶段）是提高炉内温度水平的有效方法，所以在燃烧器的改造或设计中应设法形成煤粉气流的旋转、高温烟气的回流或设法使煤粉局部浓度加大，以利于强化煤粉的加热和着火过程。稳定燃烧的关键在于强化煤粉初始阶段燃烧。强化煤粉初始阶段燃烧应让煤粉迅速达到着火温度，缩短着火时间（距离）。缩短着火时间有两种途径：一方面是降低煤粉着火热。当外界供热量一定时，我们可以适当提高煤粉浓度，并使其处于最佳值，缩短着火距离。另一方面是增加外界对煤粉的供热量。外界加热煤粉主要通过辐射传热和对流传热。由于这两种方式的加热机理不一样，辐射传热是先加热煤粉再通过煤粉加热气相；而对流传热直接加热气相，再由气相加热煤粉，所以它们对煤粉加热作用的快慢也有很大的差别。因此，根据强化传热原理，为了强化煤粉燃烧，则应努力改善回流区参数来提高对流传热量，即强化煤粉颗粒与高温烟气的对流传热。

二、强化煤粉燃烧措施

针对目前煤炭供应的紧张形势和煤质变化引起的锅炉燃烧困难，积极试验和摸索，制定相应的可操作性强的应对措施，努力调整好锅炉的燃烧运行工作，保证锅炉出口温度达标和减少锅炉及辅助设备的运行故障，以保证整个供热工作的安全、平稳、经济运行。建议采取如下应对措施：

（1）提高司炉工的技术操作水平，使司炉人员及时掌握入炉煤的煤质分析情况，特别是煤的发热量、挥发分、灰分、颗粒度大小等，以便针对不同煤质进行相应的燃烧调整。

（2）加强各煤种的混烧、掺烧和配煤技术工作。通过不断进行燃烧调整试验，探索出不同煤种燃烧时，锅炉的煤层厚度、炉排速度、送引风量、各风室的配风等运行参数，并在此基础上试验摸索不同煤种的混烧、掺烧和配煤技术，以提高各种煤质，特别是劣质煤的利用率，降低供热运行成本。

（3）加强对锅炉的燃烧调节工作。保证煤与空气量要相配合适，并且要充分混合接触，炉膛应尽量保持高温，以利于燃烧，调整锅炉负荷按规定操作，监视炉膛负压、排烟温度、氧气、二氧化碳等含量，使锅炉运行参数保持到最佳数值。由于煤炭颗粒度不均匀、炉排不平整等原因引起的燃烧不完全、燃烧不均等现象，对炉排上的火口或黑带进行人工拨火。

（4）加强对输煤工作的管理。对不同的煤种尽量采取按类分别堆放，根据需要，在不同时期燃用不同的煤种或按不同的比例搭配使用。输煤时输煤工与当班司炉工及时沟通，对含水量较低或含粉煤较多的煤种可采取适量加水搅拌的办法，输煤时将杂质分拣出来，把大颗粒的煤粉碎等。

（5）加强锅炉燃烧设备和辅助设备的巡检及维修工作。及时排除锅炉及辅助设备（特别是锅炉本体密封、炉排、分层给煤器、省煤器、空气预热器、除渣除尘等设备）出现的故障。

（6）加强对锅炉送风和炉膛温度的控制。保持较高的炉膛温度，有利于煤的着火和燃尽，炉膛温度越低，越不利于燃烧。

（7）加强对煤的保管工作。采取切实有效的措施，防止储煤风化和自燃、降低煤质质量和增加燃烧难度。

（8）加强对进煤质量的严格控制和管理。开辟煤质较好、较为稳定的煤源市场，及时准确地掌握进煤的工业分析数据，提供给各供热车间，以便运行管理人员选择较为适应本单位锅炉的煤种，进行相应的运行调节。

（9）采用比较成熟的先进的技术和设备来改变燃烧状况。如分层给煤技术、煤炭助燃剂、振动碎煤机等。

三、强化油滴燃烧措施

油经油喷嘴雾化为油滴群喷入炉内（雾化）；油滴群在炉内吸热蒸发，表面形成油蒸汽（蒸发）；油滴继续被加热蒸发，空气向油气表面扩散（扩散混合）；达到着火温度后猛烈着火和燃烧（着火燃烧）；油滴残炭的异相扩散燃烧，并燃尽（燃尽）。油燃烧使油雾化炬（油滴群）蒸发燃烧；油的燃尽时间与油滴的直径的平方成正比；大油滴或重油油滴的燃烧大部分为油气的蒸发燃烧，也还有相当部分为固态油焦的异相扩散燃烧；如局部空气不足，会热解为炭墨的异相扩散燃烧。

强化油滴燃烧的途径主要通过改变这些方面：提高雾化质量，使油滴群粒度小；强化空气与油滴群间的混合；采用旋流方式加大油气间相对速度，控制合理的回流区，保证燃烧区内高温和足够的空气，特别是根部风，以防止油气高温分解。

（1）强化油雾与空气混合的措施有：

1）加大空气流速；

2）空气与油雾呈交角相遇；

3）空气呈旋转气流与油雾相遇；

4）空气分级送入与油雾相遇；

5）油雾化细小而均匀。

（2）强化油雾着火燃烧的措施：

1）点火热源能力要大些、温度尽量高些；

2）高温燃烧产物向火焰根部回流；

3）火焰稳定器使局部高温气流回流；

4）设置高温烧嘴砖或高温点火砖；

5）分段供应空气，以免空气量大冷却火焰根部。

强化燃料油燃烧的途径有加强油滴的雾化，减小油滴的直径，选用合适的雾化器；增加空气与油滴的相对速度，提高其相对速度的大小，当相对速度越大时，越有利于燃料和空气之间的扩散、混合，加强燃烧；及时、适量供风，及时供风，避免高温、缺氧造成燃料热分解，适量供风，提高燃烧效率；少量一次风送入火焰根部，在着火前与燃料混合，防止油在高温下热分解；燃烧中保证油雾与空气强烈混合，气流雾化角与油雾扩散角相适应；保证后期混合，提高风速，使射流衰减变慢；在着火区制造适当的回流区，保证着火。

第五章 锅炉传热及热平衡

第一节 炉内传热原理

由于锅炉内同时存在燃烧和传热两个过程，而燃烧本身对传热有很大的影响，如火焰中心的位置，因为火焰中三原子气体和碳黑成分对辐射传热有直接的影响，另外燃烧产生的灰分导致受热面的受污程度不同也将使传热发生变化，反过来传热的强弱又会影响燃料的着火和燃尽。因此，炉膛内传热过程较为复杂，其受到多方面因素的制约。

锅炉炉内的传热过程是动态的，由于燃料着火后燃烧剧烈，其放热量大于四周水冷壁的吸热量，使得炉膛中心温度迅速上升，从而形成具有最高温度的火焰中心。沿炉膛高度方向可燃物逐渐燃尽，燃料放热量小于四周水冷壁的吸热量，火焰温度也逐渐下降，从而炉膛内温度场沿高度方向呈不均匀分布，如图 5-1 所示为不同负荷及不同过量空气系数下炉内温度场沿炉膛高度方向的分布曲线。

煤粉炉、油炉、燃气炉等室燃炉及层燃炉这些具有常规燃烧方式的锅炉，通常炉膛出口烟气温度为 1000℃ 左右，火焰中心温度可达 1400℃ 以上，故炉膛内传热主要以辐射为主。流化床燃烧技术是一种新型的高效清洁燃烧方式，其燃烧和传热机理不同于常规的层燃炉和室燃炉。虽然床温仅为 850~950℃，且不存在火焰中心，但床层中的物料作为储热载体，量大且温度高，煤粒停留时间长，与空气强烈混合，使之顺利的着火、燃烧、燃尽。载有热量的床料与热烟气同时对床内埋管进行接触和对流传热，从而使受热面管吸热量大增，其传热系数要比室燃炉炉膛四周的水冷壁管高 4~5 倍。由此可见，层燃炉和室燃炉通常以辐射传热为主，而流化床锅炉则以对流传热为主。

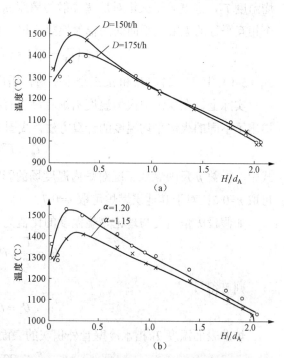

图 5-1　不同负荷及不同过量空气系数下炉内温度场沿炉膛高度方向的分布曲线

（a）不同负荷；（b）不同过量空气系数

　　锅炉炉膛内煤粉悬浮燃烧，辐射产生高温烟气。水冷壁内汽水混合物既能吸收炉膛内高温燃烧产物的辐射热，又能保护炉墙不被破坏。在炉膛上部烟气出口处，烟气温度需降低到稍低于煤灰熔点的水平，以避免熔化的灰渣粘结在对流烟道内及烟气接触的受热面上。锅炉排烟温度通常在110～150℃，为减少排烟带出的飞灰、硫化物等产物对环境造成危害，烟气先经过脱硝、除尘、脱硫后排入环境大气。水或水蒸气流经受热面吸收烟气释放的热量，蒸发汽化以过热，从而产生符合要求的过热蒸汽。

　　炉膛内辐射传热是由燃料燃烧形成的高温烟气和烟气流通过辐射方式向受热面进行的热量传递。通常火焰中三原子气体、焦炭粒子、灰粒及碳黑粒子等成分具有辐射能力，影响火焰辐射强度的因素诸多，其主要受到火焰辐射成分、有效辐射的分布、燃烧方式及燃烧工况等因素制约。

第二节　层燃炉炉膛传热计算

　　层燃炉炉膛传热计算主要是计算火焰或高温烟气对四周炉壁之间的辐射换热量。假设炉壁的表面积等于同侧炉墙的有效辐射受热面，而火焰的辐射热量都是通过同水冷壁管相切的平面传到炉壁上去的，可以把这个平面作为火焰的辐射面，其温度等于火焰平均温度 T_g，黑度等于火焰对炉壁辐射的黑度 a_s，则火焰与炉壁之间的换热就可简化成两个相互平行的无限大平面间的辐射换热。根据传热学原理，可得炉膛传热基本方程式：

$$a_s \sigma A_1 \left(T_g^4 - T_b^4 \right) = \varphi B_j \overline{VC_p} \left(T_a - T_1'' \right) \tag{5-1}$$

式（5-1）中存在 T_g、T_b 和 a_s 三个未知量，需用试验方法确定。

　　实际上，在锅炉中火焰温度沿炉膛高度有很大变化。在炉膛传热计算中，不同作者提出了不同的火焰平均温度的计算方法。我国工业锅炉热力计算方法推荐采用式（5-2）。

$$T_g = T_1'' T_a^{(1-n)} \tag{5-2}$$

式中，指数 n 反映燃烧工况对炉内温度场的影响，根据实验数据的整理，对于抛煤机炉可取 $n=0.6$；对于其他层燃炉可取 $n=0.7$。

　　如假设火焰温度与理论燃烧温度的比值为无因次温度，用 θ 表示，即

$$\theta_g = \frac{T_g}{T_a}, \quad \theta_1'' = \frac{T_1''}{T_a} \tag{5-3}$$

则可得

$$\theta_g = \theta_1'' \tag{5-4}$$

炉壁表面温度 T_b 指水冷壁管外积灰的表面温度，可用下式表示：

$$T_b = \rho q + T_t \tag{5-5}$$

式中　ρ——管壁污染指数，即管外积灰层热阻，决定于燃烧性质和炉内燃烧工况，一般可取 $\rho=2.6\text{m}^2\cdot\text{K/kW}$；

　　　　q——炉内单位面积的热流，kW/m^2；

T_t——水冷壁管金属壁温，取为工作压力下水的饱和温度。

按单位面积的热流量计算，可得

$$q + a_s \sigma T_b^4 = a_s \sigma T_g^4 \tag{5-6}$$

由上式可得

$$q = \frac{\sigma T_g^4}{\dfrac{1}{a_s} + \dfrac{\sigma}{q} T_b^4} \tag{5-7}$$

令

$$m = \frac{\sigma}{q} T_b^4 = \frac{\sigma}{q} \left(\rho q + T_t \right)^4 \tag{5-8}$$

式中 m——考虑水冷壁积灰表面温度 T_b 对炉膛传热的影响系数。

则得

$$q = \frac{\sigma T_g^4}{\dfrac{1}{a_s} + m} \tag{5-9}$$

由热平衡式

$$q = \frac{\varphi B_j \overline{VC_p} \left(T_a - T_F'' \right)}{A_1} \tag{5-10}$$

式中 T_F''——炉膛出口烟温，K。

可得炉膛传热基本方程为

$$\frac{\sigma T_g^4}{\dfrac{1}{a_s} + m} = \frac{\varphi B_j \overline{VC_p} \left(T_a - T_1'' \right)}{A_1} \tag{5-11}$$

可得

$$Bo \left(\frac{1}{a_s} + m \right) = \frac{\theta_g^4}{1 - \theta_1''} = \frac{\theta_1''^{4n}}{1 - \theta_1''} \tag{5-12}$$

式中 Bo——玻尔兹曼（Boltzmann）准则数。

$$Bo = \frac{\varphi B_j \overline{VC_p}}{\sigma A_1 T_a^3} \tag{5-13}$$

炉膛传热计算是比较繁琐的，我国的层燃炉热力计算标准使用下列公式：

$$\theta_1'' = k \left[Bo \left(\frac{1}{a_s} + m \right) \right]^p \tag{5-14}$$

系数 k、p 见表 5-1，与炉型相关。

表 5-1 k、p 的数值

n	$Bo\left(\dfrac{1}{a_s}+m\right)$	k	p
0.6	0.6~1.4	0.646 5	0.234 5
抛煤机炉	1.4~3.0	0.638 3	0.184 0
0.7	0.6~1.4	0.671 1	0.214 4
其他层燃炉	1.4~3.0	0.675 5	0.171 4

使用上述方法进行计算的基本步骤是：

（1）计算理论燃烧温度 T_a。

（2）假定炉膛出口烟温 T_1''，求出烟气平均热容 $\overline{VC_p}$ 和烟气黑度 a_1。

（3）计算炉膛系统黑度 a_s。

（4）计算玻尔兹曼（Boltzmann）准则数 Bo。

（5）选取系数 m，求出炉膛出口烟温 T_1''，如与假设值相差超过 100℃，则重新计算。

（6）求换热量 $q(Q)$。

这里强调一下 a_s 的计算式：

$$a_s = \cfrac{1}{\cfrac{1}{\varepsilon_b} + x\left(\cfrac{1}{M}-1\right)} \qquad (5\text{-}15)$$

$$M = a_1 + r(1-a_1) \qquad (5\text{-}16)$$

$$x = A_f/A$$

$$r = \frac{A_p}{A}$$

式中　ε_b——水冷壁的黑度，一般取 0.8；

　　　x——水冷系数；

　　　a_1——火焰黑度；

　　　A——炉膛全部面积；

　　　A_p——炉排面积。

上式也可把中间变量 M 去掉，变为

$$a_s = \cfrac{1}{\cfrac{1}{\varepsilon_b} + x\cfrac{(1-\varepsilon_g)(1-r)}{1-(1-\varepsilon_g)(1-r)}} \qquad (5\text{-}17)$$

第三节　室燃炉炉膛传热计算

一、基本传热方式

通常基本传热方式分为热传导、热对流、热辐射三种。

1. 热传导

热量从物体内部温度较高的部分传递到温度较低的部分或传递到与之相接触的、温度较低的另一物体的过程称为热传导，简称导热。物质间没有宏观位移，只发生在静止物质内的一种传热方式。通过对大量实际导热问题的经验总结，导热现象的物理定律可用傅里叶定律来描述，其数学表达式为

$$\vec{q} = \frac{\mathrm{d}Q}{\mathrm{d}\vec{S}} = -k\frac{\partial t}{\partial \vec{n}} \tag{5-18}$$

式中　Q——传热速率单位时间传递的热量，J/s；

　　　q——单位传热面积上的传热速率，方向为传热面的法线方向，J/(m²·s)；

　　　S——与导热方向垂直的传热面积；

　　　k——导热系数，W/(m·K)。

式（5-18）为一维稳态导热时傅里叶定律的数学表达式，当温度 t 沿法线方向 $\vec{n}$ 增加时，$\partial t/\partial \vec{n} > 0$，而 $q < 0$，说明此时热量沿法线减小的方向传递；反之，当 $\partial t/\partial \vec{n} < 0$ 时，而 $q > 0$，说明此时热量沿增加的方向传递。

2. 热对流

热对流是指由于流体的宏观运动，流体各部分之间发生相对位移、冷热流体相互掺混所引起的热量传递过程，流体中质点发生相对位移而引起热交换。热对流仅发生在流体中，因此它与流体的流动状态密切相关。在对流传热时，必然伴随着流体质点间的热传导。根据对流产生的原因，对流传热可分为自然对流与强制对流两种类型。对流传热是由于流体各部分温度的不均匀分布，形成密度的差异，在浮升力的作用下，流体发生对流而传热。强制对流则是用机械能（泵、风机、搅拌等）使流体发生对流而传热。流动的原因不同，对流传热的规律也有所不同。在同一种流体中，有可能同时发生自然对流和强制对流。对流传热的基本公式是牛顿冷却公式，对流传热基本方程式为

$$Q = h\Delta t \tag{5-19}$$

式中　h——对流传热系数，W/(m²·s)；

　　　Δt——固体壁面与流体主体之间的温度差。

对流传热系数的大小与对流传热过程中的许多因素有关，不仅取决于流体的物性参数及换热表面的大小、形状，还与流速有密切的关系。

3. 热辐射

由于温度差而产生的电磁波在空间的传递过程称为辐射传热，简称热辐射。自然界中各个物体持续向空间发出辐射，同时又不断接受来自其他物体的热辐射。导热与对流只在物质存在的条件下才能实现，而辐射可在真空中传递，此外辐射传热不仅产生能量转移，而且伴随着能量形式的转换。一种称为黑体的理想概念具有重要作用，指其可吸收投入到表面的所有辐射能量。黑体单位时间发出的热辐射由斯蒂芬（Stefan）-玻尔兹

曼（Boltzmann）定律描述：

$$Q = S\sigma_0 T^4 \qquad (5\text{-}20)$$

式中　σ_0——黑体的辐射系数，称为斯蒂芬-玻尔兹曼常数，其值为 $5.67\times10^{-8}\text{W/(m}^2\cdot\text{K}^4)$；

　　　T——黑体表面的绝对温度，K；

　　　S——黑体的表面积，m^2。

一切实际物体的辐射能力都小于同温度下的黑体。实际物体辐射量的计算可采用斯蒂芬-玻尔兹曼的修正式：

$$Q = \varepsilon S\sigma_0 T^4 \qquad (5\text{-}21)$$

式中　ε——物体的发射率，其值总小于 1，与物体种类及表面状态有关。

实际问题中三种热量传递方式往往不是单独出现，而是几个传热环节的相互串联。

二、炉内传热计算的基本方程

炉膛的传热过程是一个很复杂的物理化学过程。燃料在锅炉炉膛中进行燃烧，放出大量的热量，并通过辐射传给受热面中的工质。为应用传热学基本原理以建立换热的基本方程，对炉膛内辐射传热做如下假定。

（1）热力计算中对流传热部分占比小，可忽略不计。

（2）把传热过程和燃烧过程分开，如需计算燃烧工况的影响，则引入经验系数予以考虑。

（3）炉壁的面积为同侧炉墙的面积。

（4）以与水冷壁相切的表面为火焰的辐射表面，其温度等于火焰的平均温度，其黑度等于火焰对炉膛辐射的黑度，火焰的辐射热量通过这个表面传到炉壁上。

（5）炉内的各物理量认为是均匀的，如火焰及受热面外壁的温度和黑度，炉膛出口烟气温度和受热面负荷也以平均值表示。

基于上述假设条件，炉膛传热计算将火焰与四周炉壁之间的辐射传热量简化为两个互相平行的无限大平面间的辐射传热。通常采用相似理论原理，建立各物理量之间的关系，并根据试验数据引进一些系数，得出半经验性的计算公式。条件不同，简化数学模型的方法不同，就有不同的炉膛计算使用方法。反映炉膛传热的基本方程包括：

（1）高温烟气与辐射受热面间的辐射换热方程。计算式为

$$Q_{\text{f}} = \sigma_0 a_1 \Psi A_1 T_1^4 \qquad (5\text{-}22)$$

式中　Q_{f}——辐射换热量，kJ/kg；

　　　σ_0——玻尔兹曼常数，$\sigma_0=5.67\times10^{-11}\text{kW/(m}^2\cdot\text{K}^4)$；

　　　a_1——炉膛黑度；

　　　Ψ——炉内辐射受热面的热有效系数；

　　　A_1——炉膛辐射换热面积，m^2；

T_1——炉膛内介质的平均温度，K。

（2）高温烟气在炉内放热的热平衡方程。计算式为

$$B_j Q_1 = \phi B_j \left(Q_1 - h_1'' \right) = \phi B_j \overline{VC_p} \tag{5-23}$$

$$\overline{VC_p} = \frac{Q_1 - h_1''}{T_a - T_1''} \tag{5-24}$$

$$Q_1 = Q_r \frac{100 - q_3 - q_4 - q_6}{100 - q_4} + Q_k \tag{5-25}$$

$$Q_k = \left(\alpha_1'' - \Delta\alpha_1 - \Delta\alpha_{zf} \right) h_{rk}^0 + \left(\Delta\alpha_1 + \Delta\alpha_{zf} \right) h_{lk}^0 \tag{5-26}$$

式中　B_j——计算燃料消耗量，kg/s；

Q_1——1kg 燃料的炉内有效放热量，kJ/kg；

ϕ——考虑炉膛散热损失的保热系数；

h_1''——炉膛出口截面上燃烧产物的焓，kJ/kg；

$\overline{VC_p}$——燃烧产物的平均比热容；

T_a——燃烧产物的理论燃烧温度，K；

T_1''——炉膛出口烟气温度，K；

Q_r——1kg 燃料带入锅炉机组的热量，kJ/kg；

q_3——化学未完全燃烧热损失，kJ/kg；

q_4——机械未完全燃烧热损失，kJ/kg；

q_6——其他热损失，kJ/kg；

Q_k——空气带入炉内的热量，kJ/kg；

α_1''——炉膛出口处过量空气系数；

$\Delta\alpha_1$、$\Delta\alpha_{zf}$——炉膛和制粉系统的漏风系数；

h_{rk}^0、h_{lk}^0——理论热空气的焓和理论冷空气的焓，kJ/kg。

（3）炉膛内的热平衡方程。一般炉膛内高温烟气的流速较低，传热方式以辐射为主，对流传热只占 5%左右。为了简化计算，通常炉膛内换热按纯辐射的方式计算。高温烟气与辐射受热面间的辐射换热量等于高温烟气在炉内的放热量，其热平衡方程式为

$$\sigma_0 a_1 \Psi A_1 T_1^4 = \phi B_j \overline{VC_p} (T_a - T_1'') \tag{5-27}$$

从传热方程可看出，影响炉膛换热的主要因素为炉膛黑度 a_1、辐射受热面平均热有效系数 ψ、辐射受热面面积 A_1 及火焰平均温度 T_1。

三、炉膛传热计算方法

目前，国内常采用苏联"热力计算标准方法"。计算应用相似理论，实际计算炉膛出口温度时所用公式为

$$\theta_1'' = T_1'' - 273 = \frac{T_a}{M\left(\dfrac{\sigma_0 a_1 \Psi A_1 T_a^3}{\phi B_j \overline{VC_p}}\right)^{0.6} + 1} - 273 \qquad (5\text{-}28)$$

计算水冷壁的面积 A_1 的计算式为

$$A_1 = \frac{\phi B_j \overline{VC_p}}{\sigma_0 a_1 \Psi T_a^3}\left[\frac{1}{M}\left(\frac{T_a}{T_1''}-1\right)\right]^{\frac{5}{3}} = \frac{B_j Q_1}{\sigma_0 a_1 M \Psi A_1 T_a^3 T_1''}\sqrt{\frac{1}{M^2}\left(\frac{T_a}{T_1''}-1\right)^2} \qquad (5\text{-}29)$$

式（5-29）的计算燃料消耗量 B_j、保热系数 ϕ、烟气的平均比热容 $\overline{VC_p}$、水冷壁的面积 A_1 等可通过热平衡和几何尺寸计算得到，而炉膛黑度 a_1、受热面的热有效系数 ψ 的计算方法将做如下介绍。系数 M 是一个经验常数，与燃料的性质、燃烧方式，以及燃烧器布置的相对高度和理论烟气温度有关。

1. 炉膛黑度 a_1 和热有效系数 ψ 的计算

炉膛黑度 a_1 是表示火焰有效辐射热流的一个假想黑度，可按下式计算。

$$a_1 = \frac{a_{hy}}{a_{hy} + (1-a_{hy})\Psi} \qquad (5\text{-}30)$$

或

$$a_1 = \frac{a_{hy}}{a_{hy} + (1-a_{hy})\zeta x} \qquad (5\text{-}31)$$

式中　a_{hy}——火焰黑度；

　　　Ψ——水冷壁的有效系数；

　　　ζ——水冷壁的污染系数；

　　　x——水冷壁辐射角系数。

式（5-31）中火焰黑度 a_{hy} 应区分燃用气体、重油的火焰和燃用固体燃料的火焰。前者的辐射成分是三原子气体和悬浮的炭黑微粒，后者的辐射成分则是三原子气体和悬浮的灰分及焦炭颗粒。

（1）固体燃料的火焰黑度。燃烧固体粉状燃料时，火焰的黑度 a_{hy} 按下式计算，即

$$a_{hy} = 1 - e^{-kps} \qquad (5\text{-}32)$$

式中　k——炉内介质的辐射减弱系数，$1/(m \cdot MPa)$；

　　　p——炉内介质的压力，MPa；

　　　s——炉内介质的辐射层有效厚度，m。

炉内介质的辐射减弱系数 k 由下式确定，即

$$k = k_q r + k_h \mu_h + 10 C_1 C_2 \qquad (5\text{-}33)$$

其中系数 k_q 及 k_h 按下式求出，即

$$k_q = \left(\frac{2.492 + 5.111 r_{H_2O}}{\sqrt{prs}} - 1 \right)\left(1 - 0.37 \frac{T_1''}{1000} \right) \qquad (5\text{-}34)$$

$$k_h = \frac{55\,900}{\sqrt[3]{T_1''^2 d_h^2}} \qquad (5\text{-}35)$$

式中　k_q——三原子气体的辐射减弱系数，$1/(m \cdot MPa)$；

　　　r——三原子气体的总容积份额，为二氧化碳、二氧化硫和水蒸气容积份额之和；

　　　k_h——灰粒的辐射减弱系数，$1/(m \cdot MPa)$；

　　　μ_h——飞灰浓度，kg/kg；

　　　C_1——燃料种类修正系数，对于高挥发分的煤，$C_1=0.5$，对于低挥发分的煤，$C_1=1.0$；

　　　C_2——燃烧方式修正系数，对于室燃炉，$C_2=0.1$，对于层燃炉，$C_2=0.03$。

　　　r_{H_2O}——水蒸气的容积份额；

　　　T_1''——炉膛出口烟气温度，K；

　　　p——炉膛中火焰压力，对于平衡通风锅炉，$p=0.1MPa$；

　　　s——火焰有效辐射层厚度，m；

　　　d_h——灰粒的直径，μm。

（2）液体和气体燃料的火焰黑度。燃烧气体和重油的锅炉，炉膛平均火焰黑度 a_{hy} 可按下式计算：

$$a_{hy} = m a_{fg} + (1-m) a_q \qquad (5\text{-}36)$$

式中　a_{fg}——火焰发光部分的黑度；

　　　a_q——三原子气体（火焰不发光部分）的黑度；

　　　m——火焰发光系数，与燃料种类和燃烧方式有关。

（3）水冷壁的热有效系数 Ψ 和污染系数 ζ。水冷壁的热有效系数 ψ 是水冷壁受热面实际吸热量与火焰辐射总热量的比值，计算式为

$$\Psi = \frac{\sigma_0 a_s A_1 \left(\overline{T_1}^4 - T_b^4 \right)}{\sigma_0 a_1 A_1 \overline{T_1}^4} \qquad (5\text{-}37)$$

式中　a_s——火焰与水冷壁封闭系统的黑度；

　　　$\overline{T_1}$——火焰平均温度，K；

　　　T_b——水冷壁表面温度，K。

受热面的污染指数是指受热面受到污染而使吸热降低的一个修正系数，是火焰辐射到水冷壁上的热量被水冷壁受热面所获得的份额。污染系数的计算式为

$$\zeta = \frac{\sigma_0 a_s A_1 \left(\overline{T_1}^4 - T_b^4 \right)}{\sigma_0 a_1 A_1 \overline{T_1}^4} \approx 1 - \left(\frac{T_b}{\overline{T_1}} \right)^4 \qquad (5\text{-}38)$$

污染系数与燃料性质、燃烧工况、水冷壁结构等因素有关，可按表 5-2 选取相应数值。

表 5-2 污 染 系 数 ζ

水冷壁类型	燃料种类	污染系数 ζ
光管水冷壁和模式水冷壁	气体、液体和重油混合物	0.65
	重油	0.55
	无烟煤，贫煤	0.35
	其他	0.45
固态排渣覆盖耐火材料的销钉水冷壁	一切燃料	0.20
覆盖耐火砖的水冷壁	一切燃料	0.10

注 1. 如水冷壁有吹灰，不结渣时，ζ 可提高 0.03~0.05；
2. 重油炉或煤粉炉临时用于燃气时仍采用原来的数值；
3. 覆盖受热面的有效辐射角系数取 1.0；
4. 在液态排渣炉中涂料覆盖部分的 ζ 值为 $\zeta=0.53-0.25FT/1000$，FT 为灰熔融温度；对半开式液态排渣炉的 ζ 值，需乘上修正系数 1.2。

2. 系数 M

系数 M 是考虑炉内火焰最高温度相对位置的参数，可按下列经验公式求得，即

$$M = A - B(x_r + \Delta x) \tag{5-39}$$

式中 A、B——经验系数，其值见表 5-3；

x_r——燃烧器的相对高度；

Δx——考虑炉内火焰最高温度的位置偏离燃烧器布置水平面的修正值，其值见表 5-4。

表 5-3 经验系数 A、B 值

燃料	开式炉膛		半开式炉膛	
	A	B	A	B
气体、重油	0.54	0.2	0.48	0
高反应性能固体燃料	0.59	0.5	0.48	0
无烟煤、贫煤和多灰燃料	0.56	0.5	0.46	0
各种燃料的链条炉	$A=0.59$，$B=0.5$			

表 5-4 Δx 值

燃烧器类型		Δx 值
轴心水平、四角切圆布置燃烧器		0
前墙或对冲布置煤粉燃烧器	$D>420t/h$	0.05
	$D \leq 420t/h$	0.1
摆动式燃烧器上下摆动 $\pm20°$		±0.1
重油炉及燃气炉，燃烧器处理过量空气系数 $\alpha_r<1$		$2(1-\alpha_r)$

第四节 流化床锅炉炉膛传热计算

流化床锅炉床层与受热面之间的传热主要包括颗粒对流换热、气体对流换热和辐射换热三种。

1. **燃烧室受热面的传热**

流化床锅炉燃烧室受热面主要采用由鳍片连接的管排构成的膜式水冷壁，典型结构如图 5-2 所示。床层与受热面的传热由床中心上升流动的烟气及其夹带的物料与壁区物料的热量交换、质量交换，以及近壁区气固两相流与壁面的对流和辐射两步完成。近壁区下降流与壁面之间存在 5～10mm 的边界层，辐射换热几乎发生在近壁区内，辐射换热面积可近似为受热面的全面积，对流换热也发生在烟气侧全面积，故流化床锅炉受热面的传热面积为曲面全面积，与室燃炉的重要不同之处。

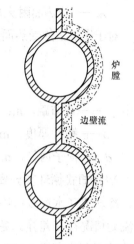

图 5-2 燃烧室受热面结构

流化床锅炉受热面的吸热量为

$$Q = K A_t \Delta T \tag{5-40}$$
$$\Delta T = T_b - T_f$$

式中 Q——传热量，W；

K——基于烟气侧全面积的传热系数，W/(m²·K)；

A_t——烟气侧全面积，m²；

ΔT——床温 T_b 与受热面内工质温度 T_f 之差，K。

传热热阻包括床侧热阻、工质侧热阻、受热面本身和附加热阻四部分，并与结构有关。按照扩展表面受热面传热系数形式，有：

$$K = \cfrac{1}{\cfrac{1}{\alpha_{b,w}} + \cfrac{1}{\alpha_f}\cfrac{A_t}{A_f} + \cfrac{\delta_1}{\lambda} + R} \tag{5-41}$$

式中 $\alpha_{b,w}$——烟气侧壁总表面积名义换热系数，W/(m²·K)；

α_f——工质侧换热系数，可按有关标准选取，W/(m²·K)；

A_f——工质侧总面积，m²；

δ_1——受热面管壁厚度，m；

λ——受热面金属导热系数，W/(m·K)；

R——附加热阻，m²·K/W。

附加热阻包括壁面污染和受热面耐火层热阻，有：

$$R = R_s + \frac{\delta_a}{\lambda_a} \tag{5-42}$$

式中　R_s——受热壁面污染系数，$m^2 \cdot K/W$；

　　　δ_a——受热面耐火层厚度，m；

　　　λ_a——受热面耐火层导热系数，$W/(m \cdot K)$。

对于图 5-2 的受热面结构，受热面的内外面积比为

$$\frac{A_t}{A_f} = 1 + \frac{2}{\pi}\left[\frac{s - \delta - (2 - \pi)\delta_1}{d - 2\delta_1} - 1\right] \tag{5-43}$$

式中　s——管节距，m；

　　　δ——鳍片厚度，m；

　　　d——管子内径，m。

2. 冷却式循环灰分离器的传热

冷却式（水冷或汽冷）循环灰分离器中的受热情况更为复杂，由于分离器各位置上的流动情况存在差异。各处烟气中的固体物料浓度不同，详细的传热计算比较困难。一般地，可取分离器入口烟气中的固体颗粒浓度作为分离器中物料浓度的平均值，考虑分离器受热面的耐火材料热阻，按燃烧室的计算方法近似处理，不致引起较大的误差。

3. 外置流化床换热器受热面的传热

外置流化床换热器受热面的传热系数采用经验方法确定。传热系数可表示为

$$K_{ehe} = \frac{1}{\dfrac{1}{\alpha_b} + \dfrac{1}{\alpha_f}} \tag{5-44}$$

式中　K_{ehe}——外置流化床换热器受热面的传热系数，$W/(m^2 \cdot K)$；

　　　α_b——烟气侧换热系数，$W/(m^2 \cdot K)$；

　　　α_f——工质侧换热系数，$W/(m^2 \cdot K)$。

α_f 可按有关标准选取，下面主要讨论 α_b 的计算。

换热器流化床的流化速度为

$$u_{ehe} = \frac{q_{V,a}\dfrac{T_{ehe} + 273}{273}}{A_b} \tag{5-45}$$

式中　u_{ehe}——外置流化床换热器流化速度，m/s；

　　　$q_{V,a}$——标准状态下外置流化床换热器流化空气体积流量，m^3/s；

　　　T_{ehe}——外置流化床换热器，℃；

　　　A_b——布风板有效面积，m^2。

对于竖埋管情形，对流换热系数 α_c 为

$$\alpha_c = 0.018\,44\frac{\lambda_a}{d}C_R(1 - \varepsilon_{ehe})\left(\frac{c_a\rho_a}{\lambda_a}\right)^{0.43}\left(\frac{d\rho_a u_{ehe}}{\mu_a}\right)^{0.23}\left(\frac{c_s}{c_a}\right)^{6.8}\left(\frac{\rho_s}{\rho_a}\right)^{0.66} \tag{5-46}$$

式中 λ_a——流化空气导热系数，W/(m·K)；

    c_a——流化空气定压比热容，J/(kg·K)；

    ρ_a——流化空气密度，kg/m³；

    μ_a——流化空气的动力黏度，Pa·s；

    ρ_s——固体颗粒密度，kg/m³；

    c_s——固体颗粒比定压热容，J/(kg·K)；

    ε_{ehe}——换热器流化床床层孔隙率；

    C_R——流化床中径向位置 r 决定的校正系数；

    d——受热面管子内径，m。

对于横埋管情形，当 $\dfrac{d\rho_a u_{ehe}}{\mu_a} < 2000$ 时，对流换热系数 α_c 为

$$\alpha_c = 0.66 \frac{\lambda_a}{d}\left(\frac{c_a\mu_a}{\lambda_a}\right)^{0.3}\left[\left(\frac{d\rho_a u_{ehe}}{\mu_a}\right)\left(\frac{\rho_s}{\rho_a}\right)\left(\frac{1-\varepsilon_{ehe}}{\varepsilon_{ehe}}\right)\right]^{0.44} \tag{5-47}$$

当 $\dfrac{d\rho_a u_{ehe}}{\mu_a} < 2000$ 时，对流换热系数 α_c 为

$$\alpha_c = 420 \frac{\lambda_a}{d}\left(\frac{c_a\mu_a}{\lambda_a}\right)^{0.3}\left[\left(\frac{d\rho_a u_{ehe}}{\mu_a}\right)\left(\frac{\rho_s}{\rho_a}\right)\left(\frac{1-\varepsilon_{ehe}}{\varepsilon_{ehe}}\right)\right]^{0.44} \tag{5-48}$$

辐射换热系数 α_r 为

$$\alpha_r = 5.76\times10^{-11}\varepsilon_w\frac{(t_{ef}+273)^4-(t_w+273)^4}{t_{ehe}-t_w} \tag{5-49}$$

式中 t_w——埋管壁温度，一般饱和时取 $t_w=t_{sat}+30℃$，过热时可取 $t_w=t_{sat}+100℃$，t_{sat} 为饱和水的温度，℃；

    ε_w——埋管壁黑度，一般取 0.8；

    t_{ef}——料层有效辐射温度，℃；

    t_{ehe}——外置流化床换热器温度，℃。

料层有效辐射温度 t_{ef} 由下式计算：

$$t_{ef} = t_w + \psi(t_{ehe} - t_w) \tag{5-50}$$

式中 ψ——修正系数，一般取 0.8～0.9。

烟气侧换热系数 α_b 由对流换热和辐射换热两部分组成。因此，烟气侧传热系数 α_b 即可按下式求出：

$$\alpha_b = \alpha_c + \alpha_r \tag{5-51}$$

4. 尾部对流受热面的传热

布置在循环灰分离器出口之后的过热器、再热器、省煤器、蒸发对流管束和空气预

热器等吸收烟气的热量，这部分的传热计算与传统锅炉基本一致。但由于分离器出口烟气中所含颗粒相对比较粗，一般为 $40\sim80\mu m$，而煤粉炉为 $15\sim25\mu m$，且飞灰的形态与煤粉炉不同，未经高温融化，对尾部受热面的污染远远小于煤粉炉。流化床锅炉尾部对流受热面和空气预热器的传热计算可分别用有效系数或利用系数 ψ 考虑积灰的影响。计算过热器、再热器的管壁温度时，受热面壁面灰污染系数 ε 取 $0.002m^2\cdot K/W$。另外，分离器进出口烟道对相邻受热面的空间辐射不可忽略。

第五节　对流受热面传热计算

高温烟气离开以辐射为主的炉膛后进入半辐射受热面区域。布置在炉膛出口部位的屏式受热面，既接受了炉膛内高温烟气对它的直接辐射，也接受屏区空间烟气的容积辐射，此外还接受烟气流的对流传热，故也称为半辐射受热面。在 Π 型布置锅炉中，烟气离开屏式受热面后，一般流经布置在水平烟道中的高温级对流过热器和高温级再热器，经转向室下行，再流经低温过热器、再热器、省煤器和空气预热器等。尽管这些受热面的构造、布置及工质和烟气的参数有很大不同，但这些受热面主要以对流方式吸收烟气中的热量。

一、对流传热计算的基本公式

对流传热计算主要依据已知受热面结构与面积通过计算确定其吸热量、进出口烟温和工质温度。对流传热的基本公式包括烟气对流放热公式、工质对流吸热公式和传热公式。

1. 对流传热

对流受热面所能传递的热量，取决于受热面的传热面积、传热温压和传热系数。对应于 1kg 计算燃料来说，传热量按下式计算：

$$Q_C^{tr} = \frac{KA_h\Delta t}{B_j} \tag{5-52}$$

式中　Q_C^{tr}——以对流方式传递的热量，kJ/kg；

B_j——计算燃料消耗量，kg/s；

A_h——受热面的面积，m^2；

Δt——传热温压，℃；

K——受热面的总传热系数，$kJ/(m^2\cdot K)$。

对流受热面以对流方式从烟气中吸取热量用于加热受热面内的工质，因此对一个具体受热面而言，烟气放热、工质吸热及对流传热量三者应保持平衡。

2. 烟气对流放热量

当烟气流经对流受热面时，烟气放热给受热面，烟气温度由入口 θ' 的降至出口的 θ''；

受热面内工质温度则由进口 t' 加热提高到 t''。当受热面因管子穿墙或四周壁面不严密有外界空气漏入时，其温度由漏入的 t_1 加热到烟气出口的 θ''。在考虑到烟道不可能完全绝热，对外界有散热损失，则烟气流经受热面时释放热量 Q_C^{re} 计算表达式为

$$Q_C^{re} = \varphi\left\{\left[I_g^0 + (\alpha - 1)I_a^0\right]_1 - \left[I_g^0 + (\alpha - 1)I_a^0\right]_2 - \Delta\alpha\left[\left(I_a^0\right)_2 - I_1^0\right]\right\} \tag{5-53}$$

或

$$Q_C^{re} = \varphi\left(I' - I'' + \Delta\alpha I_1^0\right) \tag{5-54}$$

式中 I'——受热面前烟气焓，kJ/kg；

I''——受热面后烟气焓，kJ/kg；

α、$\Delta\alpha$——受热面前的过量空气系数和受热面烟道的漏风系数；

I_1^0——$\alpha=1$ 时漏入空气的焓，kJ/kg；

φ——考虑散热损失的保热系数。

式（5-54）适用于锅炉的承压受热面，这时烟道的漏风来自外界冷空气，计算漏入空气焓 h_1^0 时，其温度取冷空气温度 t_{lk}（一般为 20～30℃），即漏风焓 h_1^0 取为冷空气的焓 h_{lk}^0；对于空气预热器，漏风主要是由空气预热器的空气侧漏入烟气侧。

3. 工质对流吸热量

对于不同类型的受热面，工质吸收热量也各不相同。

（1）过热器、再热器和省煤器。对于过热器、再热器和省煤器，一般按下式计算工质的对流吸热量 Q_C^{ab}：

$$Q_C^{ab} = \frac{D}{B_j}\left(i'' - i'\right) \tag{5-55}$$

式中 D——受热面内工质的流量，kg/s；

i'、i''——受热面进、出口工质的焓按进、出口工质温度及压力查取，kJ/kg。

对于布置在屏式受热面出口烟道内的高温级对流过热器或再热器，因其吸收穿经屏区的来自炉膛和屏空间的辐射热，其对流吸热量应为

$$Q_C^{ab} = \frac{D}{B_{cal}}\left(i'' - i'\right) - Q_r \tag{5-56}$$

式中 Q_r——接受锅炉内的辐射热，kJ/kg。

（2）空气预热器。对于管式空气预热器，假定漏风沿预热器均匀分布，即按预热器进出口的空气平均温度 $t_{av} = 0.5\left(t_a' + t_a''\right)$ 计算漏风焓。空气的吸热按下式计算：

$$Q_C^{ab} = \beta''\left(I_a^{0''} - I_a^{0'}\right) + \Delta\alpha\left(\frac{I_a^{0'} + I_a^{0''}}{2} - I_a^{0'}\right) \tag{5-57}$$

或

$$Q_C^{ab} = \left(\beta'' + \frac{\Delta\alpha}{2} \right)\left(I_a^{0''} - I_a^{0'} \right) = \overline{\beta}\left(I_a^{0''} - I_a^{0'} \right) \tag{5-58}$$

对于带热风再循环的空气预热器，其吸热公式为

$$Q_C^{ab} = \left(\beta'' + \frac{\Delta\alpha}{2} + \beta_{rec} \right)\left(I_a^{0''} - I_a^{0'} \right) = \left(\overline{\beta} + \beta_{rec} \right)\left(I_a^{0''} - I_a^{0'} \right) \tag{5-59}$$

式中 β''——空气预热器出口处空气量与理论空气量的比值；

$I_a^{0'}$、$I_a^{0''}$——空气预热器进、出口理论空气焓，kJ/kg；

$\Delta\alpha$——空气预热器漏风系数；

$\overline{\beta}$——空气预热器进、出口平均的空气量与理论空气量之比；

β_{rec}——热风再循环空气量与理论空气量之比值。

当回转式空气预热器冷、热段混合起来计算，空气吸热量可近似按管式预热器的公式进行计算，即

$$Q_C^{ab} = \overline{\beta}\left(I_a^{0''} - I_a^{0'} \right) \tag{5-60}$$

应用上述基本公式可计算受热面出口烟温、工质的进出口温度和传热量。

二、传热面积及温压

1. 传热面积

对于管式受热面，当按平壁公式计算传热系数时，应合理确定计算传热面积，以减小传热误差。当管壁两侧的对流放热系数相差很大时，如对于凝渣管、过热器和省煤器等受热面，取放热系数较小的烟气侧的表面积作为计算传热面积。对于管式空气预热器，管壁两侧的放热系数相差不太大，则取相应于管子平均直径的面积作为计算受热面。回转式空气预热器的传热面积按所有蓄热板的两侧表面积计算。对于屏式受热面，考虑到屏间烟气的辐射热强度较对流热强度大的多，因此，在传热计算中用辐射传热面积，即屏风面积的两倍乘以角系数。

2. 传热温压

传热温压Δt是参与热交换的两种介质相对于整个受热面热阻的传热温差。温压的大小除与两种介质在受热面进、出口的温度或温差有关外，还与两种介质互相间的流动方向有关。多数锅炉受热面采用顺流或逆流的方式，逆流方式传热温压大，顺流方式传热温压最小，其他方式的温压，介于两者之间。顺流和逆流传热温压的计算公式是相同的，均由受热面进、出口两种介质的温差按下式求出，但端差的大小对顺流和逆流方式是不同的：

$$\Delta t = \frac{\Delta t_{lar} - \Delta t_{sma}}{\ln \dfrac{\Delta t_{lar}}{\Delta t_{sma}}} \tag{5-61}$$

式中 Δt_{lar}——受热面两端差中较大的温差，℃；

Δt_{sma}——较小端的温差，℃。

三、传热系数

1. 传热系数的基本形式

锅炉对流受热面的传热过程是用热烟气来加热水、蒸汽及空气，而烟气与被加热的工质分别在受热面的两侧互不相混，热烟气的热量透过管壁传给被加热的工质。管式受热面的传热系数 K 的计算公式为

$$K = \cfrac{1}{\cfrac{1}{\alpha_1} + \cfrac{\delta_b}{\lambda_b} + \cfrac{\delta_j}{\lambda_j} + \cfrac{\delta_g}{\lambda_g} + \cfrac{1}{\alpha_2}} \tag{5-62}$$

式中　α_1、α_2——烟气对管壁及管壁对受热工质的放热系数，$kW/(m^2 \cdot ℃)$；

δ_j——金属管壁的厚度及其热导率，m；

λ_j——金属管壁的热导率，$kW/(m \cdot ℃)$；

δ_b——管子烟气侧灰层的厚度，m；

λ_b——管子烟气侧灰层的热导率，$kW/(m \cdot ℃)$；

δ_g——管子工质侧结垢层的厚度，m。

λ_g——管子工质侧结垢层的热导率，$kW/(m \cdot ℃)$。

与烟气侧或工质的热阻相比，金属管壁的热阻很小，可忽略不计。而锅炉正常运行时，管子结垢的厚度不致沉积到明显影响传热的程度，因此其热阻也可不予计算。上述传热系数公式可简化为

$$K = \cfrac{1}{\cfrac{1}{\alpha_1} + \cfrac{\delta_b}{\lambda_b} + \cfrac{1}{\alpha_2}} \tag{5-63}$$

2. 管式承压受热面传热系数

锅炉管式承压受热面均采用烟气在管外、工质在管内流动的管式受热面。为简化其传热计算，受热面的面积按放热系数较小一侧的管子表面积，即外表面积计算。对于管子外表面积灰、内表面结垢的受热面，传热系数公式为

$$K = \cfrac{1}{\cfrac{1}{\alpha_1} + \cfrac{\delta_{ash}}{\lambda_{ash}} + \cfrac{\delta_m}{\lambda_m} + \cfrac{\delta_{sc}}{\lambda_{sc}} + \cfrac{1}{\alpha_2}} \tag{5-64}$$

式中　α_1、α_2——加热介质对管壁和管壁对受热介质的放热系数，$kW/(m^2 \cdot ℃)$；

δ_m——金属管壁的厚度，m；

λ_m——金属管壁的热导率，$kW/(m^2 \cdot ℃)$；

δ_{ash}——烟气侧积灰的厚度，m；

λ_{ash}——烟气侧积灰的热导率，$kW/(m^2 \cdot ℃)$；

δ_{sc}——管内工质结垢层的厚度，m；

λ_{sc}——管内工质结垢层的热导率，$kW/(m^2 \cdot ℃)$。

与烟气侧热阻相比，金属管壁的热阻很小，可忽略不计。

3. 扩展表面式承压受热面传热系数

与普通受热面相比，采用强化技术的受热面，在节省材料和布置场地、降低流阻、减轻磨损、提高或降低受热面壁温以增加运行可靠性等方面更加优越。锅炉承压受热面中，采用外表面扩展式受热面最多的是省煤器，其次是低温过热器或低温再热器。对于扩展表面式受热面，由于鳍片或肋片本身的传热性能与管壁有差异，应将扩展表面和管子本身表面区分开来。对于省煤器，以热有效系数 ψ 或污染系数 ε 考虑灰层污染时，按烟气侧全部表面积 ΣA 计算的传热系数分别为

$$K = \psi\left(\frac{A_f}{\Sigma A}\eta_f + \frac{A_t}{\Sigma A}\right)\alpha_1 = \psi\eta_{hs}\alpha_1 \qquad (5\text{-}65)$$

$$K = \frac{1}{\left(\dfrac{1}{\alpha_1} + \varepsilon\right)\dfrac{1}{\eta_{hs}}} = \eta_{hs}\frac{\alpha_1}{1 + \varepsilon\alpha_1} \qquad (5\text{-}66)$$

$$\eta_{hs} = \frac{A_f}{\Sigma A}\eta_f + \frac{A_t}{\Sigma A} = 1 - \frac{A_f}{\Sigma A}(1 - \eta_f) \qquad (5\text{-}67)$$

式中　α_1——烟气对扩展表面式受热面的放热系数，$kW/(m^2 \cdot ℃)$；

$\quad\quad A_f$——鳍片或肋片表面积，m^2；

$\quad\quad \eta_f$——鳍片或肋片效率；

$\quad\quad \Sigma A$——鳍片或肋片受热面烟气侧的总受热面积，m^2；

$\quad\quad A_t$——管子无鳍片或肋片表面积，m^2；

$\quad\quad \eta_{hs}$——鳍片管或肋片管的受热面效率。

4. 空气预热器的传热系数

对于管式空气预热器，采用受热面的利用系数 ξ 来综合考虑灰分对管子的污染、烟气和空气对管子冲刷的不完善及空气通过中间管板管孔的短路泄漏等影响，其传热系数按下式计算：

$$K = \frac{\xi}{\dfrac{1}{\alpha_1} + \dfrac{1}{\alpha_2}} = \xi\frac{\alpha_1\alpha_2}{\alpha_1 + \alpha_2} \qquad (5\text{-}68)$$

对于二分仓式回转式空气预热器，以全部蓄热板两侧面积计算的传热系数公式为

$$K = \frac{\xi\pi}{\dfrac{1}{x_1\alpha_1} + \dfrac{1}{x_2\alpha_2}} \qquad (5\text{-}69)$$

式中　x_1——烟气流过的受热面占总受热面积的份额，%；

x_2——空气流过的受热面占总受热面积的份额，%；

α_1、α_2——烟气对蓄热板、蓄热板对空气的对流放热系数；

ξ——利用系数；

π——考虑热交换不稳定性影响的修正系数。

5. 对流受热面校核热力计算方法

对流受热面校核热力计算所依据的基本原理和公式是烟气放热、工质吸热和对流传热三个基本公式。一般情况对流受热面的校核热力计算都必须用逐次逼近法来解决，即预先假定受热面出口烟温，然后利用烟气放热公式初步确定受热面的吸热量及有关热力参数，最后用传热公式进行校核，一般顺序如下所述：

（1）假设受热面的出口烟气温度 θ''，并在烟气焓温表查出出口烟气焓 I''，然后由烟气放热公式求出烟气放热量 Q_f^d。

（2）根据工质的吸热公式求出受热面未知的工质焓，并由水蒸气表查出相应的温度。

（3）求出传热温压 Δt。

（4）计算出传热系数 K。

（5）求出传热量 Q_C^d，如果

$$\delta Q = \frac{\left| Q_f^d - Q_C^d \right|}{Q_f^d} \leqslant 2\%$$（5-70）

则计算结束，否则重新假设出口烟气温度 θ''。

第六节　受热面积灰、结渣对传热的影响

受热面壁面的积灰、结渣是一种普遍现象，积灰、结渣后使得受热面传热热阻增加，从而导致受热面吸热不均匀，产生的蒸汽量不足，严重的积灰、结渣甚至影响锅炉的安全运行。因此有必要研究灰渣的形成机理、影响因素及对炉内传热的影响。

一、受热面积灰、结渣形成的机理

对于燃用固体燃料的锅炉，除流化床锅炉炉膛壁面外，煤粉炉和层燃炉炉膛内受热面及循环床炉膛悬挂受热面的积灰也是不可避免的。由于积灰或结渣，火焰对工质的传热热阻变大，这会减少受热面的吸热量，从而降低锅炉效率。炉膛内火焰中心处的温度可达1600℃，燃料中的灰分大多呈熔化状态，具有很强的黏结能力，而在受热面壁面附近温度则较低，一般在接触受热面时已凝固，沉积在壁面上呈疏松状，称为积灰；如果烟气中的灰粒在接触壁面时仍呈熔化状态或黏性状态，则黏附在壁面上形成紧密的灰渣层，称为结渣。随着黏结灰层的积聚，灰层厚度增加，表面温度也随之升高，外层灰渣甚至处于熔化状态。这时灰中熔点高的未熔化成分也会被熔化灰层捕获，结渣越来越厚，

甚至成为很大的焦块。锅炉受热面的结渣、积灰，不仅与燃料及其灰的熔点和成分有关，还与锅炉的设计参数有关，如燃烧器的布置方式、炉膛热负荷、炉膛出口烟温、过热器的布置位置、锅炉的蒸汽参数和管壁温度、受热面的排列节距和布置形式等。因此，锅炉受热面的结渣、积灰是一个多学科交叉、相互渗透的实际问题。灰渣层的形成主要通过以下几个途径：

（1）烟气中气相碱金属的硫酸盐、氯化物和氢氧化物凝结在水冷壁表面上。

（2）水冷壁表面烟气边界层中飞灰最细微颗粒通过分子扩张、素流扩散和布朗运动转移到边界底层。

（3）飞灰粒子与水冷壁间的静电现象。

（4）热电泳现象。

（5）比较大的离子随烟气气流转移。

（6）软化和融化态的粒子在水冷壁表面生成沉积层。

1. 积灰、结渣的类型

积灰、结渣过程非常复杂，物理因素和化学因素交替相互作用，因此其类型也是多种多样。但可根据各种特性区分其类型，根据灰粒温度范围划分，可将积灰、结渣分为熔渣、高温沉积和低温沉积三种：①烟气温度高于 800℃时，灰粒温度达到了熔点，所形成的渣为熔渣；②烟气温度为 600～800℃时，灰粒是固形的，形成的是高温沉积灰；③烟气温度低于 600℃时，管子受热面会有单侧细小颗粒的积灰，即低温沉积灰。根据积灰的强度可划分为松散性积灰和黏结性积灰：①松散性积灰，主要是在管子背面形成单侧楔形积灰，只有在速度很低或灰粒很小时才会在管子的正面形成；②黏结性积灰，主要是在管子正面形成并迎着气流生长，并不像松散积灰到了一定尺寸才停止生长，这会引起管束阻力增大，直至烟道完全堵塞为止。

2. 受热面沉积和结渣过程

通过对受热面沉积物进行扫描电镜分析，揭示出沉积物形成三个阶段：

（1）初期沉积物，一种沉积物是富铁熔渣撞击管壁并粘着，结构为致密的富铁球型玻璃体；另一种主要是氧化硅的升华和凝聚烧结，或者硅、铝矿物质的富铝红柱石等经过高温作用而形成。

（2）基质上部黏附飞灰颗粒，由于颗粒间彼此黏结而增大了强度，结渣增长产生一层黏连性颗粒团，渣层的隔热作用使渣层温度上升，造成颗粒更强烈的粘连。

（3）随着炉内温度升高，不仅增加了沉积速率，还使渣层受到烧结而结成坚硬的结渣。

对于煤粉炉，当煤粉燃烧时灰中易熔性物质首先熔融液化，并在表面张力作用下收缩成球状，熔融的球形灰粒由于气动阻力小而密度大，容易从烟气中分离出来落入灰斗、渣池或黏附在炉膛受热面上。那些不易融化的灰粒，保持原有的不规则形状，当可燃物燃尽后形成密度较小的多孔状，被烟气携带出炉膛形成飞灰或堆积在受热面上。

在炉膛内温度较高的区域，煤中的灰已成熔融或半熔融状态，如在到达受热面前，尚未受到足够冷却成为固态，灰仍具有较高的黏结能力，易黏附在受热面或炉墙上。研究发现，结渣过程一般可分为三个步骤：

（1）扩散作用：在管子四周由于扩散形成薄的灰沉积层，并不受烟气速度高低的影响。

（2）内部烧结：在管子迎风侧由于灰粒撞击形成，这一层中的粒子由于表面黏性而彼此结合，并逐渐烧结硬化。

（3）外部烧结：随着内部烧结变厚，积灰表面温度升高到接近烟气温度，在烟气温度达到足够且灰中碱金属成分较多时，将在积灰层的迎风侧开式形成熔融层，这些熔融物质可以捕集装机的颗粒，并与它们结合形成坚实牢固的积灰。

二、受热面积灰、结渣对辐射传热的影响

1. 热有效系数 ϕ

受热面的热有效系数 ϕ 表示受热面吸热的有效性，即火焰投射到炉膛的热量中有多少被受热面所吸收，其定义可用下式表示：

$$热有效系数 = \frac{受热面吸收的热量}{投射到炉壁的热量} \tag{5-71}$$

一般若 ϕ 值大，受热面吸热量多，即传热效率越高。ϕ 值的大小取决于炉壁对火焰的有效反辐射的大小。炉壁的有效反辐射包括炉壁的自身辐射和对火焰有效辐射的反射两部分，炉膛温度 T_b 低，炉壁黑度 a_b 大，就可使其自身辐射和反辐射减小，从而增大 ϕ。水冷壁很干净时，外壁温度接近管内工质温度，与高温火焰的有效辐射相比，管壁的自身辐射可忽略不计；而且此时管壁的黑度很大，反辐射也小，则热有效系数就大。

水冷壁受到污染后，热有效系数会大幅度减小。如果水冷壁管外表面有 0.2～0.5mm 的灰垢层，由于其导热系数很小[小于 0.1W/(m·℃)]，当受热面热负荷为 100kW/m² 时，会使灰层表面温度与水冷壁表面温度相差 400～500℃。这时炉壁的自身辐射就不能忽略，而且污染越严重，其黑度越小，炉壁吸收率越低，反射率越高，反射辐射越大，由此可见炉壁的热有效系数 ϕ 值取决于，并反映了水冷壁管的污染程度。

2. 污染系数

水冷壁的污染程度还可用污染系数 ζ 来表示：

$$污染系数 = \frac{受热面吸收的热量}{投射到受热面上的热量} \tag{5-72}$$

水冷壁污染越严重则污染系数越小，这是由于所结积的灰垢使得管壁灰污壁温升高和黑度减小，造成水冷壁吸收能力下降。

不同燃料所含灰分不同，造成的污染程度也不同。在炉膛中不同位置的水冷壁上，所积灰垢层的厚度和成分略有不同。重油和天然气中只有少量或微量杂质，燃烧后也会

积灰，只是程度轻些。

三、受热面积灰、结渣对对流传热的影响

1. 污染系数

污染系数 ε 是用来表示燃用固体燃料时，管壁外表面积积灰对传热的影响。定义为在同样的传热温压、传热面积及结构参数条件下，污染管壁的传热热阻 $1/K$ 与清洁管壁的热阻 $1/K_0$ 的差值，即

$$\varepsilon = \frac{1}{K} - \frac{1}{K_0} \tag{5-73}$$

即

$$\varepsilon = \left(\frac{1}{\alpha_{1h}} + \frac{\delta_h}{\lambda_h} + \frac{1}{\alpha_2}\right) - \left(\frac{1}{\alpha_1} + \frac{1}{\alpha_2}\right) = \frac{1}{\alpha_{1h}} + \frac{\delta_h}{\lambda_h} - \frac{1}{\alpha_1} \tag{5-74}$$

式中　　δ_h——管壁外表面灰层厚度，m；

$\qquad\quad\alpha_{1h}$——含灰气流对积灰管壁的对流放热系数，$kW/(m^2 \cdot ℃)$；

$\qquad\quad\lambda_h$——管壁外表面灰层导热系数，$kW/(m \cdot ℃)$；

$\qquad\quad\alpha_2$——洁净管壁对空气的对流放热系数，$kW/(m^2 \cdot ℃)$；

$\qquad\quad\alpha_1$——清洁气流对洁净管壁的对流放热系数，$kW/(m^2 \cdot ℃)$。

污染系数与烟气流速、管子节距和直径、灰粒尺寸等众多因素有关。根据试验测定，燃用固体燃料的错列管束的污染系数由下式确定：

$$\varepsilon = c_d C_{kl} \varepsilon_0 + \Delta \varepsilon \quad m^2 \cdot ℃/kW \tag{5-75}$$

式中　　ε_0——基准污染系数，由实验室模型获得；

$\qquad\quad c_d$——管径修正系数，管径大易积灰；

$\qquad\quad C_{kl}$——灰的粒度组成的修正系数。

2. 热有效系数

热有效系数 ϕ 是通过修正清洁管的传热系数来考虑管壁外表面积灰对传热的影响。定义为污染管传热系数 K 与清洁管传热系数 K_0 之比，即

$$\phi = \frac{K}{K_0} \tag{5-76}$$

在计算顺列布置的对流过热器、省煤器、锅炉管束、再热器和直流锅炉的过渡区等受热面时，都用热有效系数来修正传热系数。燃用无烟煤和贫煤时，$\phi=0.6$；燃用烟煤、褐煤、烟煤的洗中煤时，$\phi=0.65$；燃用页岩时，$\phi=0.5$。

3. 利用系数

利用系数 ξ 是考虑烟气对受热面冲刷不均匀而造成的对传热过程的影响。对于布置在炉膛顶部及进入对流烟道烟气转弯处的屏式过热器，当烟气流速 $\omega_y > 4m/s$ 时，取 $\xi=0.85$。

管式空气预热器中，把灰污染和冲刷不均匀的影响合并在利用系数 ζ 内予以考虑，见表 5-5。该表所列数据是不带中间管板的情况。当设置中间管板使空气折流，则该级空气预热器的利用系数将降低，有一块中间管板时，ζ 值降低 0.1；有两块中间管板时，ζ 值降低 0.15。

表 5-5　　　　　　　　　　　　　管式空气预热器的利用系数 ζ

燃料种类	第一级（低温）	第二级（高温）
无烟煤	0.80	0.75
重油	0.80	0.85
其余各种燃料	0.85	0.85

回转式空气预热器的利用系数 ζ 与燃料无关，只取决于漏风系数。当空气预热器的漏风为 $\Delta\alpha_{ky}$=0.2～0.25 时，ζ=0.8；当 $\Delta\alpha_{ky}$=15 时，ζ=0.9。

当锅炉燃用重油时，且进入空气预热器的空气温度较高，在受热面上不发生潮湿状的积灰，则可按照上述规定取用 ζ 值。但如果管式空气预热器进口空气温度低于 80℃，回转式空气预热器的进口温度低于 60℃或出口处过量空气系数 α_l''>1.03 情况下，利用系数 ζ 均应降低 0.1。

第七节　锅炉热力系统及热平衡

一、锅炉热力系统

1. 热力系统

根据研究问题，人为划定一个或多个任意几何面所围成的空间作为热力学的研究对象，这种空间内的物质的总和称为热力学系统。锅炉的热力系统非常复杂，基本热力过程为原煤由输煤设备从储煤场送到锅炉的原煤斗中，由磨煤机磨制合格的煤粉由热二次风送到锅炉本体的炉膛内燃烧。煤粉燃烧放出大量的热量将炉膛四周水冷壁管内的水加热成汽水混合物。汽水混合物在汽包内进行分离，分离出来的液态水经下降管送回水冷壁再次加热，分离的水蒸气经过过热器加热成符合要求温度和压力的过热蒸汽，经管道送到汽轮机或其他设备。放热后的凝结水经凝结泵送到低压加热器加热，然后送到除氧器除氧，再经给水泵送到高压加热器加热后送到锅炉继续进行热力循环。锅炉主要由汽水系统、烟风系统、制粉系统、其他辅助系统（如燃油系统、吹灰系统、火检系统、除灰除渣系统等）组成。

2. 锅炉主要设备

（1）锅炉本体：锅炉主要作用在于将燃料燃烧从化学能转变为热能，并且以此热能加热水，使其成为一定数量和质量（压力和温度）的蒸汽。由炉膛、烟道、汽水系统及炉墙和构架等部分组成。

（2）磨煤机：将原煤磨成需要细度的煤粉，完成粗细粉分离及干燥。

（3）燃烧器：将携带煤粉的一次风和助燃的二次风送入炉膛，并组织一定的气流结构，使煤粉能迅速稳定的着火，同时使煤粉和空气合理混合，达到煤粉在炉内迅速完全燃烧。

（4）引风机：维持炉膛压力状态，使烟气持续不断流动。

（5）送风机：克服管道阻力，将新鲜空气送到燃烧区域。

（6）空气预热器：回收烟气余热，提高锅炉效率，提高燃烧空气温度，减少燃料不完全燃烧热损失。

（7）炉水循环泵：用在强制循环锅炉中，作用是建立和维持锅炉内部介质的循环，完成介质循环加热的过程。

（8）一次风机：干燥燃料，并将其送入炉膛。

二、锅炉的热平衡

锅炉机组的热平衡是指其输入的热量和输出的热量之间的平衡。输出的热量包括生产蒸汽或热水的有效利用热量和生产过程中的各项热量损失。输入热量主要来源于燃料燃烧放出的热量。研究的目的是为了找出引起热量损失的原因，提出减少损失的措施，有效地提高锅炉效率，以节约能源。

在锅炉机组稳定运行的热力状态下，1kg 燃料带入炉内的热量、锅炉的有效利用热量和热损失之间有如下的关系式：

$$Q_f = Q_1 + Q_2 + Q_3 + Q_4 + Q_5 + Q_6 \tag{5-77}$$

式中　Q_f——1kg 燃料带入炉内的热量，kJ/kg；

　　　Q_1——锅炉有效利用热量，kJ/kg；

　　　Q_2——排烟热损失，kJ/kg；

　　　Q_3——化学未完全燃烧热损失，kJ/kg；

　　　Q_4——机械未完全燃烧热损失，kJ/kg；

　　　Q_5——锅炉散热损失，kJ/kg；

　　　Q_6——其他热损失，kJ/kg。

将上式同时除以输入热量 Q_f，则锅炉的热平衡可用占输入热量的百分比来表示：

$$100 = q_1 + q_2 + q_3 + q_4 + q_5 + q_6 \tag{5-78}$$

式中　q_i——有效利用热或各项热损失占输入热量的百分比。

锅炉的热效率可表达为

$$\eta_b = q_1 = \frac{Q_1}{Q_f} \times 100 = 100 - (q_2 + q_3 + q_4 + q_5 + q_6) \tag{5-79}$$

1. 输入热量 Q_f

1kg 燃料带入锅炉的热量为

$$Q_f = Q_{net,ar} + Q_{ph} + Q_{ex} + Q_{at} \tag{5-80}$$

式中　$Q_{net,ar}$——燃料收到基低位发热量，kJ/kg；

　　　　Q_{ph}——燃料的物理显热，kJ/kg；

　　　　Q_{ex}——空气带入锅炉的热量，kJ/kg；

　　　　Q_{at}——用蒸汽雾化燃料油时，雾化蒸汽带入锅炉的热量，kJ/kg。

燃料的物理热为

$$Q_{ph} = c_f t_f \tag{5-81}$$

式中　t_f——燃料的温度，℃；

　　　　c_f——燃料的比热容，kJ/(kg·℃)。

固体燃料的比热容按下式计算：

$$c_f = 4.19\frac{M_{ar}}{100} + \frac{100 - M_{ar}}{100}c_{f,d} \tag{5-82}$$

式中　$c_{f,d}$——燃料的干燥基比热容，kJ/(kg·℃)，无烟煤和贫煤为 0.92，烟煤为 1.09，褐煤为 1.13。

对于燃煤锅炉，Q_{ph} 值相对较小。如果没有外界热量加热燃料时，只有当燃煤的水分 $M_{ar} \geqslant \dfrac{Q_{net,ar}}{630}$ 时，才考虑这项热量。

用蒸汽雾化燃料油时，还应计算蒸汽带入的热量 Q_{at}：

$$Q_{at} = G_{at}(i_{at} - 2510) \tag{5-83}$$

式中　G_{at}——雾化燃料油的汽耗量，kg/kg；

　　　　i_{at}——雾化蒸汽的焓，kJ/kg；

　　　　2510——雾化蒸汽随排烟离开锅炉时的焓，近似取值 2510kJ/kg。

对于燃煤锅炉，如果燃料和空气都没有利用外界热量预热，即燃煤水分 $M_{ar} < \dfrac{Q_{net,ar}}{630}$，输入热量 $Q_f = Q_{net,ar}$。

2. 机械未完全燃烧热损失 Q_4

机械未完全燃烧热损失是指部分固体燃料颗粒在炉内未能燃尽就被排出炉外面而造成的热损失。这些未燃尽的颗粒可能随灰渣从炉膛中被排掉，或以飞灰的形式随烟气一起逸出。不同的燃烧方式，机械未完全燃烧损失包含的内容也不相同。对于煤粉炉：

$$Q_4 = Q_4^{fa} + Q_4^{sl} \tag{5-84}$$

式中　Q_4^{fa}——排烟携带未燃尽的炭粒造成的机械未完全燃烧损失，kJ/kg；

　　　　Q_4^{sl}——锅炉冷灰斗排出的未参加燃烧或未燃尽的炭粒造成的机械未完全燃烧热

损失，kJ/kg。

机械未完全损失是燃煤锅炉主要的热损失之一，通常仅次于排烟损失。影响这项热损失的主要因素有燃烧方式、燃料性质、过量空气系数、燃烧器及炉膛结构及运行工况等。对于固态排渣炉来说，这项损失一般在 0.5%～5%，大容量锅炉在燃用烟煤时，此项损失只有 0.5%～0.8%，而燃用气体或液体燃料的锅炉，在正常情况下这项损失近似为 0。

3. 化学未完全燃烧热损失 Q_3

化学未完全燃烧热损失也叫可燃气体未完全燃烧热损失。它是指锅炉排烟中残留的可燃物气体如 CO、H_2、CH_4 和重碳氢化合物 C_mH_n 等未放出其燃烧热而造成的热损失。一般烟气中 C_mH_n 的数量极少，可忽略不计。化学未完全燃烧热损失与燃料性质、炉膛过量空气系数、炉膛结构及运行工况等因素有关。一般燃用挥发分较多的燃料时，炉内可燃气体量增多，容易出现不完全燃烧。炉膛容积过小、烟气在炉内流程过短时，会使一部分可燃气体来不及燃尽就离开炉膛，从而使 q_3 增大。

4. 排烟热损失 Q_2

烟气离开锅炉机组的最后一个受热面时还具有一定的温度，该烟温称为排烟温度，以 θ_{exg} 表示。排烟所含热量将随烟气排入大气而不能得到利用，造成热量损失。但排烟的热量并非全部来自输入热量，其中包括冷空气带入炉内的那部分热量。因此，在计算排烟损失时应扣除这部分热量。故锅炉的排烟热损失为

$$Q_2 = \left(I_{exg} - I_{ca}\right)\left(1 - \frac{q_4}{100}\right) = \left[I_{exg} - \alpha_{exg}V^0(ct)_{ca}\right]\left(1 - \frac{q_4}{100}\right) \tag{5-85}$$

式中 I_{exg}——排烟焓，kJ/kg；

I_{ca}——冷空气焓，kJ/kg；

α_{exg}——排烟过量空气系数；

$(ct)_{ca}$——1m^3冷空气的焓，kJ/m^3，计算中一般取 $t_{ca}=20\sim30℃$。

排烟损失是锅炉机组热损失中最大的一项，现代电厂锅炉的排烟损失一般为 5%～6%，排烟温度 θ_{exg} 越高，则排烟损失就越大。一般 θ_{xg} 升高 15～20℃，会使 q_2 增加约 1%。降低排烟温度虽然可以节约燃料，但锅炉最后受热面的传热温差减小，需要更多的受热面，锅炉金属消耗量增加，通风阻力和风机电阻也随之增加，而且为了布置更多的受热面，锅炉外形尺寸也得加大。目前电厂锅炉的排烟温度一般在 110～150℃。此外排烟损失的大小还与燃料性质有关，当燃用水分和含硫量较高的煤时，为了避免或减小低温受热面的腐蚀，不得不采用较高的排烟温度，同时燃煤水分增大，排烟容积也增大，结果都会使排烟热损失变大。

5. 散热损失 Q_5

当锅炉工作时，炉墙、金属结构及锅炉机组范围内的烟风道、汽水管道和联箱外表面温度高于周围环境温度，这样就会通过自然对流和辐射箱周围散热，这个热量称为散热损失。散热损失的大小主要决定于锅炉散热表面积的大小、水冷壁的敷设程度、管道

的保温及周围环境情况等。散热损失可按下式计算：

$$Q_5 = \frac{\sum S_{hds}}{B}(\alpha_c + \alpha_r)(t_{hds} - t_0)$$ （5-86）

式中　$\sum S_{hds}$——锅炉散热表面积，m^2；

　　　　α_c——对流放热损失，$kW/(m^2 \cdot ℃)$；

　　　　α_r——辐射放热损失，$kW/(m^2 \cdot ℃)$；

　　　　t_{hds}——锅炉散热表面温度，℃；

　　　　t_0——周围空气温度，℃；

　　　　B——燃料消耗量，kg/s。

6. 其他热损失 Q_6

锅炉机组的其他热损失主要是指灰渣带走的物理热损失 Q_6^{sl}。燃用固体燃料时，由于从锅炉中排除的灰渣还具有相当高的温度（约 600～800℃）而造成的热量损失称为灰渣热物理损失。它的大小决定于燃料的灰分、燃料的发热量和排渣方式等。灰分高或发热量低或排渣率高的锅炉这项损失就大。对于固态排渣的煤粉炉，只有当燃用多灰燃料 $A_{ar} \geqslant \dfrac{Q_{net,ar}}{419}$ 时才计灰渣物理热损失，损失由下式计算：

$$Q_6^{sl} = \alpha_{sl}\frac{100}{100 - c_{sl}}(ct)_{sl}\frac{A_{ar}}{100}$$ （5-87）

式中　$(ct)_{sl}$——1kg 灰渣的焓。

7. 热效率

（1）正平衡法。根据热平衡方程，锅炉的效率即为锅炉的有效利用热量占单位时间内消耗燃料输入热量的百分数：

$$\eta_b = \frac{Q_1}{Q_f} \times 100\% = \frac{Q_{gl}}{BQ_f} \times 100$$ （5-88）

式中　Q_{gl}——锅炉每小时有效吸热量，kJ/h；

　　　　B——燃料消耗量，kg/s。

对于蒸汽锅炉：

$$Q_{gl} = D_{sh}(i_{sh}'' - i_{fw}) + D_{rh}(i_{rh}'' - i_{rh}') + D_{bl}(i' - i_{fw})$$ （5-89）

式中　D_{sh}——过热蒸汽量，kg/s；

　　　　i_{sh}''——过热蒸汽焓，kJ/kg；

　　　　i_{fw}——给水焓，kJ/kg；

　　　　D_{rh}——再热蒸汽量，kg/s；

　　i_{rh}''、i_{rh}'——再热蒸汽出、入口焓，kJ/kg；

　　　　D_{bl}——排污水流量，kg/s；

　　　　i'——汽包压力下饱和水焓，kJ/kg。

109

对于热水锅炉：

$$Q_{gl} = G(i_{cs} - i_{fw}) \tag{5-90}$$

式中　G——热水锅炉的循环水量，kg/s；

　　　i_{cs}——热水锅炉出水的焓，kJ/kg；

　　　i_{fw}——热水锅炉进水的焓，kJ/kg。

上述直接测定锅炉的蒸发量、燃料消耗量、蒸汽的压力及其焓等数值，然后计算锅炉热效率的方法即为正平衡法。正平衡法简单易行，一般适用于小型锅炉。

（2）反平衡法。正平衡法只能求得锅炉热效率，却无法分析影响锅炉效率的各种因素。实际中通过测定各项热损失，采用式（5-90）计算锅炉热效率的方法称为反平衡法。

$$\eta_b = 100 - (q_2 + q_3 + q_4 + q_5 + q_6) \tag{5-91}$$

对于工业锅炉而言，一般以正平衡试验测定的锅炉效率不易准确测定燃料消耗量，因此要同时进行反平衡试验。

第八节　锅炉热平衡试验

对锅炉进行热平衡试验，测取有关热力参数及主要运行参数，计算锅炉机组的效率。同时通过本试验测定锅炉各项热损失的大小，分析和评价运行工况，考核各项经济指标，找出影响锅炉机组运行效率的主要因素，并提出改进措施，制订最优运行方案和合理工况。其主要目的：①判定锅炉的技术经济指标是否与设计值相符，确定锅炉的运行方式，肯定其运行效果并指出其存在的问题；②通过对锅炉的运行调整试验，确定该台锅炉最有利的运行方式，规定它的技术经济指标，作为判定和修改运行规程和进行技术管理的依据，并查明运行中的缺陷；③了解锅炉设备的运行特性，确定合理的运行指标。

一、热平衡试验测量项目

1. 热效率计算测试参数

（1）燃料元素分析、工业分析、发热量。

（2）液体燃料的密度、含水量。

（3）气体燃料组成成分。

（4）混合燃料组成成分。

（5）燃料消耗量。

（6）蒸汽锅炉输出蒸汽量或热水锅炉的循环水量。

（7）蒸汽锅炉的给水温度、压力。

（8）热水锅炉的进、出口水温。

（9）过热蒸汽温度、压力。

（10）排烟温度、排出炉渣温度和冷灰温度。

（11）排烟处烟气成分。

（12）炉渣、漏煤、冷灰和飞灰的可燃物含量。

（13）排污量。

（14）自用蒸汽量。

（15）入炉冷、热空气温度。

（16）辅机（送风机、引风机、破碎机、给水泵等）耗电量。

（17）当地大气压。

（18）环境温度。

（19）试验时间。

2. 试验工况分析测量参数

（1）炉膛压力。

（2）燃烧器前油、气压力。

（3）沸腾燃烧锅炉的沸腾燃烧温度。

（4）一次风风压。

（5）二次风风压。

（6）炉膛出口烟温。

（7）烟道各段压力。

（8）省煤器进、出口烟温。

（9）空气预热器进、出口烟温。

（10）煤粉炉应测量煤粉细度和灰熔点；对沸腾燃烧锅炉应测燃料的粒度组成；对火床燃烧锅炉在必要时可测燃料的粒度组成。

（11）液体燃料的黏度、闪点和凝固点。

二、试验主要方法

试验通过测量不同参数得到各项损失及燃料输入热量，基本步骤如下。

1. 原始燃料取样

每次试验采集的原始煤样数量应不少于总耗煤量的 1%，且总取样量不少于 10g。煤样经缩分处理后，用试样瓶封好并贴好标签，将试样带回实验室进行燃煤的煤质特性分析（元素分析、工业分析、发热量分析、煤的熔点测试等）。对于液体燃料，必须在整个试验时间内从燃烧器前的管道截面连续抽取 2L 以上的原始样品，混合均匀后立即倒入两只约 1L 的容器内，加盖密封并贴好标签，将样品送回实验室分析。对于气体燃料，在燃烧器前管道上开孔，采用燃气取样器进行取样，进行成分分析，其发热量则按其成分计算。

2. 烟气分析和排烟温度测量

在空气预热器与除尘器之间选取测点，RO_2 和 O_2 应用奥氏分析仪测定，CO 可采用烟气全分析仪、比色或比长检测管等测定，燃用气体燃料时可采用气体分析仪测定，隔一定时间进行一次测量，并进行烟气成分分析及测量排烟温度。

3. 飞灰取样

烟气成分分析取样点，采用飞灰等速取样装置每隔一定时间进行飞灰取样，同时在除尘器之后的灰库中进行飞灰取样，最后将试样带回实验室进行含碳量分析。

4. 灰渣取样

定期在冷渣器后的输渣皮带上采集炉渣，经缩分处理后，再作为炉底大渣代表样品，将试样带回实验室进行含碳量分析。

5. 其他试验参数的记录

其他试验参数在 DCS 系统上读取，利用机组 DCS 系统制表打印或抄录。要求每隔一定时间打印或抄录一次锅炉运行参数。

三、试验案例

试验对象是 UG-260/9.8-540-M 型，260t/h 循环流化床、自然循环锅炉，全悬吊结构，Π型布置。

炉膛采用膜式水冷壁，蜗壳式汽冷旋风分离器，尾部竖井烟道布置两级三组对流过热器，过热器下方布置三组省煤器及一、二次风各两组空气预热器。

1. 试验准备

运行条件要求如下。

（1）机组运行良好。

（2）DCS 系统数据齐全，准确可靠。

（3）保证试验期间燃料保持基本稳定。

（4）试验正式开始前，要求锅炉须在试验负荷下稳定运行至少 4h。

（5）系统管道、阀门无异常泄漏。

（6）进行试验时，不得进行与试验无关的操作，若发生危急情况，试验立即终止。

（7）能量平衡基准温度 t_0（试验基准温度）为一次风机入口温度。

试验采用 DL/T 964—2005《循环流化床锅炉性能试验规程》进行锅炉热平衡试验。图 5-3 给出了该标准下该锅炉的热平衡系统。

2. 测点安装

为获得一些必要数据，需安装测点，主要包括入炉煤取样、石灰石取样、尾部烟道烟气成分、排烟温度测点、飞灰取样和底渣取样等。入炉煤取样点设在给煤机入口处，石灰石取样点设在螺旋给料机入口前段的石灰石粉仓上，烟气成分取样测点设在空气预热器进、出口烟道上，排烟温度测点设在空气预热器出口烟道上，飞灰取样点设在除尘器之后的灰库中。底渣取样点设在冷渣器后的输渣皮带上。其他试验参数在 DCS 系统上读取。

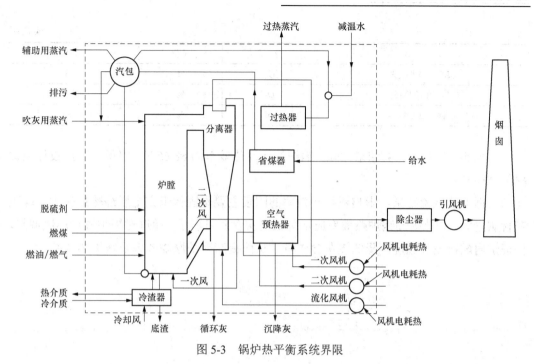

图 5-3　锅炉热平衡系统界限

3. 试验取样

（1）入炉煤取样。对每个取样点，每隔 30min 取样一次，每次取 5～6kg，并立刻置于密封容器内，以防煤中水分散失。分析煤的工业分析（V_{ar}、M_{ar}、C_{ar}、A_{ar} 和 $Q_{net,ar}$）和元素分析（C_{ar}、H_{ar}、O_{ar}、N_{ar}、S_{ar}、M_{ar}、A_{ar}）等。

（2）入炉石灰石取样。每隔 30min 取样一次，每次取 5～6kg，并置于密封容器内。进行水分分析和成分测定等。

（3）烟气取样分析。烟气成分用烟气分析仪连续分析 O_2、CO_2、CO、NO_x 等，每 10min 记录一次。排烟温度采用热电偶测量，每 10min 记录 1 次。

（4）飞灰取样。每 30min 取样一次。飞灰样品主要进行其可燃物含量的测定。

（5）底渣取样。每隔 15min 取样一次，每次约取 3～5kg，底渣样品主要进行其可燃物含量的测定。

4. 试验结果及分析

试验结果见表 5-6。

表 5-6　　　　　　　　　　　　热效率及各项热损失计算结果

名称	符号	单位	数值
排烟损失	Q_2	%	3.66
可燃气体未完全燃烧损失	Q_3	%	0.06
固体未完全燃烧损失	Q_4	%	7.03
散热损失	Q_5	%	0.65

名称	符号	单位	数值
灰渣热物理损失	Q_6	%	0.13
石灰石脱硫热损失	Q_7	%	-0.18
锅炉热效率	η_b	%	88.65

由表 5-6 热效率计算结果可知，锅炉的计算热效率为 88.65%，略低于锅炉设计热效率值 90.05%。

根据上述试验结果，影响锅炉热效率的因素主要是固体未完全燃烧热损失大，即飞灰含碳量大。因此提高锅炉热效率应从降低飞灰含碳量着手，通过对锅炉进行燃烧调整，保证炉内燃料充分燃烧，降低飞灰含碳量，从而提高锅炉燃烧效率及锅炉热效率。

第二篇 工业锅炉 节能技术

第六章　燃油燃气锅炉节能技术

第一节　燃油燃气锅炉本体部件节能技术

燃油燃气锅炉本体部件由炉胆、锅筒（汽包）、水冷壁管、烟管、前后管板（包括烟箱）等核心部件构成。燃油燃气锅炉本体部件的节能技术有采用波形炉胆、强化烟管传热、前烟箱冷却和锅炉本体结构布置节能技术等。

一、采用波形炉胆节能技术

炉胆是燃油燃气锅炉的重要部件，该部件直接受到高温火焰的辐射和高温烟气的冲刷。因此，炉胆应有足够的空间，还应有合理的形状和尺寸，以便和燃烧器配合，组成炉内空气动力场。炉胆内部的换热方式以辐射换热为主，辐射换热效率要高于对流换热，其换热量比例是锅炉系统中最大的一部分。根据形状的不同，炉胆可分为平直炉胆和波形炉胆两种。平直炉胆制造工艺简单，受热面积相对较小，适用于小型燃油燃气锅炉。相对于平直炉胆，波形炉胆在制造过程中，在炉胆胆体上碾轧出若干个波纹，从而加大了受热面积。因此，锅炉采用波形炉胆，增大了辐射受热面积，强化了烟气扰动，又增强了传热效果，促进了燃料在炉胆内的燃烧。

二、强化烟管传热节能技术

烟管强化传热技术主要有两种，一是对烟管本身的结构改造，二是在烟管内插入扰流片，通过扰流片改变管内烟气的流动状态，以强化管内传热。

燃油燃气锅炉常用的是表面平滑的烟管，这种烟管制造方便，烟气与烟管的对流换热效率比较低。为了加强对流换热，在烟管外表面轧制连续的螺纹，烟管内表面对应形成连续的凸起，也可在烟管内部焊接翅片或轧制内肋，或在烟管外增加翅片。不仅增加了传热面积，而且加强了烟气的扰动，从而起到了强化传热的作用。

烟管强化传热的另一种方法是在烟管内部插入扰流片，扰流片有多种形式，如螺旋纽带、螺旋弹簧等。扰流片的作用是强烈扰动烟气流动。

三、前烟箱冷却节能技术

燃油燃气锅炉的前烟箱由于填充的耐火材料差，散热不够而烧损的现象时有发生。为了解决这一问题，可以将前烟箱改造成水夹套形式。其一，前烟箱先制成部件用螺栓或焊接与锅筒相连接，前烟箱内的冷却水用专用管路提供，形成一个相对独立的水循环系统。其二，将前烟箱与锅筒直接在内部连接在一起，两者连为一体，不需外设专用冷却水管路，可以有效降低前烟箱温度，保证燃油燃气锅炉的安全运行，也减少前烟箱的热损失，起到了一定的节能效果。

四、锅炉本体结构布置节能技术

锅炉本体结构布置是指锅炉炉胆、烟箱、烟管的综合布置形式。对锅炉结构进行合理布置，可提高燃烧效率，增强烟气与受热面的传热，减少散热损失，进而提高锅炉热效率，达到高效节能的目的。

卧式燃油燃气锅炉的本体结构已经基本定型。从炉胆数量上看，有单炉胆和多炉胆结构。炉胆结构又分为平直炉胆和波形炉胆，波形炉胆加大了炉胆的受热面积，可强化传热。炉胆的布置有对称型和非对称型两种：对称型是指炉胆布置在锅壳对称中心线上，水循环是两个对称的回流，在炉胆下方形成一个相对"平静"的区域，使水渣、水垢等容易集中沉淀，有利于通过排污口排出；另外，由于拉撑管和拉撑板也是对称布置，从受力情况和膨胀角度分析都是比较合理的。不对称型是指炉胆偏心布置，有利于水的循环，使冷炉启动时间缩短，锅炉温度均匀。烟气流程可分为二回程、三回程和四回程。对于同样容量的锅炉来说，回程多意味着受热面积也大，单位受热面平均吸热量小，锅炉可获得较高的效率，从回燃室类型来看，可分为干背、湿背、中（偏）心回燃等。

（1）干背式锅炉。燃烧器喷出燃料燃烧后形成的高温烟气与面积有限的炉胆换热后，达到炉胆的后端，经耐火砖隔成的烟室折转进入烟管。由于没有回燃室，炉胆出口的高温烟气直接冲刷后管板（即烟箱盖），造成后管板容易损坏，不得不经常停炉检修和更换耐火材料。另外，后管板内外温差较大，造成大量的散热损失，锅炉容量越大，情况越严重。一般 2t/h 以上的锅炉不采用干背式结构。

（2）湿背式锅炉。炉胆末端和二回程的起端与浸在炉水中的回燃室相连，回燃室的传热温差大，传热效率高，不存在耐火材料的更换问题，散热损失也小，后管板也不受烟气的直接冲刷，解决了干背式锅炉后管板过热的问题。但是湿背式锅炉结构有回燃室，结构比较复杂，与回燃室相连的炉胆和烟管的检修也比较困难。

（3）中心回燃式锅炉。炉内气流组织与前两者不同，在炉内组成反向气流，烟气第一回程和第二回程同在炉膛内，构成所谓的回焰燃烧。从传热学的角度看，本质上是大直径炉胆的二回程锅炉。该结构有以下优点：①由于高速火焰对回流较冷烟气的卷吸作用，很快降低了火焰的温度，炉内温度场更趋均匀，而降低火焰温度是抑制氮氧化合物生成的有效措施，因此这种锅炉具有很好的环保性能；②这种炉型的锅炉工艺简单，节省工时，减少制造成本；③中心回燃式燃油燃气锅炉只有一组烟管，有效地降低了烟风阻力，可以减少燃烧器送风机的电耗；④中心回燃式燃油燃气锅炉炉胆空间大，有效辐射受热面大，受热面得到了充分利用；⑤该结构散热损失小，可得到比其他结构高的热效率。

第二节　烟气余热回收利用节能技术

一、余热利用的原则和方法

余热资源普遍存在于我们的日常生产过程中，特别在钢铁、石油、建材、轻工和食品等行业。这些丰富的余热资源，被认为是继煤、石油、天然气和水力之后的第五大常规能源。因此，充分利用余热资源是企业节能的主要内容之一。

1. 余热利用的原则

余热的回收利用方法，随余热源的形态（固体、液体、气体、蒸汽、反应热）和温度水平（高温、中温、低温）等各不相同。

尽管余热回收方式各种各样，但总体分为热回收（直接利用热能）和动力回收（转变为动力或电力后再用）两大类。从回收技术难易程度看，利用余热锅炉回收气、液的高温余热比较容易，回收低温余热则比较麻烦和困难。在回收余热时，首先应考虑到所回收余热要有用处和在经济上必须合算。如为了回收余热所耗费的设备投资甚多，而回收后的收益又不大时，就得不偿失。通常进行回收余热的原则是：

（1）对于排出高温烟气的各种热设备，其中余热应优先由本设备或本系统加以利用。如预热助燃空气、预热燃料或被加热物体（工质、工件），以提高本设备的热效率，降低燃料消耗。"合理用能导则"为此规定了工业锅炉最低热效率标准（见表6-1）和排烟温度标准（见表6-2）。

表 6-1　　　　　　　　　　　　　　　工业锅炉最低热效率标准

锅炉容量（MW）	热效率（%）	锅炉容量（MW）	热效率（%）
<0.35	≥58	≥2.8~7	≥70
≥0.35~0.7	≥60	>7	≥74
>0.7~2.8	≥65		

表 6-2　　　　　　　　　　　　　　　工业锅炉排烟温度标准

锅炉容量（MW）	排烟温度（℃）	锅炉容量（MW）	排烟温度（℃）
<0.35	≤300	≥2.8~7	≤200
≥0.35~0.7	≤250	>7	≤180
>0.7~2.8	≤220		

（2）在余热余能无法回收用于加热设备本身，或用后仍有部分可回收时，应利用来生产蒸汽或热水，以及产生动力等。

（3）要根据余热的种类、排出的情况、介质温度、数量及利用的可能性，进行企业综合热效率及经济可行性分析，决定设置余热回收利用设备的类型及规模。

（4）应对必须回收余热的冷凝水，高、低温液体，固态高温物体，可燃物和具有余压的气体、液体等的温度、数量和范围，制定具体的管理标准。

2. 锅炉余热利用的方法

锅炉热损失是指由于锅炉结构、燃烧方式和运行调整等方面原因而造成的热量损失。这项热损失是任何锅炉都不可避免的，锅炉热损失最大的是排烟热损失，占锅炉热损失的一半以上，造成锅炉热损失主要有两个因素，一是排烟量；二是排烟温度。排烟量可通过调整燃烧，降低过量空气系数，减少漏风等措施来减少。而排烟温度主要由于锅炉结构原因造成，一些小型蒸汽热水锅炉、有机热载体锅炉和燃油燃气锅炉，一般都没有设计尾部受热面，所以排烟温度偏高，在 200℃ 以上，最高达到 300℃。排烟热损失在 10% 以上，大量的烟气余热浪费，污染了环境，对其进行节能改造是非常必要的。目前在锅炉尾部加装换热器可明显降低排烟温度，能获得热水或蒸汽，回用到生产上去，如热管换热器或余热节能器等；也可加装空气预热器，提高进风温度，改善燃烧，使锅炉热效率提高，降低燃料消耗量和生产成本。

3. 冷凝式烟气余热回收技术

（1）工作原理。燃油气锅炉的主要燃烧损失就是排烟温度过高，降低排烟温度是最主要的降低排烟热损失 q_2 的方法。一般可提高锅炉效率可达 5%～10%。

由于燃天然气锅炉中烟气含水汽达到 17% 左右，因此把烟气温度降到烟气的露点以下，使烟气中的水汽冷凝，放出汽化潜热，最大限度地把余热回收回来。

由于我们在计算锅炉效率时，采用燃料的低位发热量，即不把燃料自带水分和燃烧产生水分蒸发吸热量作为输入热量，因此一般烟气温度降到 50℃ 左右锅炉效率就有可能超过 100%。

在使用冷凝式烟气余热回收技术时，要注意两个问题：一是冷凝式烟气余热回收装置的防腐蚀；二是锅炉的烟气能克服冷凝式烟气余热回收装置的阻力。

在燃油（气）锅炉尾部采用余热节能器不但能确保锅炉的安全可靠运行，而且具备较好的节能效果。一次性投资费用不多，回报率较高，是一种实用节能装置。

（2）案例。

1）案例 1：某一家食品企业有一台 2t 燃气锅炉，后来经过技术改造，在尾部安装了一台冷凝式烟气余热回收装置，使锅炉排烟温度从原来的平均 205.6℃ 下降到改造后的平均 60.3℃，效率提高了 8.56 个百分点；平时每小时可节约 13m³ 天然气，一年下来达到了可观的经济效益。

2）案例 2：某企业于 2007 年 8 月在 WNS4-1.0 型燃油锅炉的尾部安装了常压式余热节能器，该企业锅炉通常的自来水的温度为 13～25℃，平均温度为 20℃。安装余热节能器将烟气中的余热传递给盘管里的水，把锅炉的进水温度提高到 28～50℃，平均温度为 38℃，使进水温度平均上升 18℃。每公斤燃料油转化成的有效吸收热量约为 9000×4.18kJ（锅炉效率按 90% 计）。假设 1t 水从 20℃ 加热到 38℃，平均升温 18℃，那么含热量约为

18 000×4.18kJ，如用柴油加热，需耗油约 18 000×4.18kJ÷9000×4.18kJ=2kg。该企业每天用水量平均为 60～70t，按上式估算：

每天节油：(60t÷1t)×2 kg=120kg。

每月节油：120 kg×22 天=2.64t。

每年节油：2.64t×12 月=31.68t。

4. 蒸汽凝结水利用

（1）工作原理。锅炉凝结水是指蒸汽经生产设备或采暖设备进行热交换冷凝后的水，也可称冷凝水。凝结水的水质近似于蒸馏水。这部分水的水温较高，如加以回收利用，不仅节约锅炉燃料，而且节约工业用水降低水处理费用，但在使用过程中注意除铁锈和水的酸碱度。

凝结水回收装置由疏水阀后的集水罐、输送泵、疏水器、闪蒸汽回收等部件组成。常见的回收装置形式有：

1）汽压罐式回收装置。从换热设备排出的凝结水经疏水阀排入集水罐，在集水罐中汽水分离并降压闪蒸，闪蒸汽从罐顶汽管排入大气中。因罐和大气相通，罐内压力为常压式。该装置适用于低温凝结水、小流量、低扬程回收场合。图 6-1 为汽压罐式凝结水回收装置。

2）闭式高温凝结水回收装置。凝结水通过疏水阀进入集水罐、汽水分离后蒸汽由排汽管排出，凝结水由防汽蚀泵打出，防蚀汽泵是通过将泵入口的水加压，防止汽蚀的。集水罐装有自动水位计，控制水泵的启停。图 6-2 为闭式高温凝结水回收装置。

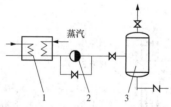

图 6-1　汽压罐式凝结水回收装置
1—换热设备；2—疏水阀；3—集水罐

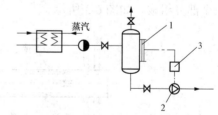

图 6-2　闭式高温凝结水回收装置
1—自动水位计；2—防汽蚀泵；3—控制仪表箱

该装置用电泵输送，允许凝结水的流量和扬程就可以很大，输送距离也不受限制。

（2）案例。

1）案例 1：某卷烟厂有锅炉 7 台，其中额定蒸发量 10t/h 的锅炉 3 台，额定蒸发量 6t/h 的锅炉 4 台；制冷水机组共有 5 台，83 万 J 4 台，单台耗汽量 3t/h，125 万 J 1 台，单台耗汽量 4t/h。制冷机组一般开 3 台，年运行 120～150 天，一天 24h 运行；车间用汽设备耗汽量 4～5t/h，年运行 300 天，一天运行 15h。全厂冷凝水水量制冷系统最大 15t/h；其他最大 10t/h，也就是说厂里最大冷凝水回水量约 25t/h；最小时为 8t/h。2004 年冷凝水回收系统投入运行，但在使用过程中发现铁离子偏高：一般在 0.7～1.3mg/L，只好白白得排放掉，既浪费能源又浪费水资源。2006 年 7 月安装了一台处理能力 10t/h 的除铁设备，经过运行可以将冷凝回水的铁离子控制在 0.03mg/L 以下，2006 年 10 月又安装一台处理能力 10t/h 的除铁设备。目前全厂的冷凝回水全部可以达标再利用。经济和环保效益明显。

2）案例 2：某厂一台 WNS4-1.25-Y/Q 型锅炉，由安装公司负责进行蒸汽冷凝水回收利用综合改造。项目总投入 23 万元，改造完成后对锅炉在使用冷凝水闭式回收装置与未使用状态下进行对比试验，考核其冷凝水闭式回收装置节能效果。经测试锅炉未使用冷凝水闭式回收装置前锅炉油汽比为 1∶14.379，在使用冷凝水闭式回收装置后锅炉油汽比为 1∶17.362。在相近负荷下，使用冷凝水闭式回收装置与未使用冷凝水闭式回收装置相比，锅炉油汽比提高 20.75 个百分点，节能率为 17.12%。采用该节能系统后该厂每年可节约资金 58 万元，取得了很好的经济效益和社会效益。

二、热管换热器

在节能技术中选用热管元件组成的热交换器回收余热，热是利用液体和气体相变时放出的潜热，管内工质以蒸汽形态传送的，它体积小，占地面积少，传导热量大且效果显著，为人们所重视。热管技术在我国应用已近 20 多年的历史，经过多年的探索，技术日益成熟。

1. 热管的基本结构和传导工作原理

（1）热管的基本结构。热管是一支真空封装的金属管。热管由壳体、吸液芯和工作液三个部分组成，如图 6-3 所示。

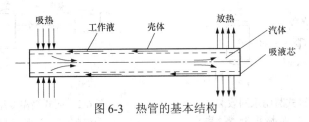

图 6-3　热管的基本结构

热管壳体是一个封闭容器，能承受一定压力并保持完全密封。在热管壳体的内壁上紧贴一层用毛细材料（多孔结构物）构成的吸液芯。在多孔的吸液芯层里充满了工作液，在热管受热时，工作液的汽态介质则充满于热管的内腔，工作液是热管工作时的热传输介质。

（2）热管工作原理。从一根热管来分析，当高温热源冲刷热管时，处于加热的那段管段称为热管的加热段，也叫汽化段，管内呈真空状态。在管子壁吸收芯内的工作液，在真空条件下，很低的温度就汽化。被汽化的工作液进入到热管空腔，同时管内的工作液被吸收到吸液芯内。工作液由液态汽化，需要吸收大量的热量（焓），这个热量称为汽化潜热，它的热值是工作液饱和状态时的热值数倍，甚至数十倍。例如，当工作液选用纯水，水在绝对压力 0.001MPa 时，饱和温度为 6.983℃，饱和水的热焓为 29.54kJ/kg，而汽化潜热的热焓为 2514kJ/kg，即水在这个温度下汽化，就要吸收水本身热焓的 85 倍。

从上述分析中可见热管能吸收大量热有两个必要条件：管内要保持一定的真空状态；根据外界工况，选择适当的工作液。

工作液不断地被汽化，逸入管内空腔，腔内压力逐渐增大，蒸汽就移向热管的上端，使热管的上端有汽源。管内蒸汽因放热，沿管壁首先凝结为液体滴到在吸收芯内。此时工作液放出了汽化潜热，透过管壁传导给冷源。这段也称为热管的凝结段或放热段。如此循环不断，保持着热管连续传导热量。

简单的热管不设置吸液芯，而利用凝结段冷凝液的重力，沿热管内壁向下流，称为重力式热管。故重力式热管必须垂直放置。目前重力式热管因其制造工艺简单，成本低，寿命长，具有大热量传导性能，而被广泛地采用。

（3）热管的主要特点。

1）具有大热量传导性能。热管工作是汽化吸热与凝结放热过程的传导，它的传导能力超过铜、银制品传导能力的几十倍以上。所以把热管看作"超导"性热元件。

2）热管的同温性。热管头部和末端的内部温度，几乎没有差别。

3）热流密度范围调节大。热管在结构设计中，可根据需要在很大范围内调整加热段和冷凝段尺寸。这对烟气余热利用的热交换器的设计是非常实用的。

4）热管的加热段和冷却段具有完全可逆的特性。这种可逆特性，对于冷、热流体周期变换的工艺过程（如空调系统），热管是很有意义的。

2. 热管换热器

热管有上述的特点，用热管作为导热元件做成的热管换热器具有高效率、结构紧凑、无外部动力、无外部转动部件、运行安全、传热可逆等许多优点。热管元件相互能组合，又可分离，根据节能需要和流体不同，设计成三种类型的换热器。

（1）热管气-气换热器。热管按一定管距组合成管束，中间隔板将热管隔成吸热段和放热段，根据计算，吸热和放热段长度可按比例进行调整。冷、热流体都是气体，组成热管气-气换热器，热管可采用鳍片管结构，可达到很高的传热效果。换热器的尺寸、结构非常紧凑。

上述换热器在锅炉上用于空气预热器，烟道高温等热烟气冲刷热管的吸热段，冷空气逆向冲刷热管的放热段，空气预热器内将烟气热量传导给冷空气，冷空气从室温加热到 80～120℃，供锅炉燃烧。

热管气-气换热器在锅炉尾部上用于空气预热器已有相当长时间，实践证明它的效率高、寿命长、不易堵灰、体积小、占地面积小，在锅炉节能改造中是很适用的。

（2）热管气-液换热器。换热器结构原理与气-气换热器相似，冷热流体中冷流体为水（液体），热流体为余热烟气（气体），热管按一定管距组合成管束，中间用堵板将热管隔成吸热段和放热段二部分，吸热段组成烟气室，高温烟气冲刷热管，放热段组成装水的容器。此类热交换器如为承压的压力容器，必须按压力容器规范制作。

（3）热管液-液换热器。热管液-液换热器是一个密闭的压力容器。容器两端各有一个检查侧门，中间有密封隔板，将热管一分为二，下是热管的加热段、上为热管的放热段。热管采用重力式热管来垂直布置。在容器的长度方向，热管的加热段、放热段管束均匀布置有横向交叉挡水板数块，来调节液流的速度。容器下部为吸热段，有热流体通过。上部为冷流体逆向通过，吸热后冷流体变为热流体，输送到生产中去。

利用蒸汽作业的很多设备在排污时，将高温污水排出，大量的热量流失，从高温污水中截取热量刻不容缓。如在印染行业中，高温废水排出量非常大，为合理地利用、吸收高温废水的温度，在高温废水进行去污、除尘过滤网处理后，将高温水引入液-液热管换热器，截取热量，回收效率约在80%。

3. 利用锅炉余热热管换热器应用实例

国内生产的在用导热油锅炉和燃油气锅炉运行中，普遍存在排烟温度过高，约250～350℃，大量的烟气余热浪费。很多单位已对其进行改造，并取得较好的节能效果。常用的是在锅炉尾部烟道设置气-液热管换热器，降低排烟温度，获得热水和蒸汽。此类换热器有两种类型：一种是气-液热管蒸汽热水两用承压换热器，另一种是气-液热管热水常压换热器。

（1）蒸汽热水两用承压热管换热器（如图6-4所示），由汽包、带有部分鳍片的热管束，烟气室三个部分组合而成，用于余热烟气温度400℃以下。汽包是密闭的承压容器，汽包下部存水，上部有一定的蒸汽空间。在汽包内，浸没在水中是热管的放热段，水的密度较烟气室高温烟气密度大得多，故热管放热段采用光管，占整根热管长度的三分之一；还有三分之二长度在烟气室为吸热段，热管表面布有鳍片，增加其吸热段的传热效果。使用工作压力小于等于1.0MPa，烟气阻力为10～25mm水柱。

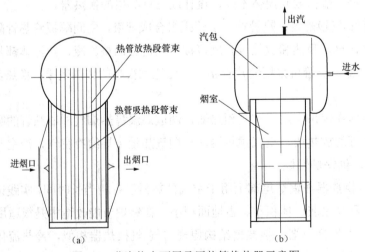

图6-4　蒸汽热水两用承压热管换热器示意图
（a）传热方式；（b）热管换热器的组成

（2）热水常压热管换热器，由水箱、带有部分鳍片的热管段、烟气室三个部分组合而成。水箱是长方形或者是圆形的常压容器，顶部必须装透气口，排向大气。热管放热管段在水箱内，热管从烟气室吸收的热量在此放出，加热给水，水箱下部有进水口和排污口，水箱顶部有出水口。烟气室布置有带鳍片的热管为吸热段，吸收烟道余热。应用于烟温在 120～400℃，烟气阻力为 10～25mm 水柱的热管余热换热器规格，见表 6-3。

表 6-3　　　　　　　　　　　　　热管余热换热器规格

容量	2 t/h	4 t/h	6 t/h	10 t/h
设备外形尺寸（mm）	900×1400	1200×1600	1300×1855	1400×2000
净重（kg）	578	920	1186	1282
水容积总重（kg）	1060	1910	2436	2916
烟口尺寸（mm）	350×1100	500×1400	600×1500	700×1600
进水口 DN（mm）	40	50	50	50
热水出口 DN（mm）	80	125	125	150

（3）燃油（气）锅炉热管余热换热器安装示意图（如图 6-5 所示）。

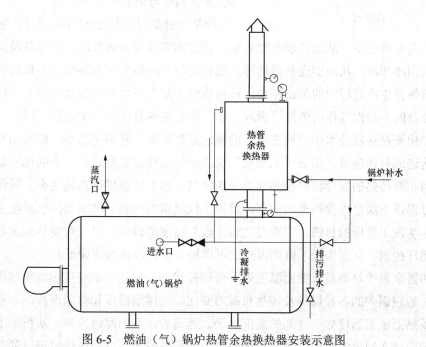

图 6-5　燃油（气）锅炉热管余热换热器安装示意图

三、复合相变换热器

"复合相变换热器"技术与装置是作为换热器的一种原创性设计理念，技术核心是复合和相变。"复合"在于灵活使用不同强化换热技术，对换热器不同部分灵活配置，在壁面温度满足设计要求的前提下，实现"最大幅度"节能降温目的。"相变"在于迫使换热器相变工作段的壁面温度处于"整体均匀，可调控状态"。一方面满足最低壁面温度的要求；另一方面充分发挥相变传热的优势，使壁面温度和排烟温度之间维持足够小的温差。它是热力学、传热学与锅炉原理、自动控制及现代计算技术等相关学科的综合创新和高效集成。它能有效降低锅炉排烟热损失，是中低温热源利用方面的新技术。

1. 复合相变换热器（FXH）的基本工作原理

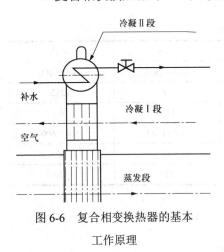

图 6-6 复合相变换热器的基本
工作原理

复合相变换热器主要由两部分组成（如图 6-6 所示）：一是蒸发段，二是冷凝段。冷凝段分为冷凝 Ⅰ 段和冷凝 Ⅱ 段。复合相变换热器（FXH）吸收烟气热量，使得（FXH）管内热工质处于相变状态。冷凝 Ⅰ 段指管内蒸汽（相变态热工质）沿上升管进入冷凝 Ⅰ 段，在冷凝 Ⅰ 段中管内蒸汽对管外加热介质（水、空气）加热。在该段中蒸汽被冷凝成液体，并沿下降管回到 FXH 下段。通过流量调节，从而实现壁面温度可调控的目的。

2. 复合相变与热管技术的区别

热管是一种高导热性能的传热部件。它通过管内介质在高度真空下，从加热段吸收热量，通过沸腾蒸发形成蒸汽，向冷凝段流动，把热量输送到冷却段，从而实现热量转移。现有的热管换热器大都是由很多根热管拼装而成，由于热管生产过程中的制造差异，每根热管不凝性气体的产生比率也不一样，若其中部分热管的不凝性气体达到许可极限，整个热管换热器换热效率就会下降。

复合相变换热器技术中"相变段"的概念是将原来热管换热器中一根根相互独立的热管，构造成整体热管。保证"相变段"受热面最低壁面温度只有微小的梯度温降。同时，利用相变传热的原理将被加热介质（如空气、水）的温度适当地提高。被预热了的空气可以保证下级空气预热器的安全，解决了低温腐蚀问题。被加热的水回收了烟气中的余热，实现了节能的目的。它通过"相变段"温度的调节，可以对受热面最低壁面温度实现闭环控制，从而实现了壁面温度的可调控（恒定或调高或调低）。

换热器金属受热面最低壁面温度处于可调控状态，使复合相变换热器能够在相当大幅度内，适应锅炉的各种煤种及传热负荷的变化、使排烟温度和壁温保持相对稳定、保持金属受热面壁面温度处于较高的温度水平、远离酸露点的腐蚀区域，从根本上避免了酸性腐蚀和堵灰现象的出现。复合相变换热器的最低壁温不仅是设计时可以任意选取，且在锅炉运行时可通过自动控制设备容易地保持在一个不变的数值。例如在 70% 负荷时，如果希望最低壁温保持不变，则可以通过自动控制，使排烟温度自动升高，从而使最低壁温仍保持在原设计的烟气酸露点温度以上的水平。这一点对锅炉来说是极其安全的，与传统节能方法相比是基本设计理念的变化。该技术在世界上首次提出和实现换热器的局部在"整体意义上壁温可调控"的概念,将制约有效利用余热的"壁面温度与排烟温度的差"从以往的"倍数"关系变为"加减"关系,从而能够在有效避免"低温腐蚀和积灰"的同时,使"节能幅度"出现"量级"意义的变化。

根据计算,热管换热器和复合相变换热器的最低壁温与排烟温度间的关系见表6-4。由表可知,复合相变换热器壁温达105℃时,排烟温度仅120℃,若热管换热器壁温也要达到105℃时,排烟温度必须达到190℃。热管换热器和复合相变换热器的排烟温度之差为70℃。设高硫渣油燃烧的蒸汽锅炉要求空气预热器最低壁温为145℃,采用复合相变换热器要求排烟温度为160℃,若用热管换热器则得排烟温度为270℃,这里排烟温度之差为110℃。可见在烟气酸露点温度越高时,复合相变换热器越能显示出它在节能领域中的独特优势。

表6-4 热管换热器和复合相变换热器最低壁温与排烟温度间的关系

排烟温度(℃)	120	140	160	180	200	220	270
热管换热器壁温(℃)	70	80	90	100	110	120	145
复合相变换热器壁温(℃)	105	125	145	165	185	205	255

注 最低壁温计算时取空气入口温度为20℃。

3. 复合相变换热器的适用范围

复合相变换热器适用于燃煤、燃油、燃气发电锅炉及工业锅炉,可大幅降低排烟温度,提高锅炉热效率,也可广泛应用于石油、化工、电力、冶金等各种行业的空气预热器、煤气预热器、余热锅炉、热风炉、工业窑炉等设备中。

四、余热节能器

为了提高锅炉进水温度,工业锅炉可设置余热节能器,又称烟气余热器。烟气余热器能利用烟气余热加热进水温度、降低排烟热损失、提高锅炉热效率。

1. 余热节能器的特点

余热节能器是装置在燃油(气)锅炉给水泵与锅筒之间利用尾部烟气余热加热给水的一种设备,也称为省油(气)节能器或省油(气)器。工作原理与燃煤锅炉中的省煤器基本相同,具有提高锅炉热效率,降低排烟热损失和节省燃料的特点。

我国燃油(气)锅炉在运行中排烟温度普遍达200~300℃。现在国外有些国家燃油(气)锅炉的排烟温度已控制在100℃以内,若排烟温度降至100℃,则有100~200℃烟气温差的对应热量被回收。若把100~200℃的烟气热量回收,可节省油(气)耗3%~5%。在油(气)炉尾部烟道上加装省油(气)器后,不影响油(气)炉的正常使用,对于排烟温度高、连续运行的油(气)炉,加装省油(气)器后油(气)耗降低更明显。目前在用油(气)锅炉中90%以上无省油(气)器。以一台蒸发量为4t/h,工作压力为1.25MPa,每天运行24h的燃油锅炉为例。安装一台省油器,排烟温度从230℃降至130℃

左右，进水温度从 20℃提高到 60℃，节油可以达到 5% 左右，全年可节省超过 50t 燃油。

2. 余热节能器的结构

余热节能器目前有两种。

（1）承压式省油器（如图 6-7 所示）。承压式省油器结构与钢管式省煤器基本相似，不同的是省油器内的水不沸腾。它由蛇形盘管组成，给水由上进省油器经盘管自上而下流动，烟气由下向上流动，以便提高传热效果。

承压式省油器安装时应注意事项：

1）承压式省油器进出口均应安装压力表、温度表。

2）承压式省油器应增设再循环管理系统，防止管内给水汽化而损坏。

3）承压式省油器应采用耐腐蚀、耐高温、传热好的管材。

（2）常压式余热器（如图 6-8 所示）。常压式余热器的结构与承压式省油器基本一样，但不受压。经过常压式余热器的余热水不直接进入锅炉，而是与水箱组成循环系统，以提高水箱内的水温，既能达到节能效果，又能保障安全。

图 6-7 承压式省油器

图 6-8 常压式余热器

3. 余热节能器应用实例

本市某企业于 2007 年 8 月在 WNS4-1.0 型燃油锅炉的尾部安装了常压式余热节能器，经过一年的试运行，节能效果明显。

常压式余热节能器是根据热工学原理，基本结构为盘管式封闭金属容器（不受压）。利用锅炉尾部烟气余热加热进入软水箱，再由给水泵注入锅炉。

据现场测量：该企业锅炉通常的自来水的温度为 13～25℃，平均温度为 20℃。余热节能器将烟气中的余热传递给盘管里的水，把锅炉的进水温度从原来的 13～25℃提高到 28～50℃，平均温度为 38℃，使进水温度平均上升 18℃。根据热工学定律：平均提高热量约 18×4.19kJ/kg。如果水量按 10t 计算。那么 10t 水量的含热量约 180 000×4.19kJ。每公斤燃料用油的额定发热量约为 9000×4.19kJ。假设 10t 水从 18℃加热到 38℃，平均升温 20℃，那么含热量约为 180 000×4.19kJ，用柴油加热，需耗油约 180 000×4.19kJ÷9000×4.19kJ=20kg。该企业每天用水量平均为 60～70t，按上式估算：

每天节油：60t÷10t×20 kg=120kg。

每月节油：120 kg×22 天=2.64t。

每年节油：2.64t×12 月=31.68t。

采用常压式余热节能器不但能确保锅炉的安全可靠运行，而且具备较好的节能效果。一次性投资费用不多，回报率较高，是一种安全可靠、经济实用的新型余热节能装置。

五、蒸汽蓄热器

1. 工作原理

蒸汽蓄热器是以水为储热介质的压力容器。在蓄热器内储存水，当需要将蒸汽热量储存时，蒸汽通入容器中加热所储的水，同时蒸汽凝结为水，使容器内水的温度和压力升高，形成高压饱和水，这是蓄热过程。当外界需要用汽，打开蓄热器出口阀，使容器内压力下降，高压饱和水就过热沸腾而蒸发汽化，这是放热过程，蒸汽进入主蒸汽管网。蓄热器是以水为介质的蓄能装置。

2. 功能与使用条件

（1）蒸汽蓄热器的主要功能。

1）主要是节能，采用蓄热器后，以谷补峰，避免由于用汽负荷波动，使锅炉频繁调节，不能稳定在经济的工况下运行，所以可以节能。热电厂采用蓄热器，同样可使汽轮机抽汽或排汽量稳定，提高热电联产的效果。

2）可降低锅炉容量。一般锅炉容量应能满足最大瞬时热负荷的要求，这个最大负荷常为短时间的尖峰负荷。采用蓄热器削峰后，锅炉的瞬时最大负荷降低，锅炉容量可以减小，节省初期投资。

3）用蓄热器后，锅炉负荷稳定，燃烧也稳定。不仅减轻锅炉操作人员频繁调节设备的劳动强度，而且可以减少锅炉故障和维修费用，延长锅炉使用寿命。

4）有利于提高蒸汽品质。采用蓄热器，在用汽负荷发生急剧波动时，仍能保持蒸汽品质。

（2）使用蓄热器必须具备的条件。

1）用汽负荷是波动的，日负荷曲线变化频繁和剧烈，并有一定的周期性。

2）锅炉额定压力与用汽压力之间的压差很大，使用蓄热器的经济价值就高；压差过小，蓄热器过于庞大，经济效益就差。

蓄热器一般解决周期性蒸汽日负荷的调峰。在工业用汽方面效果显著，最为合适。采暖由于季节性变化和热水介质，不宜采用。此外，需要注意的是蓄热器本体的罐属于压力容器，其设计、制造、安装、使用和管理，都必须严格执行 TSG 21—2016《固定式压力容器安全技术监察规程》和 GB 150—2011《压力容器》等标准。

3. 案例

某公司原有 SHL20-25/400 锅炉 3 台及 DZL4-13 锅炉 2 台。该企业生产由于蒸汽负荷波动大，生产用汽和生活用汽产生矛盾，只能设生产锅炉和生活锅炉房各一座。为了实行集中供汽，节约能源，提高劳动生产率和减少环境污染，在 1995 年初新增 130m³ 变压式蒸汽蓄热器 1 台，而停运 2 台 KZL4-13 锅炉，取得了良好的节能、环保及经济效益。

第三节　燃油燃气锅炉的燃烧器节能技术

燃烧器是使燃气和空气以一定方式喷出混合（或混合喷出）燃烧的装置统称，是燃油燃气锅炉的关键部件之一，其作用包括三个方面：一是向锅炉炉膛内输送燃料和空气；二是组织燃料和空气及时充分地混合；三是保证燃料进入炉膛后尽快稳定地着火，迅速完全地燃烧。燃烧器作为一种自动化程度较高的机电一体化设备，从其实现的功能可分为五大系统：

（1）送风系统。其功能在于向燃烧室里送入一定风速和风量的空气，主要部件有壳体、风机马达、风机叶轮、风枪火管、风门控制器、风门挡板、凸轮调节机构、扩散盘。

（2）点火系统。其功能在于点燃空气与燃料的混合物，主要部件有点火变压器、点火电极、点火高压电缆。

（3）监测系统。其功能在于保证燃烧器完全、稳定地运行，主要部件有火焰监测器、压力监测器、温度监测器等。

（4）燃料系统。其功能在于保证燃烧器燃烧所需的燃料，主要部件有过滤器、调压器、电磁阀组、燃料蝶阀。

（5）电控系统。电控系统是以上各系统的指挥中心和联络中心，主要控制元件为程控器，针对不同的燃烧器配有不同的程控器。

为使锅炉能有效地利用燃料的热量，达到额定出力且能安全可靠地运行，燃烧器必须具有良好的燃烧工况。而良好的燃烧工况主要取决于燃烧器的性能及其与锅炉相匹配的程度，其中匹配主要包括着火和燃尽这两个步骤。而保证燃料在炉胆内完全燃尽的条件：一是燃料进入炉胆后能及时稳定地着火；二是要控制燃烧速率，并使燃料在炉胆内有足够的燃烧时间。

一、燃气燃烧器

按照燃气承压情况，燃气燃烧器可分为锅炉为负压燃烧时的燃气燃烧器和锅炉为正压燃烧时的燃气燃烧器两种。

1. 锅炉为负压燃烧时的燃气燃烧器

燃气锅炉为负压燃烧时，烟道阻力小，燃气燃烧时所需的空气可以靠炉膛的负压吸入，燃烧后产生的烟气靠烟囱的自然抽力顺利地排出。对于这种燃气锅炉，可以根据燃气的特性选择结构简单的自然供风式燃烧器即扩散式燃烧器，也可以选择引射式燃烧器即大气式燃烧器。这两种燃烧器的燃气压力既可为低压也可为中压。

当负压燃烧的燃气锅炉以焦炉气作为燃料时，由于焦炉气中主要成分是氢，燃烧速率快，容易燃烧完全，可以采用引射式燃烧器或扩散式燃烧器。

用天然气或液化石油气作为燃料时，由于此类燃气成分是烃类化合物，而燃烧烃类化合物含量较高的可燃气体时，容易造成化学不完全燃烧而形成积碳。因此，对于以天然气和液化石油气为燃料的燃气锅炉不宜采用扩散式燃烧器。为避免发生不完全燃烧，要加强其与空气的混合，提高燃烧速率，在燃烧前应预先混入一部分燃烧所需的空气，以强化燃烧，因此，宜采用大气式燃烧器。

2. 锅炉为正压燃烧时的燃气燃烧器

由于正压燃烧的燃气锅炉烟道阻力大，燃气燃烧时所需的空气必须靠送风机供给，因此采用送风式燃烧器。

当送风式燃烧器用于正压燃烧的燃气锅炉时，燃烧器的结构与燃气的种类及燃气供应压力有关。这种送风式燃烧器的设计要点是加强燃气与空气的混合，以强化燃烧，使火焰长度适合于炉膛尺寸。

送风机的风压是很关键的技术指标，由于燃气压力低，燃气燃烧后产生烟气动能主要取决于送风机的风压。送风机风压的大小决定烟气能否克服烟道阻力而顺利排放。

燃气燃烧器的未来发展方向就是高效、安全和低污染排放。通过结构改变、燃烧控制和运行调整等手段，改变燃料和空气之间的混合流动特性，从而加强燃料和空气之间的流动混合来提高燃烧效率，获得符合特定锅炉要求的火焰结构，另一方面又能在最大程度上降低燃烧产物 NO_x 等相关污染气体的排放。

二、燃油燃烧器

燃油锅炉的燃烧器主要由油枪和配风器构成，还包括点火装置等附属设备。燃油通过油枪喷进炉内并雾化成油滴，在炉胆内燃烧。油枪的头部是油枪的主要部分，称为油喷嘴，它对喷油量的大小和雾化质量的好坏起决定性的作用。燃烧所需要的空气通过配风器送进炉内，使进入炉膛的气流具有一定的形状和速度分布，并和从油喷嘴喷出的油雾配合，构成良好的燃烧条件。保证锅炉能够燃烧充分的主要条件是良好的雾化质量和合理配风。因此，油喷嘴和配风器是燃油锅炉的关键部件，其决定了锅炉的燃烧质量。

1. 油喷嘴

油喷嘴按雾化方式不同可分为压力雾化式油喷嘴（利用压力能雾化）、旋转式雾化（利用离心力雾化）和双流体油喷嘴（空气雾化、蒸汽雾化）。

压力雾化式油喷嘴有无回油和有回油之分，有回油的油喷嘴根据回油方式的不同可分为集中大孔内回油、分散小孔内回油和分散小孔外回油。而集中大孔内回油式根据使油旋转方式的不同可分为球形旋流式和切向槽旋流式，对于切向槽旋流式，又有矩形切向槽和圆形切向槽之分。

旋转式油喷嘴根据提供转杯动力的不同可分为从空心轴送油，风机马达带动旋转和从给油管送油，用空气透平带动。

双流体油喷嘴根据雾化剂的不同分为蒸汽雾化式和空气雾化式。

2. 配风器

在燃油锅炉中，为使锅炉燃烧完善，除有良好的雾化条件外，还需合理地配风。配风器的作用是供给燃油燃烧时所需的空气，并形成有利的空气动力场，使油雾能很好地与助燃空气相配合，形成稳定的着火和燃烧空气动力工况。因此，配风器也是决定燃油锅炉的另一关键设备。

按照气流的流动方式，配风器可分为旋流式配风器、直流式配风器、平流式配风器和交叉混合式旋流配风器。旋流式配风器按旋流器结构不同可分为蜗壳式、切向固定叶片式、切向可动叶片式和切向动叶双通道式；直流式配风器按结构不同分为圆形风口式和方形风口式；平流式配风器分为文丘里式和平流式。

3. WDH 系列高效节能气泡雾化燃油燃烧器

众所周知，为使燃油有效地燃烧，必须将其雾化。使燃油形成颗粒直径非常小、尺寸很均匀的液雾，以增加燃油与助燃空气之间的接触面积，提高燃油的蒸汽燃烧速率。燃油燃烧器的任务就是将燃油雾化好，使油雾与助燃空气实现良好的湍流掺混，实现高效率燃烧。

国际上第一代的喷雾燃烧器——机械（又称压力）雾化烧嘴是利用燃油自身的压力降转化为喷射动能，通过液膜或液柱受空气的剪切扰动而使燃油破碎雾化。国际上第二代喷雾燃烧器——气动雾化烧嘴是利用空气或蒸汽的高速运动对液膜或液柱进行撞击、剪切、旋转，使气液两相产生高的相对速度而失稳、破碎、雾化。用这两种燃烧器来雾化高黏度的液体燃料除了液雾颗粒不能细到符合完全燃烧的要求外，还存在一些固有的缺点，如堵塞、结焦、火焰长度、形状、温度等难以控制。

将大的液体雾化成小的雾化颗粒，主要靠克服液体的两种阻力，一种是黏性，一种是表面张力。雾化的实质就是利用外界能量（如压力雾化燃烧器利用液体燃料自身压降，气动雾化燃烧器利用气体的动能）使液柱或液膜与周围的气体介质之间产生高的相对速度，从而主要靠克服液体的黏性是液态燃料雾化。

WDH 系列气泡雾化燃油燃烧器采用了国际上先进的气泡雾化技术，在特殊结构腔体内注入高压气体（如压缩空气、蒸汽、氧气、氮气等）和燃油，并使之在腔体中形成巨大数量的油气泡，气泡经过运动、变形、加速等一系列过程后，到燃烧器出口薄气泡破裂，变成极细微的油气滴，从而形成液滴非常小（索太尔平均直径 $SMD \leqslant 40\mu m$）、液滴尺寸均匀度大（尺寸分布指数 $N > 2$），与助燃空气混合充分而又均匀的液雾。WDH 系列气泡雾化燃烧器主要靠克服液体燃料的表面张力是油气泡在出口爆破来雾化。虽然我国目前所使用的重质燃油（如重油、渣油、焦油、沥青油等）的黏度比过去增加了 20 多倍，而其表面张力的变化并不大，与水的张力相比，处在同一数量级水平，因此 WDH

系列气泡雾化燃烧器特别适合烧我国目前的重质燃油。其雾化效果好，已达到了在冷炉情况下各种重质燃油均可实现冷炉直接点火燃烧，不需要像以前那样靠用木材、轻油、燃气等先烘炉再投重质油燃烧，并且对燃油的黏度要求也大大放宽，只需要重质燃油具有流动性即可。

WDH-YJA 型燃油燃烧器可广泛适用于各种燃油工业炉，喷油量范围为 10～350kg/h，其特点为：①液雾颗粒度小（$SMD<40\mu m$），尺寸分布均匀（$N>2$）；②燃烧完全，燃烧重渣油的平均节油率在 15%以上，燃烧柴油的平均节油率在 6%以上；③燃油雾化效果基本不受燃油黏度的影响，黏度适用范围小于 70°E；④既可烧重油、柴油、混合油，也可烧渣油、焦油、沥青油；⑤火焰长度、火焰锥角可以任意调节；⑥火焰刚性强、喷射速度高；⑦燃烧器的操作弹性大，流量调节幅度达到 1∶5 以上；⑧燃烧器可实现冷炉重渣油直接点火燃烧；⑨过量空气系数可达 1.05 以内，加热钢件的氧化烧损可减少 40%左右。另外，对工业炉的烧嘴砖不要求，甚至可以免去烧嘴砖。

4. KMY 型高效节能燃油燃烧器

KMY-1200 型高效节能燃油燃烧器将气泡雾化技术与湍流掺混技术相结合。其工作原理是在喷头里通过气泡雾化发生器（旋流式雾化片）使雾化介质（压缩空气或蒸汽）在燃料油中形成大量的气泡（即油包气），气泡经过运动、变形、加速后，高速运动到烧嘴出口处喷出。由于存在着较高的压差，气泡破裂，变成极细的液滴，再与助燃空气充分均匀混合形成液雾。其雾化粒度减小到 $SMD\leqslant23.76\times10^{-6}mm$，是一种高效的燃油雾化燃烧技术。

KMY 型高效节能燃油燃烧器具有以下优点。

（1）节油效果显著。因燃料油燃烧充分，燃烧效率高达 98.5%，热效率提高了 1.5%；锅炉在相同产汽量的情况下，烧重油、渣油的节油率为 1.5%；则年平均节油 300t，节省燃油费用 45 万元（以每吨燃料油 1500 元计算）。

（2）受燃料油黏度的影响小。重油、渣油只需预热到 80℃以上，即可实现冷炉直接点火燃烧，且不冒黑烟。

（3）符合环保要求。由于燃料油燃烧完全，燃烧产物中污染物含量少，燃烧产物符合国家环保标准。

（4）烧嘴不结焦、堵塞，使用寿命长。

（5）燃油流量调节范围宽，烧嘴操作弹性大。

（6）火焰刚性强，不回火、脱火，燃烧稳定。

（7）火焰长度、锥度、形状可调节。

（8）节电。使用 KMY 型高效节能燃油燃烧器后，由于燃料油油压的降低，燃料油输送泵电流下降，功率因数提高到 0.9，则一台泵每年可节电 181 440kWh，节约电费 9.25 万元（以每度电 0.51 元计）。存在的主要不足是燃烧器枪头喷嘴磨损较快，导致枪头寿命降低。对此，可对枪头表面进行陶瓷材料喷涂处理，寿命比原来可延长两倍以上。

三、燃烧器与炉膛的匹配

选择合适的燃烧器，使燃烧器与炉膛匹配，对燃料燃烧、炉膛传热及锅炉整体高效运行等都至关重要。因此，在选择燃烧器时应考虑以下因素。

（1）品牌设计人员可根据自己资金和设备要求选择燃烧器品牌。

（2）锅炉用户首先要确定选用什么样的燃料，然后根据燃料的种类选择燃烧器。

（3）锅炉设备的技术参数。

1）功率：用户选定燃料后，可以根据配套设备的功率选择合适燃烧器。

2）炉膛温度、压力：选择燃烧器时，一定要向燃烧器厂家说明自身设备属于哪一类设备，炉膛内压力是正压还是负压，压力有多大，温度达到多高，炉膛负压选用的燃烧器克服压力较低。

3）燃气热值、压力：选用燃气为燃料时，因为燃气种类多、热值相差大、压力不一致，所以在选择燃烧器时要向燃烧器厂家说明所选燃料的种类、热值、压力，然后选择合适的燃烧器，以免选择不当发生危险。

（4）调节方式：根据所用设备对温度精确度的要求，可以选择一段火控制（即燃烧器工作模式只有一个工作点）、二段火控制（即燃烧器工作模式为小火—大火两个工作点，两个工作点间切换是突变的）、渐进式（即燃烧器工作模式为小火—大火两个工作点，两个工作点间切换是平滑的）、比例调节式（即燃烧器工作模式在燃烧器工作范围内任一点均可停留，燃烧器出力与系统的供热要求随时平衡）。

（5）雾化方式：如果选择重油为燃料，可根据燃料油的黏度、重油燃烧器选择机械雾化燃烧器、介质雾化燃烧器。

（6）地域、环境：不同的地域、环境对燃烧器的要求也不同。

（7）对燃烧器的特殊要求：用户根据设备或应用环境情况可选择特种燃烧器。

四、加装燃油（燃气）节能器

燃油节能器的安装在油泵和燃烧室或喷嘴之间，环境温度不宜超过 360℃。经燃油节能器处理之后的烃类化合物，分子结构发生了变化，细小分子增多，分子间距增大，燃料的黏度下降。这样，燃料油在燃烧前的雾化、细节程度大为提高，喷到燃烧室内在低氧条件下即可充分燃烧，因为燃烧设备的送风量可减少 15%～20%，烟气量也相应减少，避免了更多烟气热量损失，烟道温度也下降 5～10℃。

燃料油经节能器处理后，可达到以下节能环保效果：燃烧效率提高，故可节油4.87%～6.10%，并能明显看到火焰明亮妖艳，黑烟消失，炉膛清晰透明；彻底清除了燃烧油嘴的结焦现象，并防止再结焦；解除了因燃料得不到充分燃烧而炉膛壁积残渣现象；大大减少了燃烧设备排放的废弃对空气的污染，其中一氧化碳（CO）、氮氧化物（NO_x）、烃类化合物（HC）等有害成分大为下降，排除有害废弃降低 50%以上；废弃中的含尘量可降低 30%～40%。

第四节　燃油燃气锅炉控制节能技术

我国的燃气（油）锅炉规模使用始于 20 世纪 80 年代中期，燃烧系统基本引进国外技术。在 30 多年的发展过程中，燃烧器、燃烧控制、燃烧调节、安全保护有了很大的发展，特别是"IT"行业的发展，使燃烧系统的机电一体化有了质的变化。

（1）燃烧器运行变频控制节能技术。

（2）燃烧器运行中电子比例调节节能技术。

（3）锅炉的先进控制节能技术。

（4）燃烧器的智能化控制技术。

（5）燃烧器的超低排放技术。

一、燃烧器运行变频控制节能技术

早期燃烧器在燃烧过程可以达到 99.99%的燃尽率，但存在以下几个问题。

（1）耗电量大，采用非节能型电机，风机效率低，送风调节全凭风门挡板调节，功耗大。

（2）燃烧器与锅炉的风压、风量匹配系数过大，不能精准确定总风压、风量。

变频调节技术在燃烧器的应用可极大地改善燃烧器与锅炉间匹配及满足锅炉在最大负荷下的所需电功率，实现节能的需求，并为精准的负荷控制打下基础。

变频控制有两种应用模式。

1. 软启动，满负荷的定频运行

由于燃烧器启动风机电流较大，容易对供电系统造成瞬间的过载造成冲击，而软启动可有效避免以上缺陷，并能简化启动的动力配置。

燃烧器无论是整体机或是分体机，其风机的配置均考虑了燃烧器本身的风阻并提供一定的克服锅炉沿程阻力的余量，因而提供一条可供选择的燃烧负荷曲线，锅炉制造商根据锅炉在满负荷运行的阻力再加上一定富余量（约 15%）来匹配燃烧器或风机。锅炉在安装完调试运行后，由于风道、烟道、烟囱的阻力不确定性，实际使用中风机会有很大的富裕量，一般有效输出功率会损耗在风机门挡板，大量的无功功耗损耗在输电线路及占用变电站的配电容量。当燃烧器采用定频控制运行时可有效降低风机电功耗，一般可节约风机的 15%～30%的电量，其实现的方法为在锅炉满负荷运行时，调节风门处于最大有效开度（约在 60%～75%开度时）调整风机运行频率，使其频率固定在满负荷时最佳配风量的频点上（过量空气系数为最小）。以后锅炉的开、停、负荷变化就运行在"软启动+定频"模式，达到节能效果。

2. 软启动+变频+定频运行

以上的运行模式能节约电耗，但不能解决燃烧调节过程中的燃料配风不均造成的热损失。由于负荷的调节主要依靠燃料配风，随负荷变化而一起适应变化，而配风调节主要依据风门挡板开度来变化，风门挡板产生的风量变化是一个非线性的关系，当在低负荷运行时挡板灵敏度很高，微小开度变化能使风量产生较大变化（风压在低负荷运行时不是主要因素）。此运行模式有两个缺陷：运行负荷不能过低，一般在30%~40%；低负荷运行时烟气中含氧量过高，一般在8%~10%。这就造成锅炉负荷调节比不能过大（调节比约1∶3），引起锅炉频繁启停，再则低负荷运行时排烟热损失 q_2 过大，以上均成为降低运行效率的原因。

根据以上的矛盾，把变频器设定在锅炉启动点火时，低负荷运行时（一般在40%负荷以下），进行变频调节；当负荷上升至40%以上仍以风门挡板配合调节负荷，满负荷时仍采用定频运行，可以有效提高锅炉运行效率。

此类"软启动+变频+定频"有逐步推广应用趋势，但必须辅以"智能化控制技术"。

变频燃烧控制调节还有一个全变频的燃烧方式，一般用于3MW以下的表面燃烧方式中。在大型燃烧系统中的风机配风也采用变频软启动，变频调节配风，再辅以风门挡板的调节，只是以变频调节为主，风门挡板调节为辅。

当变频器在40Hz频率下运行，电机功耗约为额定功耗的51%。

变频控制节能技术以节约电能，扩大调节比，提高锅炉在较低负荷运行时效率为主要目的。

二、燃烧器运行中电子比例调节节能技术

传统的燃烧负荷调节采用的机械比例调节，负荷调节通过一个伺服电机通过转轴输出角行程带动数个调节杆（油气两用三个调节杆）通过凸轮钢带的滑动达到负荷调节中燃料配风的配比。钢带及凸轮的作用，用以产生与"调节风门挡板"或"燃料调节阀"反作用的曲线，达到全程滑动调节中近似线性的曲线。理论上只要把凸轮上钢带产生形变的调节螺钉尽可能配置多一些，则调节的精度可以尽可能高，产生各负荷运行时的燃烧烟气中氧量尽可能一致。

机械调节的特性如下。

（1）在整个凸轮上布置的调节点位（螺钉）不可能无限多，除去首尾端固定点，一般只能有4~5点（由机械加工位置，精度决定），则曲线只能相对近似。

（2）燃料和配风由一个伺服电机带动，通过连杆同步转动，任何配风、燃料连接点的扰动都会产生调节的偏差。

（3）机械转动会产生的磨损会造成调节点往复行程的偏差（回差），固定螺钉（含调节连杆）在燃烧的低频振动中振动均会造成调节的偏离，最终的结果造成长期燃烧过程中，烟气含氧量大幅增加，通常在点火及低负荷运行时达到7%~10%含氧量，满负荷运

行时达到 5%～7%，这样的富氧运行会产生很大的 q_2 排烟热损失。

（4）蝶阀的转角开度的非线性，造成前 50%开度气体流量变化大，后 20%开度气体流量变化小。这样为使小火燃烧时防止过多的 CO 烟气产生需要较大的过剩空气，导致全行程内实际空气量大于理论燃烧所需的空气量，尤其在中部区间，而大多数的燃烧器的主要运行区间在中部，过多的空气使得烟气废气排放和热损失大幅增加。

（5）机械比调需有经验的人员定期维护，调整燃料，配风比（而大量的用户无能力承担）。

（6）部分燃烧器燃烧时需要一次风和二次风配比调节，更多的调节风门和燃料阀门使得单纯的机械连接机构无法连接协调。

电子比例调节可以可靠避免以上的缺陷。在通过数个（可多达 4～6 个）伺服电机分别直接同轴控制燃料、配风的调节，避开用凸轮钢带连杆的机械形式。伺服电机由脉冲数字控制（相当于步进电机），在 90°的转程角度内对应有 900 个步幅，相当于有 0.1°分辨率，有精准的控制能力及闭环运行的位置反馈系统。

微电脑处理器可以分别建立燃料、风量的模拟曲线，可以任意的划分出控制点来达到调节精度，一般分为 10 个点（最多可分为 15 个点），通过现场热态调试，分别调整 10 个点的燃烧状态含氧量，修正出各自的运行曲线并给以固化。可以在点火、低负荷、满负荷运行区间精确控制烟气中含氧量。

现在电子比调技术的发展，在原有的基础上可以加入烟气氧量修正技术，由于燃料、配风是按各自的曲线运行调节的，燃料是先根据负荷的需求进行主调的，配风是跟随燃料点的变化而随动的，当燃料、配风各自在稳定状态下，则电子比调根据自有曲线轨迹运行，然而当燃料、配风有扰动时（如燃料密度热值变化，环境温度空气密度变化等），则燃料、配风之间的过量空气系数也发生偏离，并影响锅炉运行效率。而氧量调节是对风量进行修正，使得整个调节范围内的过量空气系数按给定的曲线运行，实行调节。氧量修正调节在机械比例调节中无法实现，因为燃料与配风是通过连杆一起运行动作，是连动固化的。

通过以上分析，在电子比例调节中辅以"变频+定频""氧量修正"控制技术，在锅炉燃烧低负荷运行中烟气含氧量可控制在 3.5%以下，在满负荷运行时烟气中含氧量低至 2.5%以下，综合运行效率平均可提高 1.7 个百分点，计算如下。

以燃用天然气燃料为例，锅炉排烟温度为 150℃，进风温度为 20℃，

机械比调，低负荷运行烟气含氧量平均值 9%（$a=1.75$）；

机械比调，满负荷运行烟气含氧量平均值 6%（$a=1.40$）；

电子比调，低负荷运行烟气含氧量平均值 3%（$a=1.20$）；

电子比调，满负荷运行烟气含氧量平均值 2.5%（$a=1.135$）。

根据公式：$q_2 = (05 + 3.45a)\dfrac{t_{out} - t_{in}}{100}$

机械比调低负荷：$q_2 = (0.5 + 3.45 \times 1.75)\dfrac{150 - 20}{100} = 8.27$；

机械比调高负荷：$q_2 = (0.5 + 3.45 \times 1.40)\dfrac{150 - 20}{100} = 6.93$；

电子比调低负荷：$q_2 = (0.5 + 3.45 \times 1.20)\dfrac{150 - 20}{100} = 6.03$；

电子比调高负荷：$q_2 = (0.5 + 3.45 \times 1.135)\dfrac{150 - 20}{100} = 5.74$。

同比低负荷运行：平均提高效率为2.24%。
同比满负荷运行：平均提高效率为1.19%。

三、锅炉的先进控制节能技术

目前，锅炉的自动化控制系统发展十分迅速，已成为锅炉的又一项新兴节能技术。燃气锅炉房供热集中控制系统运用模糊控制理论是以全新概念设计的计算机供热控制系统。通过每台锅炉的各种参数和整个供热系统的参数计算得出理论锅炉负荷情况，并据此调整锅炉的实际负荷数及开启哪台锅炉。通过计算机对锅炉实施集控，使锅炉房内的每一台锅炉循环运行，根据系统的负荷率自动、定时切换运行各台锅炉。此技术在保证节能的基础上，可延长锅炉使用寿命，集控系统不但对锅炉，还可对气候补偿器等系统设备进行控制，达到对整体系统控制的目的。

供热系统能耗的高低，不仅取决于热源转换设备，而且与整个管网系统有关。在供暖系统中，普遍存在着水力失调的问题。水力失调造成系统冷热不均，即距离热源较近的用户室内温度较高，距离远的用户室内温度偏低。节能成套技术的做法是加装调节装置，如调节阀、平衡阀和自力式流量控制器，在此基础上进行水力平衡调试，使各个调节装置处的流量达到计算流量值，即整个系统达到平衡。实施水力平衡调试技术可节能10%以上。

根据室外温度的变化，控制和调节供水温度，避免用户室温过高而能耗增加。另外，可充分利用太阳辐射热和人的活动规律进行时间控制，根据室外温度的变化运行曲线，实行自动分段调整。

四、燃烧器的智能化控制技术

燃烧器的控制主要由燃烧程序控制器构成，主要功能为燃烧器提供程序控制、安全连锁的接入、燃烧火焰的监测、输出的执行。一般为机械电子式或电子式，它对于燃烧调节、变频控制均不做控制，需要由外部电路来构成。随着电子比调技术的发展，智能化控制技术逐渐成熟，并逐步占领市场，它集合组成一个功能模块，加入输入输出通道接口、通信联络接口，形成一体化模块，构成燃烧程序控制管理系统（BMS），见表6-5。

表 6-5 燃烧程序控制管理系统

主功能	程序控制	前吹扫、点火、燃烧运行调节、后吹扫
	安全连锁	燃气（油）压力、燃气阀检漏、鼓风风压、火焰监控、低负荷点火，以及其余连锁
副功能	燃烧调节	燃气、燃油、鼓风分别数字化调节
	变频控制	软启动、低负荷变频调节、满负荷定频运行
	氧量修正	对配风微调，保持全调节过程烟气氧量一致
	烟气外循环控制	降低 NO_x 排放
输入输出	报警输出	
	通信接口	
	连锁信号输入 控制输入 控制调节输出	

变频控制，电子比调的技术必须依赖于"智能控制"，现在燃烧器的智能控制模块基本上由西门子、霍尼韦尔等跨国公司控制，国内无智能化模块的生产，国内主要是由"PLC"编程达到上述功能，但是存在一定隐患，编程没有经过实验室试验测试，普通 PLC 在安全完整性等级（Safety Integrity Level，SIL）认证中达不到 IEC 61585 认定的燃烧系统中的 SIL3 的标准，程序编制无执行标准评判，没有形成商业化市场，不建议采用"PLC"编程实现智能化控制，但可以做人机对话、数据上传监控等成熟的技术（智能化控制模块通信接口一般不对外开放）。

五、燃烧器的超低排放技术

近年来对于 NO_x 形成的机理及克服降低的技术不断提升，对于锅炉的 NO_x 超低排放有了可靠的保证。

NO_x 的形成主要有两大原因。

（1）燃料形成：主要燃料中的含氮量在高温燃烧下形成。

（2）热力形成：主要由燃烧过程中的高温及富氧燃烧形成。

现阶段中对降低 NO_x 的排放有各种有效的措施。对于燃煤、燃油基本上由脱硝措施来实现，主要有 SNCR、SCR 等措施，但是对于燃气的工业锅炉及采暖用的热水锅炉采用脱硝的方式来降低氮氧化物的排放没有实施的可能及巨大的运行成本。燃气中氮含量极少，因此燃气的氮氧化物主要是热力型。

燃气的工业锅炉及采暖用的热水锅炉降低氮氧化物排放的措施主要有以下几种。

（1）分中心及分级燃烧技术。

（2）炉内烟气循环燃烧技术。

（3）炉外烟气再循环燃烧技术。

（4）低于 3MW 的无焰燃烧技术。

以下分别论述其实现的方法。

（1）分中心及分级燃烧技术。由于燃气燃烧的特殊性，它可实现由多个喷头燃烧，喷头可布置成前后立体及环向布置，可使燃烧的一个中心火炬形成多个环向及前后分级燃烧的多中心火焰，可有效降低燃烧中心火焰温度，抑制高温形成 NO_x 生成。目前燃烧技术措施可使高温燃烧形成 NO_x 的排放控制在 $180mg/m^3$ 以下。

（2）炉内烟气循环燃烧技术。为进一步抑制 NO_x 的生成，在前一措施下改进耐火混凝土拱圈结构，加长火焰筒伸入炉膛的长度，在火焰筒壁上开数个倒三角的缺口，利用火焰喷烧时在燃烧头根部形成负压区域，来吸引部分燃烧火焰外围的低氧烟气，再改进燃烧所需的二次风进行混合，喷入炉膛助燃，其作用使燃烧时氧含量降低来抑制燃烧高温形成的 NO_x。通过以上措施最低 NO_x 排放达到 $80\sim120mg/m^3$ 的排放要求。在这里，锅炉炉膛的断面尺寸及炉拱图结构的形式起到决定性作用，一般需要大直径炉膛及平直断面式拱图结构可有效保证达到 $80mg/m^3$ 的排放要求。

（3）炉外烟气再循环燃烧技术。超低 NO_x 的排放使得燃烧技术更进一步的发展，炉内烟气循环由于锅炉结构及燃烧结构两大限制，不能使大流量烟气混合燃烧。炉外烟气循环技术可解决进一步降低燃烧空气的氧含量，进一步降低燃烧火焰温度，延长燃烧速度。这一技术必须有如下三大支撑。

1）具备分中心、分级燃烧及炉内烟气循环的低氧燃烧器。

2）具有符合超低氮燃烧的炉膛直径及长度。

3）具有低阻力的外烟气循环抽吸管道。

只有符合以上三个条件，锅炉才可能达到超低氮的燃烧运行，NO_x 的排放可低于 $30mg/m^3$ 以下。

（4）低于 3MW 的无焰燃烧技术。锅炉炉膛火焰实现无焰燃烧可有效降低燃烧温度，其表面燃烧温度可低于 $1100℃$，则其 NO_x 排放可低至 $20mg/m^3$ 以下。但是无焰燃烧在国内的燃烧器存在以下几个技术难点。

1）由于燃烧筒安装一层不锈钢绒，燃烧时阻力较大，需较大风压克服其阻力，因而烟气排放的氧量过大，可达 $5\%\sim6\%$ 的含氧量。

2）由于国内及引进的无焰燃烧属于"后预混"，燃烧系数负荷调节比范围小，在低于 60% 负荷运行不稳定（此类燃烧器属于长期处于 60% 以上稳定负荷运行点时，其价格相对便宜）。

3）国外有成熟的无焰燃烧技术，属于"前预混"燃烧技术，其技术特点：

a. 燃气在送风机吸入口进行吸入预混，混合均与燃烧稳定。

b. 送风机为"防爆型风机叶轮及机壳"。

c. 预混仪结构先进，混合精准。

d. 燃烧负荷比可达 1：20，一般可在 10% 以下负荷稳定运行。

以上的"前预混"燃烧器价格昂贵。

　　无焰燃烧技术现在配置在"模块式全冷凝热水机组"上，由于其锅炉结构及材料于现行"锅规"不符，一般引进为无压运行机组。假如要带压运行，关键材料、结构需国家特检总局审批（冷凝式热水锅炉材料采用不锈钢316L，不是锅规所允许的材料）。

　　综上所述，我们认为采用烟气外循环加低氮燃烧器是现阶段最有效、最稳定、最安全的超低氮燃烧技术。但是必须把控超低氮燃烧器、锅炉结构、再循环烟道布置的最佳结合，掌握好这一系统的组成，必将完美的实现超低氮排放的实施。

第三篇　电站锅炉节能技术

第七章　电站燃煤锅炉节能技术

由于我国能源结构的特殊性，火力发电量约占总发电量的 70%，而且燃煤电站锅炉仍存在燃煤利用率偏低和锅炉热效率不高等问题，依然有很大的节能潜力。

第一节　锅炉的安全和经济性指标

在火力发电厂中，锅炉是三大主要设备之一，锅炉运行的安全性，直接关系到电厂运行的安全。在发电厂事故中，有约 60%～70%的事故是锅炉的事故，所以必须重视锅炉运行的安全性。另外，锅炉又是一次能源的消耗大户，必须注意节约能源，提高锅炉运行的经济性。

一、安全可靠性指标

安全可靠生产始终是电力生产的首要任务。电厂锅炉不能发生任何人身及非人身重大事故，如人员伤亡、承压容器和燃烧系统爆炸、停运燃烧系统的再燃等。不影响人身安全或不造成设备的损伤的事故也应减少。常用锅炉可靠性分析的指标如下。

（1）连续运行小时数＝两次停炉（维修）之间的运行小时数。

（2）事故率＝$\dfrac{\text{事故停运小时数}}{\text{运行总小时数 + 事故停运小时数}} \times 100\%$。

（3）可用率＝$\dfrac{\text{运行总时数+备用时数}}{\text{统计期间总时数}} \times 100\%$。

统计时一般以一年作为一个周期。连续运行小时数越多，事故率越低；可用率越高，事故率越低，表示锅炉工作越可靠。电厂锅炉的连续运行小时数一般在 5000h 以上，可用率超过 90%～95%。

二、经济性指标

锅炉可以有不同的具体的经济指标。从持续发展的角度，资源的节约应放在第一位，尤其是燃料的节约。电力生产的能耗指标最重要的是煤耗率，以每发出单位电能（kWh）所消耗的标煤的质量计算。由于不同种类的燃煤有不同的发热量，为了方便比较，把发热量为 29 310kJ/kg（7000kcal/kg）的煤作为标准煤，机组煤耗率都应折算到标准煤计算。

锅炉从燃料中得到有效利用热为

$$Q_1 = BQ_{net,ar}\eta_b \tag{7-1}$$

式中　B——锅炉耗煤量，kg/s；

　　　$Q_{net,ar}$——燃煤收到基的低位发热量；

　　　η_b——锅炉效率。

由热量 Q_1 产生的高温高压蒸汽输送给汽轮机，在扣除主蒸汽管道的散热量损失（以管道效率 η_p 表示）后，用于推动汽轮机转动，在扣除冷源热损失（以汽轮机的绝对内效率 η_i 表示）后才是汽轮机的可用功。该热量在转变成电能 P 时，还应考虑汽轮机-发电机的机械传动效率 η_m 和发电机效率 η_g。因此，发电机发出电功率 P 时，输入锅炉的热量应为

$$BQ_{net,ar} = B^S Q_{ar}^S = \frac{P}{\eta_b\eta_p\eta_i\eta_m\eta_g} \quad kW \tag{7-2}$$

$$或\ B^S Q_{ar}^S = \frac{3600P}{\eta_b\eta_p\eta_e} \quad kJ/h \tag{7-3}$$

$$\eta_e = \eta_i\eta_m\eta_g \tag{7-4}$$

$$B^s = B\frac{Q_{net,ar}}{Q_{ar}^s} \quad kg/s \tag{7-5}$$

式中　Q_{ar}^S——标准煤的收到基低位发热量，$Q_{ar}^S = 29\,310\text{kJ/kg}$；

　　　B^S——标准煤的消耗量；

　　　η_e——汽轮发电机的绝对电效率。

电力生产的煤耗率有发电煤耗率和供电煤耗率之分，发电煤耗率 b_g 若以标准煤 g/kWh 表示可写为

$$b_g = \frac{B^s}{P} = \frac{3600\times1000}{29\,310\eta_b\eta_e\eta_p} = \frac{123}{\eta_b\eta_e\eta_p} \tag{7-6}$$

供电煤耗率 b_n 应考虑发电厂用电率 ξ 大小，其计算式为

$$b_n = \frac{123}{\eta_b\eta_e\eta_p(1-\xi)} = \frac{123}{\eta_{cp}(1-\xi)} \tag{7-7}$$

式中　η_{cp}——全厂（锅炉—汽轮机—发电机机组）的发电效率，又称毛效率。

扣除厂用电率 ξ 后的效率为净效率。

各种效率的数值可以用百分数表示，也可以用份额数表示，式（7-6）和式（7-7）中煤耗率是按效率的份额数计算的。

锅炉与汽轮机之间的主蒸汽管道，保温处理后的能量损失很小，管道效率高达 0.99，机械传动效率和发电效率也都很高，达到了 0.99～0.995。因此影响火电机组煤耗率大小的主要因素是汽轮机的绝对内效率 η_i、锅炉效率 η_b 和厂用电率 ξ。

锅炉效率是指锅炉单位时间向热力系统提供的有效利用热（锅炉水及其蒸发吸收的热量）与锅炉输入热量之比再乘以 100%，即

$$\eta_b = \frac{锅炉有效利用能量}{锅炉输入热量} \times 100\%$$

(7-8)

现代电厂锅炉的效率都在 90%～92%以上，超临界和超超临界压力锅炉的效率已达到 93%～94%。

第二节　电站燃煤锅炉燃烧系统节能技术

电站锅炉节能主要涉及锅炉燃烧系统、烟气余热利用系统、制粉系统及其他辅助系统的节能及锅炉运行优化实现的节能。本节主要分析锅炉燃烧系统的节能技术。

一、强化燃烧技术

燃烧是指燃料中的可燃成分与空气中的氧气在一定的温度条件下，发生的剧烈化学反应，发光并产生大量热的现象。在锅炉中通过燃料的燃烧过程，把燃料中的化学能转化为热能，为工质提供有效的热量。强化燃烧也是燃烧方式的一种，是利用各种物理的、化学的方法，使燃烧在尽可能小的空间内达到尽可能高的燃烧效率。

1. 强化燃烧机理

提高锅炉机组煤粉燃烧的稳定性和煤粉的燃尽率是统一的，随着煤粉燃烧得到强化，炉内温度水平得到提高，这两个问题将同时得到解决。实现"三强原理"（即强化煤粉颗粒与高温烟气的对流传热、强化煤粉的高浓度聚集和强化燃烧过程的初始阶段）是提高炉内的温度水平的有效方法，所以在燃烧器的改造或设计中应设法形成煤粉气流的旋转、高温烟气的回流或设法使煤粉局部浓度加大，以利于强化煤粉的加热和着火过程。

稳定燃烧的关键在于强化煤粉初始阶段燃烧。强化煤粉初始阶段燃烧应让煤粉迅速达到着火温度，缩短着火时间（距离）。设单位质量煤粉在单位时间吸收的热量$\phi_1(T)$与单位质量煤粉达到着火温度所需热量$\phi_2(T)$之比值的对数为

$$\varepsilon = \lg \frac{\phi_1(T)}{\phi_2(T)}$$

(7-9)

当 $\varepsilon<0$ 时，煤粉不可能着火或熄火；当 $\varepsilon>0$ 且 ε 值越大，气流煤粉的着火速度越快，燃烧将更加稳定。从 ε 的表达式可以看出缩短着火时间有两种途径：一方面是降低煤粉着火热。当外界供热量一定时，我们可以适当提高煤粉浓度，并使其处于最佳值，缩短着火距离。另一方面是增加外界对煤粉的供热量。外界加热煤粉主要通过辐射传热和对流传热。由于这两种方式的加热机理不同，辐射传热是先加热煤粉再通过煤粉加热气相；而对流传热直接加热气相，再由气相加热煤粉，所以它们对煤粉加热作用的快慢

也有很大的差别。

2. 强化煤粉燃烧的措施

（1）富氧强化燃烧。

1）提高火焰温度。用富氧空气取代全部或部分供燃烧的空气时，可以减少空气总量，使空气中占 70% 以上不参加燃烧的氮气相应减少，这就减少了这部分氮气的吸热，另外随着氧气浓度的增加，强化了氧化反应，从而提高了火焰温度，增强了辐射传热效果。氧浓度在 26%～30% 为提高火焰温度的最佳值。

2）降低燃料着火温度，提高燃烧速度，促进完全燃烧。燃料的燃烧温度不是一个常数，随燃烧条件变化而变化，随着助燃气体中氧浓度的增加，燃料着火温度降低。同时燃料在富氧环境下燃烧速度和燃烧强度显著提高，有助于燃料的燃尽，降低灰渣可燃物，并从根本上消除燃烧黑烟污染。

3）降低空气系数，减少排烟量。利用富氧空气可减少空气总量即降低空气系数。用普通空气助燃时，约占 80% 的氮气不但不参与燃烧反应，而且还要吸收热量加热到排烟温度，增加排烟损失。富氧助燃时，氮气量减少，排烟量相应减少。有效降低排烟损失，提高锅炉热效率。

（2）化学添加剂煤粉强化燃烧。

1）降低煤炭的着火温度。适当的添加剂可以降低氧化反应的活化能，从而降低了燃煤的着火温度。随着添加剂的加入量和煤种的不同，一般着火温度可降低 50～80℃，这就使入炉煤实现早起火，延长煤粉的着火时间。对于难以着火的煤种，着火状况可以改善。

2）改善煤炭的燃烧特性。添加剂对煤在燃烧过程中的放热速度、放热强度、放热峰的温度区间、放热峰面积的大小等燃烧特性有明显的改善。加入适量的添加剂，燃煤燃烧初始升温速率加快，放热最强峰前移，放热峰面积增大，燃尽温度提前，表明燃煤提前着火、燃烧速度加快、放热强度加大。

3）减少环境污染

由于添加剂改善燃烧工况，提高燃尽率，使烟气中 CO 浓度和黑度下降，此外添加剂可使灰粉中的钙、镁盐与煤炭中的硫发生反应，生成稳定硫酸盐，达到炉内固硫作用，从而减少 SO_2 的排放，固硫率可达 40%。

（3）配风强化燃烧。

1）提高一次风温，降低着火热。提高一次风温，一次风携带着煤粉将其加热，降低着火热，降低煤粉在炉膛中的吸热，使着火位置提前，煤粉在炉膛的停留时间延长，促使煤粉完全燃烧。

2）二次风温越高，越能强化燃烧。先喷入一部分二次风，促使已燃煤粉的燃烧继续扩展，其余的二次风与着火燃烧的煤粉火炬强烈混合，借以加强气流的扰动来提高扩散速度，促进煤粉的燃烧和燃尽过程。

二、空气分级（煤粉浓淡）燃烧节能技术

1. 空气分级燃烧节能技术

空气分级燃烧将燃料燃烧所需的空气分阶段送入炉膛。先将理论空气量的80%左右送入主燃烧器，形成缺氧富燃料燃烧区，在燃烧后期将燃烧所需空气的剩余部分以二次风形式送入，使燃料在空气过剩区燃尽。

（1）改造案例。某热电厂燃煤锅炉的燃烧系统利用空气分级燃烧原理进行改造，增加了分离式燃尽风（SOFA），具体如图 7-1 所示。另外，在炉膛周围四侧水冷壁上安装分离式燃尽风系统。改造后，SOFA 风的风量占二次风风量的 30%，主燃烧区二次风风量减小，总的空气量不变。煤粉喷口周围的二次风以较高的风速形成"风包粉"形式补充燃烧所需的空气，采用偏转二次风，上半部分空气以偏转方式射入炉膛，而下半部分空气不偏转，和一次风的方向一致，射入炉膛，偏转和直流射流在离喷口一定距离处汇合，其相对应的一次风被二次风的扰动气流卷吸形成一个扇形面，扇面外缘的燃料和空气混合进一步促进燃烧（如图 7-2 所示）。

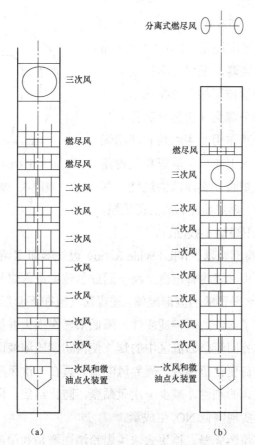

图 7-1　改造前后燃烧器布置图

（a）改造前；（b）改造后

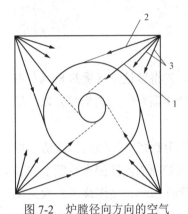

图 7-2　炉膛径向方向的空气
分级燃烧

1—一次风；2—偏转二次风；3—燃尽风

（2）改造效果。通过空气分级燃烧系统改造，飞灰含碳量降低，炉膛结焦量减小，在提高燃烧效率的同时还降低了过量空气系数，使锅炉热效率提高。具体为空气预热器入口处平均氧量由 4.2%降到了 3.0%，降低了过量空气系数；飞灰含碳量由平均为 2.5%降低到 1.74%左右，折算锅炉热效率提高了 1.1%。同时，由于主燃烧区氧量减少，燃烧减弱，炉膛温度下降，炉内结焦状况得到改善，提高了锅炉的安全性。

2. 浓淡燃烧器节能技术

煤粉浓淡燃烧技术是采用煤粉颗粒分离与浓缩装置，将一次风粉气流分离为浓淡两股气流进入炉膛燃烧。浓淡型煤粉燃烧器的优点主要有：①低负荷时锅炉不投油可稳定燃烧；②对煤种适应性增强；③NO$_x$生成量低；④飞灰可燃物降低；⑤减轻水冷壁高温腐蚀和炉内结焦。

浓淡型煤粉燃烧器主要有以下类型。

（1）PM 型煤粉浓淡燃烧器。PM（Pollution Minimum）即低污染燃烧器，采用日本三菱重工技术。典型的 PM 燃烧器布置如图 7-3 所示。一次风到炉前后，经过一个弯头（也称分离器）分为二股，弯头的惯性分离作用产生浓相和淡相煤粉气流，浓煤粉气流进入上喷口，淡煤粉气粉流进入下喷口，垂直喷入炉膛，实现浓淡燃烧。其优点是降低 NO$_x$生成量，燃烧稳定，低负荷稳燃，可以在 45%～50%负荷下燃烧不投油。

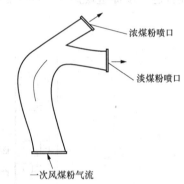

图 7-3　PM 型浓淡煤粉燃烧器
原理图

（2）WR 型浓淡煤粉燃烧器。WR（Wide Ratio）燃烧器即宽调节比燃烧器，如图 7-4 所示。首先利用管道弯头，煤粉管道自上而下通过急转弯进入煤粉喷口，形成浓淡两股煤粉气流。出口处有一水平置放的波形钝体，使煤粉气流在下游形成一个稳定的回流区，起稳燃作用，有效提高了锅炉的煤种适应性，降低未燃炭损失并提高燃烧效率。煤粉喷口端做成扩口，以增加外回流，回流区中的烟气使得初燃段浓淡两相得到分隔，并使火焰稳定在一个较宽的负荷变化范围内。周界风喷口布置在一次风喷口四周，其作用是及时补充氧气，增加一次风的刚性，减少一次风贴壁，防止结焦，同时还起到保护喷口不被烧坏的作用，还可以实现降低 NO$_x$生成量。

（3）挡块式浓淡煤粉燃烧器。挡块式浓淡煤粉燃烧器是利用扇形挡块对煤粉颗粒的惯性导向作用，进行煤粉气流的浓淡分离。挡块是可以转动的，通过转动改变其高度，进而实现煤粉浓度浓淡分离效果连续可调的目的。在燃烧器喷口附近采用稳燃体，达到稳定燃烧的目的。图 7-5 为挡板式浓淡煤粉燃烧器原理图。

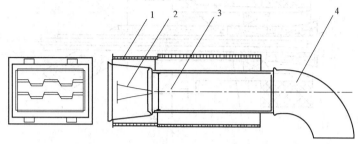

图 7-4 WR 型浓淡煤粉燃烧器原理图

1—周界风；2—波形钝体；3—隔板；4—弯头

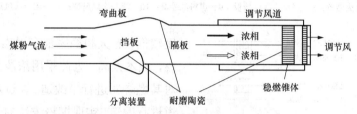

图 7-5 挡板式浓淡煤粉燃烧器原理图

（4）百叶窗式浓淡型煤粉燃烧器。百叶窗式浓淡型煤粉燃烧器利用一次风粉流经过弯头的离心力和百叶窗浓缩器及隔板，将其分为水平浓淡两股煤粉气流，进入炉膛燃烧。图 7-6 为百叶窗式浓淡煤粉燃烧器原理图。

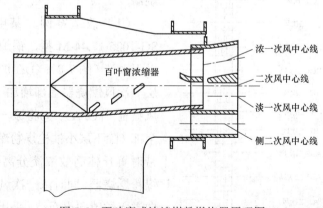

图 7-6 百叶窗式浓淡煤粉燃烧器原理图

（5）旋流浓淡煤粉燃烧器。旋流浓淡煤粉燃烧器是将每个燃烧器的煤粉气流沿径向分成两股。中间（靠近火焰中心）为浓煤粉气流，周围的（背离火焰中心）的环形截面为淡煤粉气流，再向外是空气（二次风）。图 7-7 为旋流浓淡煤粉燃烧器原理图。

（6）改造案例。某电厂锅炉是东方锅炉厂生产的煤粉锅炉，燃用无烟煤。无烟煤由于挥发分相对较低，较难着火，且燃烧不稳定；特别是低负荷运行时，由于此时炉膛温

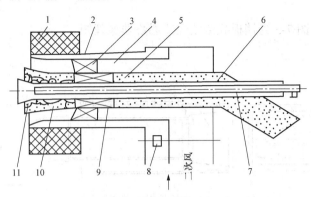

图 7-7 旋流浓淡煤粉燃烧器原理图

1—炉墙；2—直流二次风通道；3—旋流器；4—旋流二次风通道；5——次风通道；6—中心管；
7—点火装置；8—直流二次风挡板；9—煤粉浓缩器；10—淡一次风风道；11—浓一次风风道

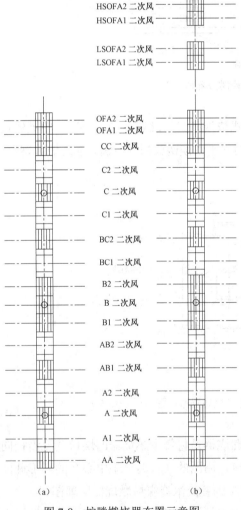

图 7-8 炉膛燃烧器布置示意图

（a）原燃烧器图；（b）改造后燃烧器图

度较低，着火和稳燃都有困难，必须投油助燃，成本太高。为此采用浓淡分离燃烧技术对其燃烧器进行了改造。通过对原一次风管道进行改造，实现煤粉浓淡的分离和连续可调，从而提高锅炉稳燃能力，减少投油枪次数及用油量。此项改造每年可减少燃油超过 60t，节约燃煤约 245t。

3. 空气分级燃烧技术+水平浓淡煤粉燃烧器

（1）改造案例。某电厂燃煤锅炉为 SG-1025/17.44-M 型，锅炉燃烧系统进行了以下改造（图 7-8）：①在炉膛纵向距离最上层一次风燃烧器上部增加 4 层分离式燃尽风喷嘴（SOFA）；②将原一次风煤粉燃烧器全部（除下层小油枪煤粉燃烧器以外）改为带对置丘体高效浓淡分离装置的水平浓淡煤粉燃烧器，同时浓一次风煤粉射流反切逆向进入炉膛向火面；③采用"CEE 高效低氮燃烧技术"；④在主燃烧器区域布置有 5 层组合型双向贴壁二次风喷嘴射流。结合炉内分级燃烧技术和煤粉浓淡分离技术，实现降低 NOx 生成量、煤粉高效稳燃、高燃尽、低结渣、低高温腐蚀的炉内燃烧特性。

（2）改造效果。改造后，在环境温度为

30℃的额定负荷下，进行了锅炉性能试验，结果见表 7-1。

表 7-1　　　　　　　　　　　额定负荷下改造前后锅炉性能试验对比

项目	飞灰含碳量（%）	灰渣含碳量（%）	排烟温度（℃）	锅炉效率（%）
改造前	1.0	0.9	130	92.8
改造后	0.7	4.8	124	93.1

由表 7-1 可以看出，改造后飞灰含碳量下降，炉渣含碳量增加较大；改造后排烟温度降低，减少了排烟热损失；改造后的锅炉效率略有提高。

三、锅炉燃烧优化调整

1. 燃烧优化调整的目的和任务

锅炉燃烧工况的好坏，不但直接影响锅炉本身的运行工况和参数变化，而且对整个机组运行的安全、经济均将有着极大的影响，因此无论正常运行或是启停过程，均应合理组织燃烧，以确保燃烧工况稳定、良好。锅炉燃烧调整的任务是：

（1）保证锅炉参数稳定在规定范围并产生足够数量的合格蒸汽以满足外界负荷的需要。

（2）保证锅炉运行安全可靠。

（3）尽量减少不完全燃烧损失，以提高锅炉运行的经济性。

（4）使 NO_x、SO_2 及锅炉各项排放指标控制在允许范围内。

燃烧工况稳定、良好，是保证锅炉安全可靠运行的必要条件。燃烧过程不稳定不但将引起蒸汽参数发生波动，而且还将引起未燃尽可燃物在尾部受热面的沉积，以致给尾部烟道带来再燃烧的威胁。炉膛温度过低不但影响燃料的着火和正常燃烧，还容易造成炉膛熄火。炉膛温度过高、燃烧室内火焰充满程度差或火焰中心偏斜等，将引起水冷壁局部结渣，或由于热负荷分布不均匀而使水冷壁和过热器、再热器等受热面的热偏差增大，严重时甚至造成局部管壁超温或过热器爆管事故。

燃烧工况的稳定和良好是提高机组运行经济性的可靠保证。只有燃烧稳定了，才能确保锅炉其他运行工况的稳定，只有锅炉运行工况稳定了，才能保持蒸汽的高参数运行。此外，锅炉燃烧工况的稳定、良好，是采用低氧燃烧的先决条件，采用低氧燃烧，对降低排烟热损失、提高锅炉热效率，减少 NO_x 和 SO_2 的生成都是极为有效的。

提高燃烧的经济性，就要求保持合理的风、粉配合，一、二次风配比，送、吸风配合和保持适当高的炉膛温度。合理的风、粉配合就是要保持炉膛内最佳的过量空气系数；合理的一、二次风配比就是要保证着火迅速，燃烧完全；合理的送、吸风配合就是要保持适当的炉膛负压。无论在稳定工况还是变工况下运行，只要这些配合、比例调节得当，就可以减少燃烧损失，提高锅炉效率。对于现代火力发电机组，锅炉效率每提高 1%，整个机组效率将提高约 0.3%～0.4%，标准煤耗可下降 3～4g/kWh。

要达到上述目的，在运行操作时应注意保持适当的燃烧器一、二次风配比，即保持适当的一、二次风的出口速度和风率，以建立正常的空气动力场，使风粉均匀混合，保证燃烧良好着火和稳定燃烧。此外，还应优化燃烧器的组合方式和进行各燃烧器负荷的合理分配，加强锅炉风量、燃料量和煤粉细度等的调节，使锅炉始终保持安全经济的状态运行。

锅炉运行中经常碰到的燃烧工况变动是负荷或燃料品质的改变，当发生上述变动时，必须及时调节送入炉膛的燃料量和空气量，使燃烧工况得到相应的加强或减弱。

在高负荷运行时，由于炉膛温度高，煤粉着火和风煤混合条件均较好，燃烧一般比较稳定。为了提高锅炉效率，可根据煤质等具体情况，适当降低过量空气系数运行。过量空气系数减小，排烟热损失必然降低，而且由于炉膛温度提高并降低了烟速，煤粉在炉膛内停留的时间相对延长。只要过剩空气控制适当，不完全燃烧损失并不会增加，锅炉效率便可得到提高。低负荷时，由于燃烧减弱，投入的煤粉燃烧器可能减少，炉膛温度和热风温度均较低，火焰充满程度差，为了减少不完全燃烧损失，锅炉风量又往往偏大，使燃烧稳定性、经济性都下降。因此，低负荷时，在风量满足要求的情况下，应适当降低一次风风速，使着火点推前，并适当降低二次风的风速，以增强高温烟气的回流，以利于燃料的着火和燃烧；尽量采用多火嘴、少燃料、燃烧器对称投入均匀分布的方式，以利于火焰间的相互引燃和改善炉膛火焰的充满程度；在燃用低挥发分的煤种时应采用集中火嘴增加煤粉浓度的方式，使炉膛热负荷集中，以利于燃料的点燃。

2. 不同煤种的燃烧调整

(1) 无烟煤。无烟煤是挥发分最低的煤种，它的可燃基挥发分在 10% 以下，而固定碳含量较高，因此不易着火和燃尽。在燃烧无烟煤时，为保证着火，必须保持较高的炉膛温度，一次风量、一次风速应低些，这样对着火有利。但一次风速不能过低，否则气流刚性差、卷吸力量小，严重时反而不利于着火和燃烧，同时还有可能造成一次风管内气粉分离甚至堵塞。二次风速应高些，二次风速较高能有利于穿透，使空气与煤粉充分混合，并能避免二次风过早混入一次风，影响着火。各组二次风门开度可采用倒宝塔形，即上二次风开大、中二次风较小、下层二次风门开度最小。这是因为在燃烧器区，随烟气向上运动，烟速逐渐增加，易使上二次风射流上翘，开大上二次风，且提高上二次风风速，对混合有利。下二次风关小，以提高炉膛下部温度，对着火引燃有利，但风速应以能托住煤粉为原则。此外，煤粉细度应适当控制更细些，一般 R_{90} 可在 8%～10%，并应提高磨煤机出口温度，这样对着火和燃烧有利。贫煤的挥发分含量为 10%～12%，其着火性能比无烟煤要好些。

(2) 烟煤。通常烟煤的挥发分和发热量都较高，灰分较少，容易着火燃烧，因而一次风量和风速应高些。二次风速可适当降低，使二次风混入一次风的时间提前，将着火点推后以免结渣或烧坏喷燃器。燃烧器最上层和最下层的二次风门开度应大些较好。这是因为最上层二次风除供给上排煤粉燃烧所需的空气外，还可以补充炉膛中未燃尽的煤粉继续燃烧所需要的空气，另外还可以起到压住火焰中心的作用。最下层二次风能把分离出来的煤粉托起继续燃烧，减少机械不完全燃烧损失。

（3）劣质烟煤。劣质烟煤是水分多、灰分多、发热量低的烟煤。这种煤的挥发分虽较高，但是由于煤的灰分高，水分又多，燃用该煤时，将使炉膛温度降低，而且挥发分又被包围不易析出，因此这种煤着火比较困难，着火后燃烧也不易稳定。由于灰分的包围，煤粉也难燃尽，燃烧效果不好，同时由于灰分多，炉内磨损、结渣等问题较为突出。

总之，燃用劣质烟煤，必须解决着火困难、燃烧效果差、磨损结渣等问题。燃用劣质烟煤的配风方式与燃用无烟煤相似，一次风量与一次风速应低些，二次风速可高些。一般一次风率为 20％～25％，一次风速为 20～25m/s，二次风速可高些，一般为 40～50m/s。

（4）褐煤。褐煤是发热量低、水分多、挥发分高、灰熔点低的劣质煤，由于褐煤的水分高，煤的干燥就比较困难，并使炉内烟气量增大，烟气流速增高，加上灰分多，因而极易造成受热面的严重磨损。褐煤灰熔点低，在炉内容易发生结渣。

燃用褐煤时的配风原则与燃用烟煤时基本相同。但一次风量、一次风速和二次风速的数值，一般比燃用烟煤时要高一些。

3. 燃料量的调节

（1）直吹式制粉系统煤量的调节。具有直吹式制粉系统的煤粉炉，一般都装有数台磨煤机，也就是具有几个独立的制粉系统。由于直吹式制粉系统无中间煤粉仓，它的出力大小将直接影响到锅炉的热负荷。

当锅炉负荷变动不大时，可通过调节运行中制粉系统的出力来解决。当锅炉负荷增加，要求制粉系统出力增加时，应先增加磨煤机内的存粉作为增负荷开始时的缓冲调节；然后再增加给煤量，同时相应开大二次风门。反之，当锅炉负荷降低时，则应减少给煤量、磨煤机通风量以及二次风量。

当负荷有较大的变动时，则需通过启动或停用制粉系统方能满足对燃料量改变的需要，其原则是一方面应使磨煤机在合适的负荷下运行，另一方面则要求燃烧器在新的组合方式下能保证燃烧工况良好，火焰分布均匀，以防止热负荷过于集中造成水冷壁运行工况恶化。在启动或停用制粉系统时，应及时调整一次风、二次风以及炉膛压力；及时调整其他燃烧器的负荷，保持燃烧稳定和防止负荷的骤增或骤减。

总之，对于具有直吹式制粉系统的锅炉，其燃料量的调节，基本上是通过改变给煤量来实现的，在调节给煤量的风门开度时，应注意挡板开度指示、风压变化情况以及各电动机的电流变化，防止发生堵管或超电流等异常情况。

（2）燃油量的调节。燃油量的调节方法与燃油系统的类型和油喷嘴的雾化方式有关。燃油量的调节方法主要有进油调节和回油调节两种。雾化方式一般有机械雾化和蒸汽雾化等方式。

采用进油调节的系统，当调节幅度不大时，可以用调节进油压力的方法来改变燃油量；当调节幅度较大时，则应通过改变运行油喷嘴的个数来实现。

采用回油调节的系统，则是通过改变回油量来调节进入炉膛的油量的，回油形式一般有内回油和外回油两种。内回油系统对负荷的适应性较强，一般适应30%～40%的负荷变化。但是，在低负荷时，由于喷嘴出口处轴向流速降低而切向速度不变，造成雾化角相应变大，容易造成喷燃器扩口处结渣或烧坏。外回油系统，虽然负荷变化时雾化角可基本不变，但低负荷时雾化质量将会下降。

采用蒸汽雾化的油喷嘴，当调节幅度不大时，可通过改变油压来改变喷油量。采用蒸汽雾化的油枪，一般油压允许在某一范围内变动。当油压低至允许的低限时，如仍需减少油量，则应通过减少油喷嘴的数量来进行。当油压高至允许的高限时，则应投入适当数量的备用油枪。降低油压，使油量调节保持一定的裕度。燃油雾化蒸汽压力通常采用定压或与油压保持固定压差的方式运行。

4. 风量的调节

当外界负荷变化而需要调节锅炉出力时，随着燃料量的改变，锅炉的风量也需作相应的调节。

送入炉内空气量的大小，可以用过量空气系数 α 来衡量。过量空气系数 α 与烟气中的 O_2 有如下的关系。

$$\alpha = \frac{21}{21 - O_2} \tag{7-10}$$

式中　O_2——烟气中的含氧量；

α——过量空气系数。

根据式（7-10）可知，通过控制烟气中的含氧量，便能达到控制过量空气系数的目的。一般锅炉控制盘上均装有氧量表，因此运行人员可直接根据氧量表的数值来控制炉内的空气量，而不必换算成过量空气系数。

从运行经济性方面来看，在一定范围内，炉内过量空气系数增大，可以改善燃料与空气的接触和混合，有利于完全燃烧，使化学不完全燃烧热损失 q_3 和机械不完全燃烧损失 q_4 降低。但是，当过量空气系数过大时，因炉膛温度降低和烟气流速加快使燃烧时间缩短，可能使不完全燃烧损失反而有所增加。排烟带走的热损失 q_2 则总是随着过量空气系数的增大而增加的。

所以过量空气系数过大时，锅炉总的热损失就要增加。与此同时，还将使送、吸风机的电耗增大。合理的过量空气系数应使各项热损失之和（$q_2+q_3+q_4$）为最小，这时的过量空气系数称为锅炉的最佳过量空气系数。显然，正常运行时送入锅炉的空气量，应当使过量空气系数尽量维持在最佳值附近。

从锅炉工作的安全性方面来看，炉内过量空气系数过小，会使燃料燃烧不完全，造成烟气中含有较多的未燃尽碳和一氧化碳可燃气体等，给尾部烟道受热面发生可燃物再燃烧带来威胁。灰分在还原性气体中熔点降低，易引起炉内结渣等不良后果。过大的过量空气系数还将使煤粉炉受热面管子和吸风机叶片的磨损加剧，影响设备的使用寿命。此外，过量空气系数增大时，由于过剩氧的相应增加，使燃料中的硫易于形成 SO_3，烟气露点温度也相应提高，从而使尾部烟道的空气预热器更易于腐蚀。同时，烟气中的 NO_x 也将增多，影响排放指标的合格。

正常稳定的燃烧，说明风、粉配合比恰当。这时，炉膛内应具有光亮的金黄色的火焰，火焰中心应在炉膛的中部，火焰均匀地充满炉膛，但不触及四周水冷壁，不冲刷屏式过热器。同层燃烧器的火焰中心处于同一标高上。着火点应适中，太近易引起燃烧器周围结渣或烧坏喷燃器；着火点过远，又会使火焰中心上移，使炉膛上部结渣和不完全燃烧程度增加，影响锅炉效率，严重时还将使燃烧不稳，甚至引起锅炉熄火。

总之，风量过大或过小都会给锅炉的安全经济运行带来不良的影响。

锅炉总风量的调节，是通过改变送风机的风量来实现的。对于离心式送风机，通常是改变进口导向挡板的开度；对于轴流式送风机，一般是通过改变风机动叶角度来调节风量的。在锅炉的风量控制中除了改变总风量外，一、二次风的配合调节也是十分重要的。一、二次风的风量分配应根据它们所起的作用进行调节。一次风量应以能满足进入炉膛的风粉混合物中挥发分燃烧及固体焦炭质点的氧化需要为原则。二次风量不仅应满足燃烧的需要，而且还应起到补充一次风末段空气量不足的作用。此外，二次风应能与进入炉膛的可燃物充分混合，这就是需要有较高的二次风速，以便在高温火焰中起到搅拌混合的作用，以强化燃烧。有些情况下，可借助改变二次风门的开度，来满足由于喷燃器中煤粉浓度偏差造成的风量需求。

目前，大容量的锅炉，一般都装有两台送风机。当两台送风机均运行时，在调节风量的过程中，应同时改变两台风机的风量并注意观察电动机的电流以及风机的出口风压、风量的同步变化，使两侧空气或烟气流动工况均匀，并防止轴流风机进入不稳定工况区域运行。风量调节时，还应通过炉膛出口含氧量的变化，来判断是否已满足需要。高负荷情况下，应特别注意防止电动机的电流超限。

5. 炉膛压力的调节

炉膛压力是反映燃烧工况稳定的重要参数。炉内燃烧工况一旦发生变化，炉膛压力将迅速发生相应改变。当锅炉的燃烧系统发生故障或异常情况时，最先将在炉膛压力的变化上反映出来，然后才是蒸汽参数的一系列变化。因此监视和控制炉膛压力，对于保证炉内燃烧工况的稳定具有极其重要的意义。

炉膛负压维持过大，会增加炉膛和烟道的漏风，当锅炉在低负荷或燃烧工况不稳的情况下运行时，便有可能由于漏入冷风而造成燃烧恶化，甚至发生锅炉灭火。反之，若炉膛压力偏正，高温火焰及烟灰有可能外喷，不但影响环境卫生，还将造成设备损坏或引起人身事故。运行中引起炉膛负压波动的主要原因是燃烧工况的变化。为了使炉内燃烧能连续进行，必须不间断地向炉膛供给所需空气，并将燃烧后生成的烟气及时排走。

在燃烧产生烟气及其排除的过程中，如果排出炉膛的烟气量等于燃烧产生的烟气量，则进、出炉膛的物质保持平衡，炉膛负压就相对保持不变。若上述平衡遭到破坏，则炉膛负压就要发生变化。例如在吸风量未变时，增加送风量，就会使炉膛出现正压。

运行中即使送、吸风保持不变，由于燃烧工况总有细微的变化，炉膛压力总是脉动的，当燃烧不稳时，炉膛压力将产生强烈的脉动，炉膛风压表相应作大幅度的剧烈晃动。运行经验表明：当炉膛压力发生剧烈脉动时，往往是灭火的预兆，这时必须加强监视和检查炉内燃烧工况，分析原因，并及时进行调整和处理。

烟气流动时产生的阻力大小与阻力系数、烟气重度成正比，并与烟气流速的平方成正比。因此，当锅炉负荷、燃料量和风量发生改变时，随着烟气流速的改变，烟道内各处的负压也会相应改变。故在不同负荷下，锅炉各部分烟道内的烟气压力是不同的。锅炉负荷增加，烟道各部分负压也相应增大；反之，各部分负压相应降低。当受热面管束发生结渣、积灰以至局部堵塞时，由于烟气流通截面减少、烟气流速增加，使烟气流经该部分管束产生的阻力比正常时较大，于是出口负压值及其压差就相应要增大。

在正常情况下，炉膛负压和各部分烟道的负压都有大致的变化范围，因此运行中如发现数值上有不正常的变化时，应进行全面分析，查明原因，以便及时处理。

炉膛压力通常是通过改变吸风机的出力来调节的。吸风机的风量调节方法和要求与送风机基本相同，吸风机的安全运行方式应根据锅炉负荷的大小和风机的工作特性来考虑。为了保证人身安全，当运行人员在进行除灰、吹灰、清理焦渣或观察炉内燃烧情况时，炉膛压力应保持在比正常时压力低一些（即炉膛负压应高一些）。

6. 燃烧器的调节

燃烧器保持适当的一、二次风配比及出口速度是建立良好的炉内工况，使风粉混合均匀，保证燃料正常着火与燃烧的必要条件。

双蜗壳旋流燃烧器一般都具有二次风量挡板及风速挡板（舌形挡板），而一次风挡板则装在一次风管道上。这种燃烧器的一次风速只能依靠改变一次风量来调节。当一次风量增加（开大一次风挡板）时，其风速和风量成比例地增加。二次风速的调节是通过改变二次风量来实现的。而燃烧器出口气流切向速度则可利用风速挡板进行调节，以改变燃烧器出口气流的扩散状态。

运行中二次风速挡板的调节以燃料挥发分的变化和锅炉负荷的高低为依据。对于挥发分低的煤，由于着火困难，所以应适当关小风速挡板，使扩散角增大，热回流量增大，从而提高火焰根部温度，以利于燃料的着火。对于挥发分高的煤，由于着火容易，则应适当开大风速挡板，增加燃烧器出口气流的轴向速度，使扩散角减小，射程变远以防烧坏燃烧器和结渣。在高负荷情况下，由于炉膛温度比较高，煤粉的着火条件较好，燃烧比较稳定，故二次风扩散角可小些，即二次风风速挡板的开度可适当大些。而在低负荷下，由于炉膛温度较低，燃烧不够稳定，则风速挡板的开度可小些，即二次风扩散角应大些，以增强高温烟气的热回流，以利于煤粉的着火和燃烧。

风速挡板调节后，不仅改变了二次风的速度，而且还改变二次风的风量，因而往往还要调节风量挡板。如关小风速挡板后，为了保持风量不变，则应适当开大风量挡板。

实践表明，这种燃烧器的旋流强度较难调节，且调节幅度一般也有限，尤其是它对负荷和煤种的适应性较差，燃烧调节不便，因此目前无法广泛采用。

轴向叶轮式旋流燃烧器的一次风速也只能靠改变一次风量来调节，而二次风出口的切向速度或旋流强度的改变，可根据煤种和工况变化的需要，通过调节二次风叶轮的位置来实现。当燃用低挥发分的煤种时，为了使其容易着火，二次风叶轮往前推（往炉膛方向推），这时通过锥形导向叶片的二次风量增大，旋流强度和回流区相应增大，射程变短，扩散角变大，使较多的高温烟气被卷吸至燃烧器根部，有利于煤粉气流的着火。当燃用高挥发分的煤种时，可以把二次风叶轮往外拉出，叶轮外围的间隙增大，使一部分二次风从间隙流过，通过锥形导向叶片的二次风量减小，造成二次风的切向速度减小，旋流强度减弱，扩散角和回流区变小，射程变远，以防止燃烧器出口结渣或烧坏燃烧器。

总之，为了适应不同煤种和工况的需要，应控制不同的旋流强度和一、二次风配比。燃烧器出口切向风速的调节一般常和风量的改变配合进行，但必要时也可进行单项调节，如调节风速板、轴向叶轮的位置、中心锥等。一、二次风的轴向速度，一般只能靠改变一、二次风率的分配来调整，通过二次风风量挡板或总风量的改变来实现。

第三节　锅炉运行优化调整节能技术

一、锅炉风粉燃烧监测与优化运行

燃煤锅炉燃烧的稳定性、经济性和可靠性与一次风的风速和煤粉浓度有关，燃煤锅炉运行人员通常根据给粉机电压、转速及一次风静压等参数来组织和调整燃烧，这些很难准确反映入炉一次风量和分量多少及均匀程度。因此，采用锅炉在线监测和故障诊断系统，对锅炉燃烧系统优化运行显得尤为重要。

1. 锅炉燃烧调整

锅炉的优化燃烧，煤粉与空气的合理配比是最基本的条件，煤粉气流出口的均匀性对锅炉燃烧的影响极大。如果每个燃烧器按一定的风煤比向炉内送入煤粉和空气，就能使燃烧处于最佳工况，相反若燃烧器以较悬殊的比例送入煤粉和空气，尽管炉内所需的过量空气系数处于合格区域，也会带来一系列不良后果。

如果各个燃烧器一、二次风比例严重偏离，就会使锅炉燃烧不稳，从而导致不完全燃烧，锅炉效率降低，煤粉较浓的燃烧器附近形成还原性气氛区，在还原性气氛中，煤的灰熔点要降低150～200℃造成结焦，从而影响安全运行，所以要保持锅炉燃烧系统风煤比就需要提高监测技术，运用在线监测与故障诊断系统，监测一次风的速度和一次风温，可以直观地反映一次风管内的风粉情况。

燃煤锅炉的一次风速和风煤粉浓度及二次风大小对锅炉效率影响很大。因四角配风不均，风煤比例失调，造成锅炉爆管、燃烧器烧损变形、一次风管堵塞等事故，出现上述原因在于缺少一个可靠的监测一次风量和煤粉浓度的手段。以前采用一次风管静压间接地反映风粉情况的方法，司炉凭经验调节给粉机转速、控制煤粉量，用一次风挡板开度控制风量，很难使锅炉四角配风量及煤粉浓度均匀。锅炉燃烧风粉在线监测系统，该系统通过计算机对锅炉的一次风速、风量、风粉混合温度、煤粉浓度、煤粉量进行测量，在 CRT 上显示，为锅炉运行人员提供科学而准确的依据，使他们能及时掌握锅炉燃烧状况，提高锅炉运行的安全性、稳定性和经济性。

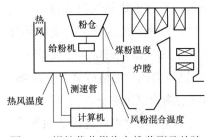

图 7-9　锅炉优化燃烧在线监测及故障
诊断系统

2. 监测及故障诊断系统构成

锅炉优化燃烧在线监测及故障诊断系统由温度传感器、速度传感器、数据传感器、工业控制、计算机组成，其结构如图 7-9 所示。

3. 系统功能

利用在线监测系统可很方便地进行一次风速、给粉机及配风的性能试验。

（1）一次风量及一次风速调整。司炉可通过监测一次风速、调整一次通风量，使四角配风量均匀，防止炉膛火焰偏斜冲刷水冷壁。

（2）一次风管给粉量调平。在一次风速调平的基础上，司炉通过对风粉混合温度的监测，调整给粉机转速，使四角风粉浓度比基本一致，以避免炉膛发生结焦和局部过热现象。

（3）风粉系统的故障判断及处理。

1）给粉机不下粉或卡掉诊断。给粉机运行时，如发现其一次风管中风粉混合温度与一次热风温度相近，此时煤粉浓度为零，诊断为给粉机断粉。此类故障系粉仓部分给粉机下粉处，煤粉结块堵塞下粉口所致。

2）粉管道堵塞诊断。当风粉混合温度低于其他一次风管道温度，并且其一次风速偏低时，应确认此管道堵塞，应紧急停运吹扫，待风速、风粉混合温度达到正常时再投入。运行人员可以通过对风粉混合温度、风速画面的监视，及时调整燃烧，以防止断粉、堵管、煤粉管道自燃等现象的发生，一旦有异常，可以及时处理。

（4）控制锅炉保持最佳工况。通过在线监测系统的观察及司炉运行调整手段，控制锅炉在最佳工况下运行，提高锅炉的安全性和经济性，从而提高锅炉的燃烧效率。

二、锅炉炉内燃烧在线检测优化燃烧技术

大型电站锅炉炉膛内的燃烧过程是发生在较大空间范围内的、不断脉动的、具有明显三维特征的物理和化学过程，火焰温度分布式燃料在经过高温化学反应、流动及传热传质等过程后的综合体现。

1. 炉膛三维温度场的检测

炉膛三维温度场可视化的基本思想是利用电荷耦合器件（CCD）摄像机作为二维辐射能量传感器，接受三维炉膛内的高温辐射能量信号，依据辐射成像新模型建立火焰二维温度图像和三维燃烧温度的关联方程，采用正则化重建方法获得炉膛三维温度场可视化。

（1）检测对象及系统。某 670t/h 超高压机组的发电锅炉，采用四角切圆燃烧方式，煤和高炉煤气混烧，高炉煤气从下部燃烧器喷入。在该炉上安装了一套三维温度可视化在线检测系统，由炉膛火焰探测器、视频分割器及工控机的等设备组成。8 只炉膛火焰探测器分 4 层安装在炉膛角上，每层 2 支，对角布置，相邻两层交错布置，这样布置可以尽可能地接受来自炉膛的全火焰辐射信息，利于三维温度场的建立视频分割器将来自 8 个 CCD 摄像机的 8 路视频信号合成为一路视频信号，经过图像采集卡送入到工控机中，在工控机中完成三维温度场的计算并给出相关的燃烧信息。

三维炉膛空间可以视为是一个由灰色固体壁面及所包围的灰色介质构成的系统，八路堂内的空间区域沿 i（宽度）、j（炉深）、k（炉高）3 个坐标方向划分为 $10 \times 10 \times 12$ 的网格。用工业 CCD 摄像机获得炉膛内的辐射图像信息，每个 CCD 靶面像素单元为 900 个。根据文献，辐射成像新模型建立了二维温度图像 $TCCD$ 和炉膛内三维温度分布 T 之间的能量关系：

$$TCCD = A'T \tag{7-11}$$

式中，矩阵 A' 的元素 $\alpha'(i, j)$ 由第 i 个网格单元发出的辐射被第 j 个 CCD 像素单元接收到的份额所决定，主要通过 READ 数计算而来。式（7-11）是一个病态的线性方程组，用正则方法可以有效地求解这种类型的方程。

（2）检测结果分析。在燃煤不变时，机组正常运行火焰平均温度与机组负荷、主蒸汽压力随时间变化趋势一致，如图 7-10 所示。

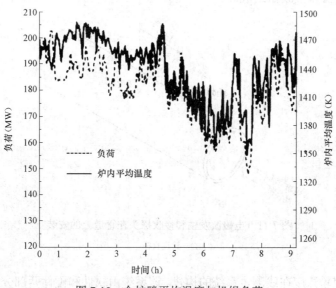

图 7-10　全炉膛平均温度与机组负荷

2. 风煤在线测量的锅炉优化燃烧技术

目前，国内大容量电站锅炉普遍采用直吹式制粉系统。对于四角切圆燃烧方式，由于锅炉制粉系统中各输粉管道的阻力特性不同，容易导致锅炉同层四个角燃烧器的风粉均匀性差，造成炉膛内切圆偏斜，产生热负荷偏斜、结渣、炉内燃烧工况恶化、飞灰含碳量高等问题。同样，对于旋流燃烧器，由于以单个燃烧器组织燃烧，各燃烧器一次风量和煤粉浓度的分配不均对锅炉安全优化运行也是不利的。因此，采用可靠准确的风煤在线测量技术即一次风煤粉浓度和风量监视手段，能够有效地控制炉内各燃烧器出口的过量空气系数，实现高效低污染燃烧的目的。

（1）煤粉浓度在线测量原理——采用电磁波吸收方法的直吹式煤粉空气两相流动测量原理。采用电磁波吸收方法的直吹式煤粉浓度测量装置，其基本测量原理为在直吹式制粉系统煤粉管道中，空气夹带着煤粉，形成的气固两相流在铁制的薄壁管中流动，把粉管当作波导管，则波导管的特性仅依赖于管内绝缘材料的多少，也就是在测量段内的固相浓度的大小。利用探针激励原理使电磁波在波导管内传播，再利用探针检测，则由于煤粉气流的存在，电磁发生衰减和其他特性的变化，探针检测并与输入相比获得正确的固相浓度值。

（2）采用电磁波吸收方法的直吹式煤粉空气两相流动的测量装置。

1）直吹式煤粉浓度在线测量装置。装置整体系统包括两部分：电磁波探头和测量箱，电磁波探头采用在管道上钻孔安装的方法，电磁波发生和接收探头成对地沿粉管长度方向安装，探针伸入管内约150mm。电磁波发生和接收探头在管道上的安装如图7-11所示。电磁波的发射和检测电路分别分装于两个金属制的密闭盒子中，发送部分包括电磁波发生器、锁相电路、电磁波频率调节装置、T形接头、隔离器及天线组成。而检测部分由天线、隔离器和检波器组成。

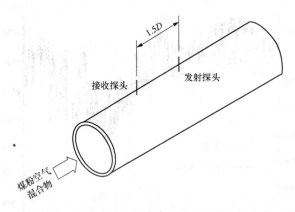

图7-11 电磁波发生和接收探头在管道上的安装

D—管道直径

2）直吹式煤粉浓度在线测量系统的构建。该系统由软件和硬件两部分组成，如图7-12

所示。上述的在线测量探头获得的信号经过 A/D 转化装置，通过计算机采集数据，并实现历史曲线、柱状图、切圆图等显示，从而可以实现配中速磨煤机的直吹式制粉系统的优化运行指导，提供运行人员直观的磨煤机出口风粉分配情况，配合运行优化调整技术和设备优化技术，提高磨煤机出口一次风风速和煤粉浓度的分布均匀性，实现对磨煤机优化运行指导的目的。由于配直吹式制粉系统的机组锅炉和制粉系统紧密联系，对直吹式制粉系统煤粉管道内的一次风流速和煤粉浓度的在线监测，还可实现锅炉燃烧优化指导，通过优化燃烧配风，防止因风粉分配不均而引起的炉内结渣、热负荷偏斜、飞灰含碳量高等问题。

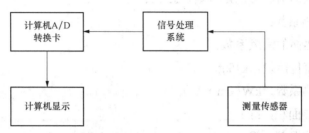

图 7-12　直吹式煤粉空气两相流动在线测量系统的构成

三、锅炉灰污在线监测及吹灰优化运行

锅炉运行过程中，锅炉所有受热面不可避免地存在着灰污现象。受热面的灰污是影响锅炉安全、经济运行参数的重要因素。在某些情况下，灰污情况决定了锅炉的停炉频率和维修周期，从而影响到锅炉的可利用率。为防止积灰严重，目前大容量锅炉中，各部分受热面通常装备有各种形式的吹灰器，并按照设定的程序定时、定量投入吹灰。

1. 电站锅炉积灰监测方法

目前，国内外对电站锅炉受热面的积灰监测已经有了成熟的商业软件，如英国 BMS International Ltd.的 IntelligentSootblowerControl Systems for Efficient Power Generation 系统、The Babcock&Wilcox Company（B&W）的 Sootblower Optimization 系统等。这些软件主要是采用了热平衡法对受热面进行传热计算，根据热量的变化情况寻找与受热面沾污的内在联系，用这种间接的方法对锅炉受热面进行积灰监测。例如，B&W 公司的软件主要就由 Heat Transfer Manager（HTM）模块和 Powerclean 模块组成，其中的核心部分就是 HTM 模块。

2. 热平衡算法基本原理

热平衡算法基本原理是根据传热过程中烟气侧和工质侧的热量平衡关系，由工质侧的参数反推烟气侧的温度值，最后反推获得炉膛出口烟气温度，从而对炉膛受热面的积灰、结渣程度进行判断。

基本的计算式为

$$Q_{dx} = D(i'' - i') / B_j \qquad (7\text{-}12)$$

$$Q_{df} = \phi(I' - I'' + \Delta\alpha I_1^0) \qquad (7\text{-}13)$$

$$Q_{dc} = k\Delta t H / B_j \qquad (7\text{-}14)$$

式中　Q_{dx}——工质的吸热量，kJ/kg；

　　　Q_{df}——烟气的放热量，kJ/kg；

　　　B_j——计算燃料消耗量，kg/s；

　　　I_1^0——冷空气焓，kJ/kg；

　I'、I''——受热面前、后的烟气焓，kJ/kg；

　　　Φ——保热系数；

　　　$\Delta\alpha$——受热面的漏风系数；

　　　Q_{dc}——对流传热量，kJ/kg；

　　　K——传热系数，kW/（m·℃）；

　　　H——受热面积，m²；

　　　Δt——传热温差，℃。

对于无附加受热面的尾部受热面如省煤器，采用式（7-12）和式（7-13）进行计算；有附加受热面但不接受炉膛辐射的受热面如高温再热器和低温再热器，由式（7-14）～式（7-16）进行计算；对于布置在炉膛出口以外的接受炉膛辐射的受热面如后屏过热器和折焰角上面的高温对流过热器，则需将式（7-12）修改为式（7-15）的形式：

$$Q_{dx} = D(i'' - i')/B_j - Q_f \qquad (7\text{-}15)$$

式中　Q_f——吸收炉膛辐射热，即考虑炉膛辐射的影响。

然后综合式（7-14）和式（7-15）进行计算。

通过以上各受热面的综合计算，即可得出锅炉炉膛出口烟气温度的推算值，从而判断炉内受热面的积灰状态。热平衡法推算炉膛出口温度是一种间接反映炉膛受热面结渣情况的计算方法，相对误差在4%左右，绝对误差约为40℃。在实际应用中，一般采用间接分析方法与直接测量法相结合的手段对水冷壁的积灰、结渣状态进行监测。其中，热平衡法用于炉膛受热面整体积灰状态的监测，热流密度计法用于对炉膛受热面局部积灰结渣状态进行监测。两种方法相辅相成，可以得到较好的应用效果。

3. 吹灰器的优化运行与管理

对锅炉积灰、结渣的在线诊断与监控，可给运行人员提供锅炉内积灰、结渣情况，进而优化吹灰器的运行。

（1）根据炉膛出口温度变化诊断结渣。当炉内出现沾污、结渣时，冷水壁的吸热量减少，炉膛出口烟温升高。如图7-13所示为炉膛出口烟温随吹灰的变化情况。吹灰后，炉膛出口烟温显著下降，随后随着沾污的增加又逐渐升高，直到下一次吹灰。因此，炉膛出口烟温的变化可以从整体上反映炉内结渣的状况。根据炉膛出口温度变化进行炉内结渣情况诊断的关键是要获得炉膛出口烟温,炉膛出口烟温可以通过以下两种方法获取。

1)由热平衡推算。由于锅炉炉膛出口烟温很高,常规的热电偶很难长时间运行,故一般情况下,在炉膛出口不装设温度测点。通常从省煤器入口或空气预热器入口测得烟温及相应的汽水侧温度等,根据热平衡推算出炉膛出口烟温。这是一种间接估算方法,难免有一定的误差,用此方法估算其误差可控制在4%以内,其对应绝对误差在40℃以

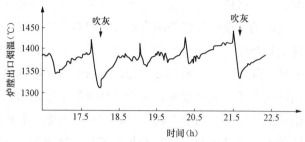

图 7-13　炉膛出口烟温随吹灰的变化情况

上。对于温度变化十分敏感的结渣过程,这一误差会影响控制的准确性和可靠性。因此在一些较先进的监控系统中,此方法一般只作为辅助手段。

2)直接测量。获得炉膛出口烟温的最好办法是直接测量,但是目前可行的方法不多,主要有光学高温计、声学高温计和红外传感温度计等,其准确度在10℃以内。

(2)吹灰器的优化管理。保证吹灰器正常运行,除要良好的设备外,还要设计日常维护和检修,在管理体制上给予充分的重视。

1)保证充分的疏水,防止把受热面吹爆。保证充分疏水应从两方面入手,一方面,对吹灰管路进行充分的保温,尤其是在接近除灰器的地方;另一方面,在吹器投入前,要充分进行疏水,保证蒸汽温度在规定值以上。

2)根据锅炉的运行状态调整吹灰。当锅炉燃煤变化过大时,需要调整吹灰的压力;运行人员也应该根据锅炉蒸汽温度、蒸汽压力的状况调整吹灰次数和部位。

3)加强吹灰器的日常维护和检修。及时对吹灰器进行必要的润滑,及时处理吹灰器存在的问题,及时更换枪管间密封填料函。大修后必须对吹灰器进行认真的调整,保持吹灰器设备处于良好的状态。

4)加强吹灰器运行的监察。吹灰器运行时应对其进行监视。对恢复使用的长伸缩式蒸汽吹灰器的初期投用,在每次制动时必须有人到现场,一旦吹灰器卡在炉内,应立即将其拉出,避免受热面被吹爆。

第四节　电站燃煤锅炉烟气余热利用节能技术

排烟温度高一直是影响电站锅炉经济运行的主要原因。排烟温度影响到锅炉的热效率、锅炉制造成本、尾部受热面的腐蚀、堵灰、烟道阻力和引风机电耗等。为减轻低温

腐蚀，排烟温度一般设计在 120～140℃，但由于尾部受热面积灰腐蚀、漏风和燃烧工况的影响，实际运行排烟温度大都高于设计值 20℃，燃用高硫煤的锅炉排烟温度高于200℃。排烟温度每升高 10℃，锅炉效率约下降 1%。

利用烟气余热的最有效措施就是直接降低排烟温度。目前，常用的方法是在烟道尾部布置省煤器和空气预热器。省煤器在锅炉中的主要作用是吸收低温烟气的热量以降低排烟温度，加热给水，从而降低水与汽包壁之间的温差，使汽包热应力降低和减少蒸发面的吸热量。空气预热器的主要作用就是利用烟气的热量来加热燃烧所需的空气。一方面回收烟气热量，降低排烟温度，提高锅炉的效率；另一方面高温热空气加热煤粉，有利于燃料的破碎和研磨，强化了锅炉的燃烧，降低机械未完全燃烧热损失。

锅炉排烟温度高既浪费了大量的能源，又造成严重的环境热污染。随着国家节能减排政策和对燃煤机组更加严厉的国家标准的提出，锅炉烟气余热利用受到广泛的重视。节能降耗是提高企业效益的重要手段，回收余热既节约一次能源，又提高二次能源的利用率，促进社会经济的低碳化发展，实现经济和社会双重效益。

一、低温省煤器

给水在锅炉中被加热成为过热蒸汽的过程可分成三个阶段，即给水预热、蒸发、过热。这三次加热分别是在锅炉的三种不同受热面中完成的，这三种不同的受热面及连接管道就组成了锅炉的汽水系统。省煤器就是其中之一，其负责给水的预热。可见，它是整个锅炉汽水系统中工质温度最低的一级受热面，流过该设备的工质是单相的水（非沸腾式省煤器）。省煤器是锅炉必不可少的部件，其作用是利用从炉膛流出的高温烟气加热给水，以降低排烟温度，提高锅炉效率，节省燃料。目前大中容量的锅炉广泛采用钢管式省煤器，其优点是强度高、承压能力强、传热性能好、重量轻、体积小；但是其耐腐蚀性比较差。

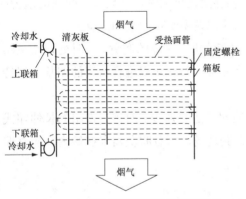

图 7-14　低温省煤器断面总装配图

普通省煤器是指安装在锅炉烟道内，吸收烟气热量加热给水的设备，与空气预热器一起被称为尾部受热面。新型低温省煤器，其安装位置是在引风机和烟囱之间或空气预热器和除尘器之间，烟气温度低（150～140℃），最后排烟温度在 40～50℃。

低温省煤器（如图 7-14 所示）是以补充水或冷凝水为工质，装有防堵灰的机械装置，可以将锅炉烟气温度从 140～150℃降低到40～50℃，对应的热损失从 8%～12%降低到 3%～4%。为防止烟气腐蚀，低温省煤器中被烟气冲刷的部件都采用不锈耐酸钢制造。低温省煤器主要由受热面蛇形管、箱板、机械清灰器和上下联箱组成。由 4 块钢板靠螺栓、螺母紧固围成低温省煤器的箱体。为便于清灰装置的工作，蛇形管受热面管子要靠特质的螺栓钩子固定在箱体内，而不能使用常规的方法。

低温省煤器运行时，烟气自上而下地冲刷受热面管子的外表面放热；冷却水从下联箱进入低温省煤器，冲刷受热面管子的内表面，与烟气形成逆流换热吸收烟气的热量，而后从上联箱离开低温省煤器。清灰板在驱动装置的带动下，顺着受热面管子的长度方向往复移动，并借助烟气的冲刷清理掉受热面管子外表面的烟气积灰。

1）低温省煤器的安装位置。通常来讲，烟气从锅炉排出后依次通过除尘器、引风机和烟囱，最后排入大气。但是由于经过低温省煤器的烟气温度已经低于露点温度，所以低温省煤器的安装位置可以放在除尘器之前或安装在烟囱内。

2）案例分析。某 350MW 燃煤湿冷机组，锅炉为亚临界、一次中间再热、双拱形单炉膛、自然循环汽包型。汽轮机为单轴双缸、双排气凝汽式汽轮机，设有 4 台低压加热器、3 台高压加热器与 1 台除氧器。由于设备老化及燃用煤种偏离设计煤种等原因，锅炉空气预热器出口烟温高达 136℃，不仅增大了排烟热损失，也影响了电除尘系统的工作效率，降低了电厂的热经济性。

为此低温省煤器水侧通过增压泵与凝结水系统相连，采用与 3 号低压加热器并联的方式布置。由凝汽器而来的凝结水依次通过 1~4 号低压加热器，其中 1、3 号为汇集式加热器，2、4 号为疏水放流式。

低温省煤器与 3 号低压加热器并联布置，流经换热器的凝结水量相当于 1kg 新蒸汽的份额为

$$\alpha = \frac{D_d}{D} \tag{7-16}$$

式中　D——新蒸汽流量，t/h；

D_d——流经换热器的凝结水流量，t/h。

根据等效焓降法，加装低温省煤器后，系统获得的实际做功收益为

$$\Delta H = \alpha(t_d - t_3)\eta_4 + \alpha\tau_3\eta_3 \tag{7-17}$$

式中　t_d——低温省煤器出口水焓，kJ/kg；

t_3——3 号低压加热器出口水焓，kJ/kg；

η_4——4 号低压加热器抽汽效率；

η_3——3 号低压加热器抽汽效率；

τ_3——3 号低压加热器前后的焓升，kJ/kg。

低温省煤器使系统热经济性相对提高 $\Delta\eta$：

$$\Delta\eta = \frac{\Delta H}{\Delta H + H} \tag{7-18}$$

式中　H——新蒸汽等效焓降，kJ/kg。

发电节约标准煤量为

$$\Delta b = b \Delta \eta \qquad\qquad (7\text{-}19)$$

式中　b——机组原发电量标准煤耗，g/kWh。

加装低温省煤器节能减排收益见表 7-2。在 THA 工况下，机组发电量标准煤耗降低了 2.8g/kWh。以 750 元/t（2017 年 7 月煤价）的标准煤计价，年机组利用小时 5500h 的情况下，机组每年可分别节约标准煤 5390t，减少 404.25 万元的标准煤耗成本，节约效益显著。

表 7-2　　　　　　　　　　　　加装低温省煤器节能减排收益

项目	数据	单位
集装低温省煤器实际做功收益	7.25	kJ/kg
发电标准煤耗降低	2.8	g/kWh
引风机和增压水泵增加功率折算标准煤	0.3	g/kWh
年节约标准煤量	5390	t/a
年节煤经济效益	404.25	万元

热管式低压省煤器与普通低压省煤器的不同主要在于应用了热管工作温度可控制原理，解决了当进口水温较低时，烟气侧金属壁温低于烟气酸露点而产生低温腐蚀和堵灰问题，分离型热管式低压省煤器工作原理如图 7-15 所示。

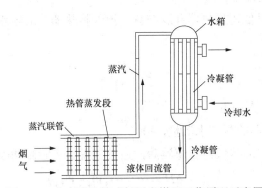

图 7-15　分离型热管式低压省煤器工作原理示意图

烟气加热热管蒸发段，内部工质吸热蒸发为蒸汽，进入蒸汽联管，经上升管进入冷凝管，被管外冷却水冷却，成为冷凝液，在重力作用下经液体回流管至热管蒸发段，继续吸收烟气余热蒸发，如此循环不息，将烟气热量传递给冷却水。

1）热管式低压省煤器的主要特点。热管式低压省煤器在相同的进、出口热网水温情况下，比普通低压省煤器具有较高的烟气侧金属管壁温，因此，热管式低压省煤器烟气侧金属管壁温度可通过烟气侧、水侧的对流换热系数与对流换热面积的变化在一定范围内调节，如在锅炉排烟温度和热管式低压省煤器进口水温一定的情况下，可采用增大烟气侧对流换热面积（例如在管外焊接螺旋肋片）或适当减少热管式低压省煤器水侧换热面积等方法来提高金属管壁温度，使其高于烟气酸露点，防止低温腐蚀和堵灰。即使进口水温只有 50℃左右，也可通过合理的设计，控制烟气侧热管金属管壁温度在 100℃左右，这是普通低压省煤器无法实现的，也是热管式低压省煤器最主要的技术优势和特点。

2）热管式低压省煤器的节能效果。某 HG-670/140-14 型超高压自然循环煤粉锅炉，机组为热电联供。烟气经过电除尘器后出口温度仍达 142℃，排烟热损失很大。为此在锅炉尾部烟道内加装了分离型热管式低压省煤器，进行余热回收，效果良好。

加装的省煤器受热面积为 2975.4m²，肋片效率 0.82，被加热的热网水流量为 238t/h，流速 0.81m/s。额定工况下，加装省煤器处过量空气系数为 1.484，电除尘器出口烟气量为 372.2m³/s，排烟温度可由 142℃下降到 117℃，热网水由 55℃提高到 85℃，省煤器管束间烟气流速达到 10.6m/s，传热系数为 46.6W/（m²·℃），经热力计算可回收热量 29.85GJ/h，如果采暖期按 5.5 个月计算，每个采暖期就可回收热量 12.322 万 GJ，相当于节约标准煤 4200t，折合人民币 315 万元。

二、空气预热器降低排烟温度的节能技术

空气预热器的作用是利用省煤器后排出的烟气的热量加热燃烧用的空气，以利于燃料的着火和燃烧，降低排烟温度以提高锅炉效率。按传热方式可将空气预热器分为两大类：传热式和蓄热式。常用的传热式空气预热器是管式空气预热器，蓄热式空气预热器。小容量锅炉多采用管式空气预热器，管式空气预热器具有结构简单，不需要传动装置、不消耗电能等优点。缺点是低温腐蚀，积灰和磨损。大容量锅炉一般采用回转式空气预热器，回转式空气预热器又分为受热面转动和风罩转动两种类型，目前发电机组普遍采用受热面转动的容克式空气预热器。与管式空气预热器相比，回转式空气预热器结构复杂，但很紧凑，单位体积的受热面积大，外形尺寸较小。等同条件下，回转式空气预热面的壁温较高，烟气腐蚀叫管式空气预热器轻些。缺点是漏风量大，需要传动装置及消耗电能。

在容克式空气预热器中，烟气、空气交替地流过受热面。当烟气与受热面接触时，烟气将热量传递给受热面，并被受热面蓄积起来；当空气与受热面接触时，受热面就将蓄积的热量传递给空气。周而复始，热量就周期性地由烟气侧传递给空气侧。容克式空气预热器与管式空气预热器相比，具有结构紧凑钢耗少，容易布置等优点。但是，由于容克式空气预热器是转动机械，存在着动静间隙，因此必然存在着漏风问题。漏风问题是容克式空气预热器的关键问题也是该类设备难以克服的缺点。所以，在容克式空气预热器技术中，如何减少漏风就占有很重要的地位。空气预热器的漏风会导致机组热力工况的变化，随漏风量的增加，热风温度下降，排烟温度也下降，排烟温度下降又导致冷端受热面壁温降低，加速了低温腐蚀的过程；漏风还影响机组运行的经济效益，它一方面降低了机组的热效率；另一方面增加了通风机械的功率消耗，使企业发电煤耗和供电煤耗增加；漏风严重时，甚至会被迫限制锅炉负荷。

1. 漏风量计算

容克式空气预热器主要有圆柱形转子、圆筒形外壳、传动装置和密封装置 4 部分组成。转子是运动部件，外壳是静止部件，因此动静部件之间总是存在着间隙，这些间隙便是漏风的通道。空气预热器同时处于锅炉尾部烟道的出口和一次风机、送风机出口，空气侧压力高，烟气侧压力低，二者之间存在着压力差，便产生了漏风的推动力。另一种情况是由于转子内部扇形仓内存在着间隙空间，当转子旋转时，间隙空间会将一些空气带入烟气侧，从而产生了漏风。将由于压差和间隙的存在所造成的漏风称为直接漏风，把间隙空间携带空气造成的漏风叫作携带漏风，而空气预热器的漏风主要是直接漏风。

根据黏性流体的伯努利方程和流速、流量、流通截面积之间的关系可以推导出直接漏风量。

直接容积漏风量：

$$Q_1 = F_V = KF[2(p_a - p_g - h_w\rho)/\rho]^{1/2} \tag{7-20}$$

直接质量漏风量：

$$G = KF[2(p_a - p_g - h_w\rho)/\rho]^{(1/2)}\rho \qquad \text{kg/s} \tag{7-21}$$

式中　K——系数；

　　　p_a——空气侧压力，Pa；

　　　p_g——烟气侧压力，Pa；

　　　ρ——空气密度，kg/m^3；

　　　h_w——漏气阻力，具有长度单位，m；

　　　G——单位时间内泄漏的气体质量，即质量漏风量，kg/m^3。

因此，影响漏风的主要因素是系数 K，间隙面积 F，空气侧与烟气侧之间的压力差 Δp。本式适用于回转式空气预热器的径向密封、轴向密封、环向密封和中心环向密封。

漏风量与漏风系数 K、间隙面积 F、空气与烟气之间的压力差 p 的平方根成正比，降低漏风量，就必须减低 K、F、p 的值。

降低回转式空气预热器漏风量的技术措施：

（1）降低泄漏压差。在回转式空气预热器中，空气侧与烟气侧的压力差是由锅炉系统的阻力决定的。在预热器的空气进口，空气压力为 p_{ai}。空气经过空气预热器后，由于空气侧的阻力，空气出口压力降为 p_{ao}。热空气送入锅炉后，参加燃烧变成烟气，由于锅炉的阻力，在空气预热器的烟气入口烟气压力降为 p_{gi}。烟气通过空气预热器后烟气压力降为 p_{go}。空气进口处空气侧与烟气侧的压力差即冷端压差为 $\Delta p_1 = p_{ai} - p_{go}$。出口处空气侧与烟气侧的压力差即热端压差为 $\Delta p_1 = p_{ao} - p_{gi}$。由于烟气侧的阻力，空气预热器热端压差等于锅炉阻力，空气预热器冷端压差等于锅炉阻力和空气预热器总阻力之和。因此，要控制空气预热器的烟风压差，就要在锅炉总体设计时选择合适的磨煤机型号、燃烧器类型和受热面布置，降低系统的阻力，并防止尾部结露；在空气预热器设计时，装设吹灰器、水冲洗装置及风压测量管道；在运行过程中，进行及时有效的吹灰。否则，随着运行时间的延长，因积灰堵塞而造成阻力增加和冷端压差增加，空气预热器漏风率会升高。在停炉维修时，进行水冲洗，保持受热面清洁，清洗后一定要烘干后再投入使用。蒸汽吹灰时一定要保证吹灰蒸汽压力和过热度，否则将加剧积灰堵塞。有些电厂因吹灰蒸汽达不到品质要求，又没有其他形式的吹灰器，干脆不吹灰，因而随着运行时间的延长，积灰加重，阻力增加，漏风率越来越大。

（2）降低间隙面积。空气预热器漏风量与间隙面积成正比，控制间隙面积可以有效地控制漏风。漏风间隙包括热端径向密封间隙、冷端径向密封间隙、轴向密封间隙和静密封间隙，间隙越小越好，但是间隙不可能为零，更不能为负值，因为间隙太小会造成设备磨损，缩短空气预热器的使用寿命。

1）选择合理的转子直径。间隙面积的计算公式为

$$F = \delta \cdot L \tag{7-22}$$

式中 δ——间隙宽度；

L——间隙长度，与转子直径有关，转子直径越大，间隙越长。

为控制间隙长度，必须合理选择转子直径。选择转子直径的原则有两个：一是确保烟气和空气在预热器内有适当流速，烟气在空气预热器内的最佳流速为 8～12m/s，空气流速等于或略低于烟气流速。二是空气预热器是锅炉系统的一部分，空气预热器的总阻力不能太高。根据美国 ABB-APC 公司的技术资料，空气预热器烟气侧阻力加上空气侧阻力之和应小于 127mm 水柱。因为阻力与气体流速和受热面高度有关，流速越大，受热面越高，阻力越大，所以当受热面较高时，可以选用较低流速，即较大转子直径；当受热面较低时，可以选用较高流速，即较小转子直径。

2）热端径向间隙的控制。热端径向间隙是空气预热器漏风的主要渠道，必须严格控制。热端径向密封片在安装调整时，一般安装成直线，内外侧间隙均为 0mm。在热态运行时预热器发生复杂的综合变形，尤其是转子的蘑菇状变形，使热端径向间隙增大，如果不采取措施的话，空气预热器 65%的漏风发生在热端径向间隙。现代空气预热器一般都采用冷端支撑、热端导向定位的结构，热端扇形板内侧吊挂的中心轴上，外侧吊挂在中心桁架上。空气预热器发生变形后，热端扇形内侧随着转子中心轴膨胀向上移动，所以内侧间隙是不变的，而外侧间隙则由于转子的蘑菇状下垂和外壳增长而增大。

3）冷端径向间隙的控制。由于冷端压差大于热端压差，冷端气体密度大于热端密度，因此冷端径向漏风是空气预热器漏风的重要因素，冷端间隙必须得到有效的控制。冷端间隙的控制一般采用冷态预留热态弥补的办法，即在冷态安装调整时，冷端内侧间隙为 0mm，而外侧预留出一定间隙；热态运行时，内侧间隙由 0mm 变为支撑端轴的膨胀值，外侧间隙由于转子的蘑菇状下垂变为 0mm。冷端扇形板一般在用螺杆支撑在中心桁架上，如果预留间隙偏大，可以手动均匀调整冷端扇形板。

4）轴向密封间隙的控制。现代大型空气预热器一般都装有轴向密封装置，当环向密封不良时，轴向密封可以防止气体通过外壳与转子之间的环形通道绕到烟气侧，也就是说，轴向密封起到第二条防线的作用。实际上，旁路密封的生产和安装精度不易保证，再加上旁路密封片的磨损，旁路漏风是存在的。当环向密封所泄漏空气从冷端进入转子与外壳之间后，又分为两个去向，一部分通过轴向密封间隙泄漏到烟气侧，一部分又从另一端汇入到空气风道中。为控制轴向漏风，可以采取以下措施：①保证环向密封质量，减轻轴向密封负担，如现场车加工环向密封面；②冷端元件装卸门加装填料，防止额外环向泄漏；③根据转子半径膨胀量，正确预留轴向密封间隙。采用上部主轴中心驱动装置，不但可以减小转子的晃动给空气预热器带来的影响，而且空气预热器的轴向密封条可以保持完整性，降低空气预热器的漏风率。

（3）降低泄漏系数。降低泄漏系数 K 最常见和有效的方法是采用双重密封或多重密封装置。当采用单密封时，烟气与空气只有一壁之隔，泄漏阻力相对较小，直接漏风量较大。当采用双密封时，烟气与空气被过度区域隔开。在工况相同和间隙相同的情况下，采用双密封结构时，漏风先从空气区泄漏到过渡区，再从过渡区泄漏到烟气区。根据直接漏风量计算公式可看出，双密封技术可以把泄漏系数 K 降低 30%，则会使漏风量降低 30%。另外，双径向密封还可减轻转子多边形变形，减少环向间隙，降低环向漏风；双静密封可以缓解热端轴承处向外漏热风和密封板调节机构处向外漏热风。若采用多重密封，则密封数越多，降低泄漏系数 K 越大。多重密封相对于单密封，实际上是增加了气体由空气侧到烟气侧的泄漏阻力，阻力系数由 ξ 变成了 $n\xi$，因此，会使泄漏量减少。

2. 案例分析

某电厂 300MW 燃煤机组，空气预热器漏风率一直较高，近几年来实际运行中空气预热器漏风率达 35%，导致锅炉热风风量不足，一次风压、风量不够。当燃煤水分较大或煤质较差时，机组最大出力只能达到 280 MW，严重影响机组的经济运行。

为此进行了改造：空气预热器的主轴垂直布置，采用顶部中心驱动方式；烟气和空气以逆向流动方式换热；烟气向下，空气向上流动。改造后锅炉的经济性分析见表 7-3。

表 7-3　　　　　　空气预热器改造前后性能参数试验结果对比

项目	改造前		改造后	
	甲侧空气预热器	乙侧空气预热器	甲侧空气预热器	乙侧空气预热器
负荷（MW）	280		300	
预热器漏风系数	1.4	1.6	1.05	1.1
进口烟气温度（℃）	320	322	331	332
出口烟气温度（℃）	118	120	135	136
空气预热器一次风温度（℃）	267	265	291	288
空气预热器二次风温度（℃）	275	280	304	297
一次风母管压力（kPa）	5.8	5.8	9.1	9.2

续表

项目	改造前		改造后	
	甲侧空气预热器	乙侧空气预热器	甲侧空气预热器	乙侧空气预热器
负荷（MW）	280		300	
送风机电流（A）	168	169	102	102
吸风机电流（A）	124	122	86	85
一次风机电流（A）	79	80	73	68
进口氧量（%）	1	0.9	3.1	3.2
出口氧量（%）	4.5	4.6	3.2	3.3
漏风率（%）	35	38	5.7	5.5
锅炉效率（%）	90.4		91.5	

改造后机组带负荷能力明显提高。一、二次热风温度改造后比改造前分别提高到291℃和301℃，说明改造后的空气预热器换热效率高，燃用差煤湿煤的能力大大提高。当燃用差煤湿煤时，改造前制粉系统的煤粉细度与标准相差较远，改造后煤粉细度十分理想。更重要的是改造前夏季燃用差煤时只能带280MW运行，改造后可较好地实现满负荷运行，改造前后带负荷能力相差20MW。经粗略估计，该机组燃用差煤年均约1500h，改造后比改造前每年多发电3.0×10^7kWh。上网电价按照0.3元/kWh，年多发电收益为900万元。

空气预热器改造后锅炉效率也得到了提高。改造前由于一次风压不足，石子煤内夹杂煤粉，每天排放的石子煤大约50t，空气预热器改造后，同样煤种下每天的石子煤排放量大约只有20t，相当于每天有30t的煤粉白白地排放掉了。另外，空气预热器改造前锅炉炉膛氧量只有1.0%左右，改造后可达到3.2%左右，不完全燃烧损失大大减小。仅此两项每年可节约原煤7000t左右，煤价按每吨350元计算，可节省燃煤成本7000×350=245（万元）。

三、采用热管换热器的烟气余热利用

热管是一种具有高导热性能的传热组件。以热管为传热元件的换热器具有传热效率高、结构紧凑、流体阻损小、有利于控制露点腐蚀等优点。作为废热回收和工艺过程中热能利用的节能设备，取得了显著的经济效益。

1. 热管换热器特点

（1）运行安全可靠。通过换热器的中隔板使冷热流体完全分开，在运行过程中单根热管因为磨损、腐蚀、超温等原因发生破坏时，基本不影响整个换热器的运行。热管换热器用于易燃、易爆、腐蚀性强的流体换热场合具有很高的可靠性。

（2）适用于低品位的能量回收。热管换热器的冷、热流体完全分开流动，可比较容易地实现冷、热流体的逆流换热。冷热流体均在管外流动，由于管外流动的换热系数远

高于管内流动的换热系数，适用于回收低品位热能。

（3）耐磨损。对于含尘量较高的流体，热管换热器可通过结构的变化、扩展受热面等形式解决换热器的磨损和堵灰问题。

（4）耐腐蚀。对于带有腐蚀性的烟气余热回收，通过调整热管换热器蒸发段、冷凝段的传热面积来调整热管管壁温度，使热管尽可能避开最大的腐蚀区域。

2. 案例分析

某热电厂有 2 台 130t/h 循环流化床锅炉，设计排烟温度为 138℃，实际运行排烟温度为 145~153℃，锅炉排烟热损失较大，拟采用热管换热器进行烟气余热回收利用。在进行技改前，首先要进行烟气余热利用节能量的计算。

采用等效焓降法进行能量计算，增加烟气余热回收系统后使低压加热器的进汽量减少，排挤的抽汽返回汽轮机做功而产生效益。该热电厂的工业供汽、采暖抽汽、除氧器加热蒸汽均来自汽轮机的同一段抽汽，项目实施年度工业供汽由原来的一期工程供给转移到二期工程供给，并新增了部分采暖面积，这就导致该段抽汽量大幅度增加，排挤的抽汽只是其中一少部分。所以增加烟气余热回收系统后，减少的除氧器加热蒸汽并没有返回汽轮机做功，而是作为工业供汽或者采暖抽汽被直接利用。因此，节能量计算选取收益最少的加热除盐水回收的热量来计算。

冬（夏）可回收的热量 Q：

$$Q = D(h_1 - h_2) \times 1000 \tag{7-23}$$

式中 D——除盐水流量，t/h；

h_1——换热器出口除盐水焓值，kJ/kg；

h_2——换热器入口除盐水焓值，kJ/kg。

回收热量折算等效煤量 G_1：

$$G_1 = \frac{Q \cdot HR}{Q^P \cdot \eta \times 1000} \tag{7-24}$$

式中 Q——夏（冬）季回收热量，kJ/h；

HR——设备夏（冬）季满负荷运行小时数；

Q^P——标准煤的发热量，kJ/kg；

η——锅炉效率，取 91%。

引风机增加能耗 P_1：

$$P_1 = \frac{\Delta h_1 \cdot V_8}{3600 \cdot \eta_Y \times 1000} \tag{7-25}$$

式中 Δh_1——增加的烟气阻力，Pa；

V_8——烟气流量，m³/h；

η_Y——引风机效率，取 75%。

除盐水泵增加能耗 P_2：

$$P_2 = \frac{D \cdot g \cdot \Delta h_2}{\eta_b} \tag{7-26}$$

式中　Δh_2——水泵增加扬程，m；

　　　η_b——水泵的效率，取 75%。

利用热管换热器回收烟气余热的节能效益见表 7-4。

表 7-4　　　　　　　　　　　　节能效益计算汇总

项目	夏季	冬季
可回收热量（kJ/h）	7 538 400	8 165 100
满负荷运行时间（h）	1234	2330
回收热量折算等效标准煤量（t）	348.82	713.38
引风机增加能耗（kW）	27.02	20.67
除盐水泵增加能耗（kW）	0.22	0.22
增加能耗折算等效标准煤（t）	7.93	11.49
节约标准煤量（t）	340.89	701.89

从表 7-4 可看出，通过增设热管换热器回收烟气余热，节煤效果明显，每年的冬夏两季共可以节约标准煤量约 1042t。

第五节　电厂储煤系统、制粉系统及其他系统节能技术

一、电厂储煤系统节能

储煤场是火力发电厂燃料供应的保障，随着火力发电厂机组和规模向高参数、大容量发展，对煤场储煤量的要求越来越高。如何提高场地的利用率，缩小占地面积，降低土石方量，提高煤场作业自动化水平，减少煤损率并尽可能地减少环境污染，是国内现代化火力发电厂储煤场发展需要解决的焦点问题。

1. 电厂储煤形式

电厂储煤场的储煤形式主要有以下几种。

（1）开放式煤场。优点：投资少、技术成熟、建设周期短，堆放不同煤种有较高的灵活性；缺点：煤场利用率不高，储煤损耗大、流失大，燃煤受暴雨条件影响较大，入炉煤含水率不稳定；环境污染严重。

（2）半开放式储煤场。半开放式储煤场也称干煤棚，其结构一般就是在煤场上加盖，是火力发电厂存储煤的主要形式。

优点：暴雨下不会造成煤的流失，雨季煤料输送堵料现象较少，入炉煤水分相对稳定。

缺点：占地面积大，煤场利用率不高。

（3）全封闭型储煤场。全封闭型储煤场包含全封闭圆形煤场、全封闭方形煤场和圆筒仓并列群仓、新型气膜式储煤棚。全封闭圆形煤场又称半球式储煤仓，下部设有挡煤墙，上部采用球冠状或半球状钢结构网架封闭。每个储煤场一般需要安装 1 套回转范围 360° 的堆取料机，堆、取料作业可同时进行；全封闭方形煤场在国外燃煤电厂较为常用，煤场内为条形煤堆，每座方形全封闭煤场根据煤场长度配 1~2 台堆取料机；圆形筒仓一般为锥壳仓顶、圆筒仓体、倒锥型底部漏斗的钢筋混凝土结构。圆形筒仓容积大，土地利用率极高，占地面积小，但其土石方量高，造价也较高，且施工周期长，仅适用于场地狭窄环保要求高的特殊场合；新型气膜式储煤棚一般由控制系统、新风增压系统、环境监测系统、应急备用电源系统等组成。气膜式储煤棚用膜材料制成封闭空间，加以锚定充气，配备恰当的钢缆系统，组成封闭式料场建筑。气膜式储煤棚节能环保、造价低、施工周期短、易维护，智能性好，是一种很有潜力值得推广应用的储煤方式。

2. 开放式或半开放式储煤方式的节能问题

开放式或半开放式是传统储煤的主要方式，其储煤损耗大、流失大，储煤节能是其面临的一个重要问题。储煤损失主要有以下几种。

（1）自燃损失。煤堆自燃是由煤氧复合作用而产生的。当煤与空气接触后，空气中的氧便会随着空气的流动而进入煤体内部，平衡状态被破坏的煤表面分子与氧气接触，迅速与氧发生物理吸附、化学吸附及化学反应等一系列变化，并释放出热量。当释放热量大于向环境散失的热量时，煤堆温度升高，如果煤堆内部温度达到煤的着火温度时，就会发生煤自燃现象。

（2）热损失。在存储过程中，煤与氧气发生缓慢的氧化还原反应，煤的热值会减少，约 1% 的损失。储煤热损失随季节变换而不同，煤存储的第一年，储煤的热损失率为冬季 1.4%，夏季 2.1%；同时储煤热损失还与煤堆存放情况有关，当煤堆压实时，热损失率为 0.1%~4%，而当煤堆比较松时，热损失率一般为 5%~10%。因此，为减少储煤热损失，应尽可能减少煤储存的时间，采取"先存先用"原则。

（3）煤尘飞扬损失和雨水冲刷流失。煤尘飞扬和雨水冲刷是露天煤场另外两个煤炭损失的因素，这两个因素都是由于天气原因造成的。刮风导致煤尘飞扬，尤其是在多风的季节。据估计，这两个因素引起的煤炭热损失率约为 1%。天气干燥遇大风就会把一些比较细小的颗粒吹走，造成亏吨，通过洒水能有效地解决煤尘飞扬的问题，还能起到环保的作用。另外，在风害方面，还可加装防风抑尘网、种植高树等防风起到挡风墙的作用，并能改善周围环境。防尘罩、防水布、雨罩篷布对防止雨水冲刷是简单而又经济的方法。至于由雨水引发的煤炭流失问题，可通过设置煤场排水和排污设施减少损失。

采用全封闭式煤场，以上问题可得到很好改善甚至完全解决。

二、制粉系统节能

制粉系统的任务是安全可靠并经济地制造和运送锅炉所需的合格煤粉。从原煤仓出口开始，经给煤机、磨煤机、分离器等一系列煤粉的制备、分离、分配和输送设备，包括中间储存的相关设备和连接管道及其部件，直到煤粉和空气混合物均匀分配给锅炉各个燃烧器的整个系统，简称制粉系统。

制粉系统可分为中间储仓式和直吹式两种。中间储仓式制粉系统是将磨煤机磨制好的合格煤粉储存在煤粉仓中的系统。煤粉仓分称为中间储粉仓，其中可储备大量煤粉，可根据锅炉负荷需要给煤机从煤粉仓中取得煤粉，送入炉膛内燃烧。直吹式制粉系统不设煤粉仓，磨煤机磨制好的合格煤粉直接送入炉膛内燃烧，磨煤机磨制的煤粉量，应与锅炉负荷同步。

1. 中储式制粉系统节能分析

（1）中间储仓式制粉系统。中间储仓式制粉系统适合用于单进单出筒式钢球磨煤机。这种磨煤机制粉电耗高，低负荷时点好更高。配备中间储仓可使磨煤机与锅炉之间具有相对独立性，锅炉在低负荷时，磨煤机仍可保持在高负荷下运行。

图 7-16 所示为单进单出钢球磨煤机的中间储仓式制粉系统。原煤经给煤机在下行干燥管中由热风预先加热后，与干燥热分一同进入磨煤机。磨制好的煤粉随干燥剂从磨煤机中带出，进入粗粉分离器进行分离，不合格的粗粉返回磨煤机重磨，合格的煤粉随干燥剂带入细粉分离器，在其中约 90% 的煤粉被分离后，一般带有约为 10% 煤粉的干燥剂称为乏气。乏气由细粉分离器顶部引出，经排粉机提升压力后，可与经给粉机从煤粉仓获得的煤粉混合，作为一次风喷入炉内燃烧，如图 7-16（a）所示。煤粉然所需的其余空气，由二次风箱提供。乏气送粉系统的一次风温较低，当锅炉燃用着火温度较高，反应性能较差的煤种时，要求较高的一次风温，以利于煤粉及早着火燃烧。在这种情况下，可直接采用温度较高的热风作为一次风来输送煤粉，入炉内燃烧，来自排粉机的乏气，则送到布置在主燃烧器上面的三次风喷嘴作为三次风。这种系统称为热风送粉系统，如图 7-16（b）所示。

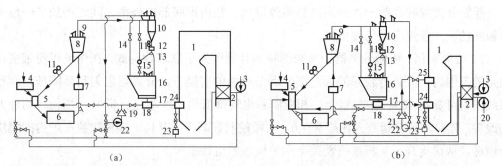

图 7-16　中间储仓式制粉系统

（a）中间储仓式乏汽送风系统；（b）中间储仓式热风送粉系统

1—锅炉；2—空气预热器；3—送风机；4—给煤机；5—下降干燥罐；6—磨煤机；7—木块分离器；8—粗粉分离器；9—防爆门；10—细粉分离器；11—锁气器；12—木屑分离器；13—换向阀；14—吸潮气；15—螺旋输粉机；16—煤粉仓；17—给粉器；18—风粉混合器；19—一次风箱；20——次风机；21—乏气风箱；22—排粉机；23—二次风箱；24—燃烧器；25—乏气喷嘴

（2）中储式制粉系统存在的问题。

1）钢球磨煤机单位耗电量高，一般为 436～437kWh/t。

2）粗粉分离器效率低，目前常用粗粉分离器的结构形式为调节挡板轴向型，存在的最大问题是分离效率、回粉量大、系统处理不足。主要是因为分离器内流界面过大，重力分离严重。同时，分离内部气流速度较低且贴近内筒壁，不但使气流携带煤粉的能力减弱，还增加了内筒磨损。

3）细粉分离器效率低。

4）运行参数偏离最佳值。制粉系统的运行参数（磨煤机出入口风温、风压、装球量、系统通风量等）不能保持最佳运行，最终体现在磨煤机出力小、排粉机通风最大、风压高，同时磨煤机、排粉机运行台数不能及时根据负荷变化进行调整，这些都使得制粉系统电耗增加。

（3）粗粉分离器的改进。轴向型粗粉分离器如图 7-17（a）所示。粗粉分离器容积大大增加，粗粉分离器内的气流形成更为合理、阻力降低、分离效果明显改善，使用与无烟煤或贫煤等要求煤粉细度较细的场合。但早期的轴向型粗粉分离器容积利用率低，煤粉均匀性差，存在着较严重的局部磨损问题。

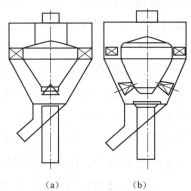

图 7-17　轴向式粗粉分离器
(a) 轴向Ⅱ型；(b) 串联双轴向式

1）改进方案。双轴向式粗粉分离器如图 7-17（b）所示，在内外锥之间的下部又增加了一级轴向叶片。气流从下部开始旋转，进一步延长了煤粉颗粒的分离路程；同时在内外锥之间因为气流旋转使气流分布均匀（原气流贴内锥流动），有利于内外锥之间的重力分离及阻力的降低。另外，该分离器内锥下的回粉间隙取消，避免了回粉间隙的堵塞带来分离效果波动的问题。

粗粉分离器底部的一次分离区结构改进后，在内锥底部内外锥之间还增加了一段可调轴向挡板，使煤粉均匀性更好。

2）改造实例。粗粉分离器由原来的轴向Ⅱ型改为串联双轴向式，在保证煤粉细度在规定的范围内，且具有较好的煤粉细度调节特性的前提下，分离器阻力明显降低，制粉系统出力可提高 10%～15% 以上，相应制粉电耗降低约 10% 以上；同时，煤粉均匀性大为改善，煤粉均匀性指数大约提高 1.0，大颗粒明显减少，有利于煤粉颗粒在炉内的燃烧和燃尽，从而提高了制粉系统及整个锅炉机组的运行水平。

（4）细粉分离器的改进。为解决大、中容量机组的细粉分离器存在的问题，东北电力大学和华北电力科学研究院共同提出了双级分离式细粉分离器。其基本思路是对于大、中容量机组，细粉分离器分离效率较低的原因是分离器直径增加而离心力变小。随着分离器直径的增大其中心管也按比例增加，对于直径 4m 的分离器其内径已达 2.4m。在保持分离效率不变的条件下，在内筒中增设分立元件，对气粉混合物进行二次分离，达到提高分离效率的目的。同时，不应是分离器正阻力明显增加，使中储式制粉系统在原有排粉机（或三次风机）压头下可以正常工作。该改进方案既使用于系制造的分离器，也适用于正在运行的细粉分离器改造，这是因为在改造是分离器外筒和连接管口均不必改动，只在内筒增加分立元件就可以了。螺旋格式双级分离式细粉分离器的结构特点是在内筒上没有漏选现行的灰尘隔离室，当含有煤粉的气、固混合物进入内筒后，在离心力作用下，一部分固体粒子会被甩入螺旋线型隔离从而被分离出来。因为隔离室是气体流动的死区，所以避免了上升流对固体粒子的携带。螺旋线旋转方向与气流流动方向相同，既可以减少阻力，又可以降低隔离室磨损。捕捉下来的粒子沿隔离室被送之锥体，经过专门设计的内筒锁气器被排出内筒，从而大大地提高分离效率的目的。因而螺旋线隔离室的相对尺寸很小，如果螺旋线高度不值得当，对内、外筒中气流的流动影响极小，所以分离器阻力增加不十分明显。

为检验新型双击分离细粉分离器的现场使用性能，在某发电厂 1 号锅炉直径 3.2m 的细粉分离器（200MW 机组配合四台钢球磨煤机）安装螺旋格立式分离器元件。

从实验数据可知，加装了分离元件及锁气器的直径 3.2m 分离器，分离效率提高了 2.66%，其阻力增加了 135Pa，乏气含粉量比原来减少了 21%左右。

（5）中储式制粉系统经济运行。某发电厂的制粉系统采用 4 台 350/360 型钢球磨煤机，两级分离负压运行，中间储仓式乏气送粉。

1）通过调整试验，确定经济运行方式，指导运行。对系统的全面调试，从经济和安全性角度比较试验结果，确定经济运行方式。

影响制粉系统的可控参数主要包括磨煤机电流、磨煤机出口压差、再循环风门开度、磨煤机入口温度、排风机入口流量、排粉风机出口风压、煤粉细度、给煤机转速和给煤量。通过这些可控参数的分析研究及相关的实验确定最佳运行方式。

（a）给煤机特性实验。通过给煤机特性试验，标定给煤量与给煤机组转速之间的关系，作为计量磨煤机出力的手段，是进行制粉系统试验的基础。

给煤机出力 B（t/h）与给煤机电动机实际转数 n（r/min）的关系为

$$B = 0.00467n + 0.0976 \tag{7-27}$$

通过试验，给煤机转数保持在 1100～1200r/min 时，磨煤机出力在 50t/h 以上时制粉电耗最低。

（b）最佳装球量。磨煤机应定期加钢球，保证磨煤机空转电流为 96～98A，带煤电流为 100～103A，此时系统运行的各种参数最佳。

（c）排粉机最佳运行方式。保持再循环风门开度在 10%以下，回风门开度为 65%，排风机入口流量为 104t/h，排粉机出口压力为 3500Pa，能够满足系统的需要，为最经济运行方式。

2）通过球磨煤机自动控制改造实现经济运行。

a. 常规控制系统存在的问题。火力发电厂制粉系统的安全经济运行直接影响发电机组的正常运转。长期以来，我国火力发电厂燃煤机组带中间储仓式球磨煤机制粉系统的自动控制一直是一个难题。球磨机是一个三输入三输出的强耦合、非线性、大延迟、大惯性的被控对象，传统的控制系统一般采用 3 套相互独立的 PID 控制回路。回路间的耦合很难消除，长期手控球磨机运行。这样不仅容易造成球磨机的满煤、断煤、超温等事件，而且不能使系统长期保持在最大出力运行。

b. 采用分级、预测模糊控制实现优化运行。球磨机运行特性。球磨机的电动机功率、前轴振动信号、出入口差压和磨磨煤机出力和球鼓内存煤量存在一定的关系。球磨煤机特性如图 7-18 所示。从图 7-18 可看出，球磨机投入运行后，给煤机不断向球体内送煤，随着球体内存煤量的不断增多，电动机功率不断增大。功率达到最大时，球磨机出力并没有达到最大，出力最大点在功率最大的右边。所以，将球磨机运行工作点推向最大出力点附近，可提高出力，节约厂用电。

球体内存煤少时，钢球间、钢球与煤间产生的撞击作用增大，振动量信号加大；反之，振动量信号减弱。随着存煤量的增加，出力逐渐增加，存煤量增加到一定值时，出力将达到最大。继续增加存煤量，出力反而减小，球磨机将出现进煤大于出煤粉的情况，球体内存煤量急剧上升，造成堵煤。球磨机出力达到最大值前，其出入口差压变化较为平稳；达到最大出力后，如果继续加大给煤量。则出力减小，差压缓慢增加，继而急剧增加，造成堵塞。

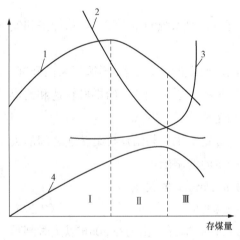

图 7-18　球磨机特性曲线

1—功率；2—振动；3—压差；4—出力

根据各曲线特性，将图 7-18 分为Ⅰ、Ⅱ、Ⅲ区。在Ⅰ区时的球磨机耗电量大，出力小，不合理；Ⅲ区时易堵煤，应避免危险；在Ⅱ区状况最好，应保持磨煤机在高出力下安全工作。

根据球磨机的运行特性和控制要求，首先应保证安全运行，其次是达到最佳出力。所以，模糊控制系统设计的最基本出发点应是确保煤出入口负压和出口温度在正常范围内，使其出力达到最大。在正常运行中，引入口负压收下煤量和风量影响而波动较为频繁，应首先控制负压，使其不能太大或太小；其次，控制出口温度在给定范围内；在负压温度都正常的情况下，调节给煤量，使存煤量最佳，达到出力最大。

c. 控制方案。

（a）入口负压调节。入口负压一般由循环风量调节，在循环风量变化直接影响锅炉燃烧，故采用热风量作为辅助调节。控制中要限制再循环风量在一定范围内变化，如果再循环风量已超越这个限制，而负压仍达不到要求，则使用热风参与负压调节。可根据不同球磨机的具体情况，由运行人员设定循环风量限制范围。

（b）出口温度调节。出口温度与干燥剂量及其温度有关，与磨煤机内存煤量也有直接关系。存煤量多时，改变热风量，出口温度变化不大；反之，变化明显。球磨机在正常运行时，出口温度变化缓慢，适当增减热风量能保持出口温度在较长时间稳定在一定范围内，只有在一些异常情况下，出口温度变化很快，需要在异常调节规程中处理。

（c）负荷调节。磨煤机出入口差压受煤存量及系统风量等诸多因素的影响，有时不能准确反映磨煤机负荷，所以，多采用噪声-功率联合控制；噪声-功率-压差联合控制系统的方进行调节。

2. 直吹式制粉系统节能分析

（1）直吹式制粉系统。目前，中速磨煤机和双进双出钢球磨煤机大部分采用冷一次风机正压直吹式制粉系统（如图 7-19 所示）。

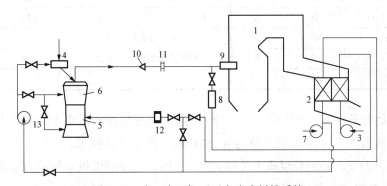

图 7-19　冷一次风机正压直吹式制粉系统

1—炉膛；2—空气预热器；3—送风机；4—给煤机；5—磨煤机；6—粗粉分离器；7—一次风机；8—二次风箱；
9—燃烧器；10—煤粉分配器；11—隔绝门；12—风量测量装置；13—密封风机

冷一次风机正压直吹式制粉系统有很多优点：

1）一次风机输送的是冷空气，工作可靠性高，电耗低。

2）可从高压头一次风机出口引出一路高压风作为密封风，以省去密封风机。

3）进入磨煤机空气的温度可根据磨制的煤种情况提高入口空气的温度，以适应较高水分煤种磨制的要求。

4）锅炉负荷变化对独立的一次风系统影响较小，由于采用三分仓预热器，一次风量改变时对预热器传热性能的影响也不大。

（2）直吹式制粉系统改进。

1）直吹式制粉系统存在的问题。

a. 配中速磨煤机时石子煤量大。

b. 迷宫密封泄漏大（ZGM 型）。

c. 机械方式加载（MPS 型）不适应变负荷运行。

2）改造方法。

a. 对早期生产的 ZGM，可以把中速磨煤机更换为 HP 型或 MPS 型。

b. 对传动盘迷宫式密封改造。

c. 改进液压站加压系统。

3）对早期生产的 ZGM 磨煤机的更新改造实例。某电磨煤机更换 HP 型的改造工程完成后，对改造后的磨煤机进行了性能测试，测试结果见表7-5。

磨煤机可以在空载条件下启动，并能在 12～40t/h 出力范围内连续调节，满足机组调峰运行的需要。

表 7-5 磨煤机改造前后设计参数比较

项目	改造前	改造后	项目	改造前	改造后
额定出力（t/h）	36.4	33.4	磨盘转数（r/min）	26.5	39.2
最小出力（t/h）	18.85	12	分离器入口温度（℃）	90	85
煤粉细度 R_{90}（%）	16	16	额定出力下一次风量（m³/s）	12.2	13.3
转数（r/min）	990	990	磨煤机防爆能力（MPa）	0.1	0.35
电压（kV）	6	6	磨煤机最大阻力（MPa）	7.0	4.5
功率（kW）	450	450			

在正常运行条件下，磨煤机石子煤排放通畅，石子煤排放量小于额定出力的 0.05%，石子煤的含灰量为 71.11%，发热量为 6.15MJ/kg，满足设计要求。

在额定出力下，实测磨煤机本体阻力为 380Pa，比原磨煤机运行阻力要小。

4）磨煤机传动盘密封改造。

a. 迷宫式密封结构泄漏原因。迷宫密封装置由镶铜片的迷宫环、迷宫支架、密封环等组成，如图 7-20 所示。当气体流过密封齿与轴表面构成的间隙时，气流受到了一次节流作用，气流的压力和温度下降，而流速增加。气流经过间隙之后，是两密封齿形成的

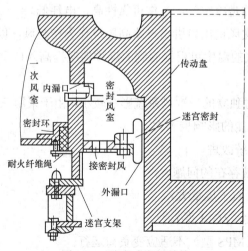

图 7-20 迷宫式密封结构

较大空腔。气体在空腔内容积突然增加，形成很强的旋涡，在容积比间隙容积大很多的空腔中气流速度几乎等于零，动能由于旋涡全部变为热量，加热气体本身，因此，气体在这一空腔内，温度又回到了节流之前，但压力却回升很少，可认为保持流经缝隙时压力。气体每经过一次间隙和随后的较大空腔，气流就受到一次节流和扩容作用，由于旋涡损失了能量，气体压力不断下降，比容及流速均增大。气流经过密封齿后，其压力由 p_1 降至 p_2，随着压力降低，气体泄漏减小。由上述过程可知，迷宫密封是利用增大局部损失以消耗其能量的方法来阻止气流向外泄漏，因此，它属于流阻形非接触动密封。

磨煤机正常运行时，大部分密封风经气环吹入一次风室，小部分密封风从迷宫处漏到大气中，既防止一次风从转动盘处向外泄漏，又防止一次风携带石子煤粉尘进入密封风室。

经分析，原设计的迷宫密封间隙过小，磨煤机在实际运行过程中应煤层厚度不同或卡异物，传动盘径向晃动超过密封间隙，导致迷宫环铜片磨损，密封间隙增大。密封风室密封风压低于一次风压时，一次风携带石子煤粉尘通过内漏进入密封风室，并从迷宫环磨损部位外漏，又加剧了对迷宫环的磨损。一次风压减低较多时，造成石子煤量增加，磨煤机出力下降；一次风压携带大量石子煤进入密封风室，加速了对迷宫环和传动盘的磨损。

b. 改造后的浮动密封结构。改造后的浮动密封装置（如图 7-21 所示），将原迷宫支架和密封环全部取消。密封装置固定在托架上，托架以传动盘为基准找正后，焊接在一次风室底部壳体上。内漏口为托架上部隔壁传动盘形成的密封，外漏口采用四道浮动式密封环，即上部一道、下部三道，上下部之间气封室通密封风，四道浮动密封环与传动盘直接接触，靠密封风压和弹簧作用，沿传动盘配合面移动，从而与密封面贴紧。安装传动盘前，对传动盘与迷宫密封配合处的轴径进行加工，以降低密封环和传动盘配合面的表面粗糙度。

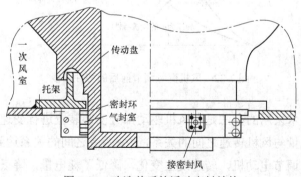

图 7-21　改造前后的浮动密封结构

与原迷宫密封装置相比，动静密封面之间几乎没有间隙，密封风泄漏量很少，密封结构更合理。浮动密封装置因积灰或弹簧故障不能正常工作时，只需将浮动环拆下并清理干净后裔即可恢复使用，检修方便省时，平时维护工作量小。如果炭精密封环工作面磨损，可翻面使用，也可把下部三道密封换至第一道密封，提高部件使用寿命，同时也减少了耐火纤维绳的消耗。

三、其他辅助系统节能分析

1. 锅炉风机节能技术

发电锅炉风机的参数足够采用多种多样的节能方式，但是对节能方式采用的不同节能的效果也不尽相同。如今发电厂锅炉风机主要采用的风机风量的调节方式有两种，一种为在风道入口安装进口导叶，另外一种为在风机驱动的部分安装变速调节装置。

进口导叶调节属于一种改变风机本身特性曲线的调节方式（如图7-22所示），图中，q_V 为风量；p_w 为风压；η_1 为风机效率；η_2 为传动机构效率，这种调节方式主要是在风机叶轮入口处产生产生气流预旋转，从而达到调节风量的目的。因为进口导入所需投入资金较少，且调节灵活，因此得到了广泛的应用。当风机风量减少的同时，其驱动电机输出的功率并没有进行大幅度的减少，因此能够节省下来的电能也被消耗在风机入口段。在采用挡板调节的风机运行中存在很多的问题，如容易出现故障，不适合长期多次的调节；设备容易损害，维修次数多，维修费用增多；挡板的能耗大，浪费了很多的资源。因此若从节能的角度来说，进口导叶的方式是不合理的，这种节能的方式不仅节流的损失较大，而且容易导致其他问题的产生。

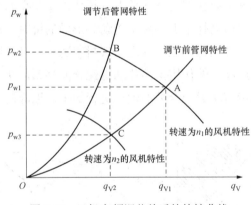

图 7-22　风机变频调节前后的特性曲线

另一种节能技术采用的办法是在风机驱动部分安装装置进行变速调节节能。这种节能办法利用风机风量与风机转速之间的关系，改变两者之间的关系达到调节风量的目的。若负荷产生变化，调节电动机，转速发生变化，降低了耗电量，降低了能耗，节约了电能。根据风机原理可以看出，对同一台风机来说，如果管道的阻力不变，那么风机的风量跟转速之间的关系为正比，风压跟转速的平方成正比，轴功率跟转速的立方成正比。因此，若负荷降低，对风量进行调节的情况下，降低风机的转速能够达到降低风机的运行功率。在风机、电机两者之间安上装置，以往的电机根据固定转速进行调节而如今在装置的调节下能够根据不同的流量的需求进行风机转速的调节，也就是说若锅炉的负荷产生变化，驱动风机可根据转速进行风量与风压的调节，从而保证风力跟锅炉的负荷相适应。安装调节装置改变了其转速，但是其任务依然能够完成，采用变速条件的条件下，变速装置本身并没有什么损耗。对其变速装置的选择与调整都需要工作人员的认真选择与挑选。目前在市场中主要存在两种风机调节的方式，一种为机械调节的方式，最主要采用的装备为在电机跟风机之间安装液力偶合器，利用液力偶合器进行调节，不仅所需投资金额较少，并且节能效果也很好，但是也存在一定的缺陷，如液力耦合器需要较大的安装空间及制作专用的基础，并且存在转差损失，运行效率降低，运行的可靠程度低，需要进行多次维修，增加了维修的费用。

另外一种为电机变频调节，电机变频调速节能原理为异步电动机的转速 n 与电源频率 f、转差率 S、电机的极对数 P 的关系为 $n=60f(1-S)P$。从这个公式能够看出电机的转速跟电源的频率成正相关。利用变频器调节电源频率改变电动机的转速可达到降低能耗的目的。因为变频器在运行的过程中几乎不存在转差损耗，因此拥有良好的节能效果。若电机能够在百分百的工频转速下使用，而变频的范围较大，就可以实现无极调速。在实现变频的过程中，也不需要进行风机或者是电机的更换。除此之外，采用变频的装置也让调速的方式更加的灵活及方便控制，因此这种方法的运行全面提升了自动化水平。

2. 锅炉水泵节能技术

（1）水泵叶轮切割节能方案。水泵在实际运行中，如果出现扬程过高或流量过大时，通常用最直接最简便的方法，减小阀门开度达到实际需要点，而用阀门降压节流的同时，会造成能源浪费。切割叶轮是简单易行的节能方式，其基于相似原理，通过切割叶轮减小直径，降低叶轮的端速，并由此直接降低了传递到系统流体介质上的能量，减小水泵的扬程流量富余量，减低水泵功率的无用消耗。具体应用方案为先测量出水泵的工作流量和阀门前后的压力，再应用叶轮切割定律，通过多次试算，推算出切小后的叶轮直径。再分 2 次或几次逐渐切割，每次切割后必须经过试验验证，切割后的叶轮方能获得可靠应用。

$$\frac{Q_1}{Q_2}=\frac{D_1}{D_2} \tag{7-28}$$

$$\frac{H_1}{H_2}=\left(\frac{D_1}{D_2}\right)^2 \tag{7-29}$$

$$\frac{N_1}{N_2}=\left(\frac{D_1}{D_2}\right)^3 \tag{7-30}$$

式中　Q_1、Q_2——切割前和切割后的水泵流量，m^3/h；

D_1、D_2——切割前和切割后的叶轮直径，mm；

H_1、H_2——阀门前和阀门后的水泵压力，MPa；

N_1、N_2——切割前和切割后的水泵功率，kW。

叶轮切割原理是假设切割前后的效率相等原则，相应的离心泵比转数与叶轮最大允许切割量关系见表 7-6。

表 7-6 离心泵比转数与叶轮最大允许切割量关系

比转数	≤60	60~120	120~200	200~250	250~350	350~450
最大切割量（%）	20	15	11	9	7	5

（2）变频调速节能方案。变频节能技术工作原理为通过变频来改变水泵驱动电机的运行频率，降低电机转动速度，进而达到节能的目的。此技术具有一定的应用范围：首先，要求电机负荷随着生产工况需求呈周期性变化，在此情形下，降低生产负荷的同时，电机负荷也会有所降低。利用变频节能技术降低电机的转速可以获得良好的节能效果。当然，在运行工况相对平稳的情形时，变频技术的节能效果并不是十分的明显；其次，只有当水泵的富余量较大时，应用变频节能技术节能效果才显著。

随着变频器的推广应用，水泵节能采用变频调速技术也日益成熟，其特点是机械性能好，启动转矩大电流小。可实现软启动，运行平稳，减少大功率电动机启动时对交流电网的冲击。调速范围广，可实现平滑无级调速，频率变化范围大，能广泛适应生产环节需要，节能效果显著，理论上节能量可达 30% 以上。变频器调速是依据相似理论，水泵性能随变频调速的转速变化，符合以下规律：

$$\frac{Q_1}{Q_2} = \frac{n_1}{n_2} \qquad (7\text{-}31)$$

$$\frac{H_1}{H_2} = \left(\frac{n_1}{n_2}\right)^2 \qquad (7\text{-}32)$$

$$\frac{N_1}{N_2} = \left(\frac{n_1}{n_2}\right)^3 \qquad (7\text{-}33)$$

式中 Q_1——切割后的水泵流量，m^3/h；

Q_2——水泵额定流量，m^3/h；

n_1——变频调节后的水泵转速，r/min；

n_2——水泵额定转速，r/min；

H_1、H_2——变频调节前和调节后的水泵压力，MPa；

N_1、N_2——变频调节前和调节后的水泵功率，kW。

变频器通过降低运行转速而节省功率，水泵的流量随转速一次方降低，扬程随转速二次方降低，节省的功率实际是通过降低流量和扬程的方式获得。利用典型的水泵通用特性曲线观察水泵性能随变频调速转速变化的情况。在远距离水平输送为主时，变频调速代替阀门节能效果会很好；在近距离垂直输送为主时，调速对流量的影响很大，如果流量降低太多会影响水泵的正常使用。

（3）三元流改造水泵节能方案。当变频调节幅度大时，水泵的效率降低很明显，为达到更好的节能效果，可考虑为循环水泵设计一个满足现有工况条件的叶轮。常用的方法有三元流设计方法等，叶轮机械内的完全三元流动，应用两流面理论可以用不同方法求解，一种是流函数方法，这种方法在数学上严谨，但物理上不太直观。另一种是直接计算流体流动速度的流面（或流线）迭代法，这种方法物理上比较直观，反映问题更接近实际，因此现在设计泵叶轮常用这种方法。

"射流-尾迹三元流动"理论的应用是将叶轮内部的三元立体空间无限地分割，通过对叶轮流道内的各工作点的分析，建立起完整、真实的叶轮内流动的数学模型。通过这种方法，对叶轮流道的分析最准确，反映流体的流场、压力分布也最接近实际。叶轮出口为射流和尾迹（旋涡）的流动特征，在设计计算中得以体现。因此，设计的叶轮也就能更好地满足工况要求，效率显著提高。这样可以针对水泵特定的工作点开发设计，摆脱切割叶轮的局限，对稳定工况条件下的水泵节能十分有利，可获得较高的节能收益，是当前水泵节能的主要使用方法。

3. 除尘器节能分析

（1）反电晕工况下的节能控制。国内一些电除尘器主要采用常规直流供电，该供电方式对高温微细等高比电阻粉尘易产生反电晕现象，除尘效率低，且除尘效率随比电阻的增加而下降，很难适应各种工况条件的要求。在正常工况条件下，二次电流越大，携带粉尘的电子或离子越多，收尘效果也越好。但是，在高粉尘比电阻工况条件下，荷电粉尘在收尘极上不易释放的越多，反电晕越强，对除尘器效率影响越大。为减少反电晕对电除尘器的影响，主要的方法有降低电流和电压运行参数，使其二次电流工作在一定范围内；或者采用最高平均电源供电方式，避免二次电压下降，二次电流增大的反电晕现象。

（2）高频开关电源的节能技术。目前电除尘器供电电源普遍采用工频可控硅电源。电路由两相工频电源构成，经过可控硅移相控制幅度后送整流变压器升压整流后形成100Hz 的脉动电流送除尘器。而高频电源则是把三相工频电源通过整流形成直流电，通过逆变电路形成高频交流电，再经整流变压器升压整流后形成高频脉动电流送除尘器，其工作频率在 20kHz 左右。

从高频电源的原理来看，实际上就是间隔供电的另一种方式，只不过是供电的间隔时间极短及变化的频率更高。高频电源的供电电流由一系列窄脉冲构成，其脉冲幅度、宽度及频率均可以调整，可以给电除尘器提供各种电压波形，控制方式灵活，因而可根据电除尘器的工况提供最合适的电压波形，提高电除尘器的除尘效率，提高供电效率，节约电能。与工频电源相比，高频电源可增大电晕功率，从而增加了电场内粉尘的荷电能力。高频电源在纯直流供电方式时，其电压波动更小（一般在 1%左右，而工频电压波动大于 30%），电晕电压更高（可达到工频电源二次电压的 130%），电晕电流更大（峰值电流是工频电源二次电流的 200%）。另外高频电源火花控制特性好，仅需很短时间（<25μs，而工频电源需 10 000μs）即可检测到火花发生并立刻关闭供电脉冲，因而火花能量很小，电场恢复快（仅需工频电源恢复时间的 20%），从而进一步提高了电场的

平均电压，提高了除尘效率。

（3）系统数字化控制节能技术。电除尘器是一个系统，包括电除尘器本体、电源设备、振打设备、清灰设备、加热器、系统控制器等。欲提高除尘效率，减少粉尘排放，以达到新的环保标准，除扩大和改进电除尘器本体外，更经济实用的办法应当说是注重系统，找出薄弱环节，实现最佳控制。要将电除尘器系统的各个设备的工作有机连接起来，协调工作，以实现最佳控制，就需要有一个系统控制器，这个系统控制器自然是采用电子计算机，实现数字化，而不是模拟控制器。电除尘电源采用全数字控制即上位机和下位机控制湘对模拟控制具有如下优点。

1）数字化控制可采用先进的控制方法（如自适应控制）和智能控制策略，使得电除尘器 ESP 的自动化程度更高。

2）控制灵活，系统升级方便，可以在线设置修改运行参数，远程开启和关闭电源。

3）可以在同一硬件系统中实现两种不同原理的控制，如可在以调频为主同时实现某些特定情况下的调宽控制。

4）数字传输比模拟量传输可靠性更高，进一步提高了电源的可靠性，易于标准化。

5）系统维护方便。

（4）案例分析。某电厂除尘器进行了控制系统改造，实现了以机组负荷、烟气量、排烟温度、烟气浊度信号等多种参数作为闭环反馈控制信号，自动选择高压柜运行方式、调节各运行参数及振打模式。整个控制过程全部由电除尘器控制系统自动实现，减少了人为因素对电除尘器运行造成的影响，提高了设备运行的可靠性和安全性。电除尘器控制系统有监控模式、节能模式；在节能模式下还有普通节能、增强节能、超级节能等多种运行模式可供运行人员选择，以保证锅炉在燃用不同煤质时，电除尘器既节能，又保证烟气排放达标，且运行稳定。

经过测试，改造后电除尘器高压控制柜的电晕功率与未改造前相比均大幅降低。改造前、后电除尘器设备运行参数见表 7-7。

表 7-7　　　　电除尘在常规、节能各种工作方式下电晕功率及烟气浊度的对比

运行方式	常规	普通节能（600MW）	增强节能（450MW）	超级节能（320MW）
电晕功率（kW）	1444.3	837.2	451.8	275
节电率（%）	0	42.0	68.7	81
烟气浊度（%）	14.2	13.5	13.2	10.7

由表 7-7 可以看出改造后的电除尘器节能效果明显。现已完成了 4 台锅炉的电除尘器改造。

效益测算如下。

1）前提条件：①锅炉燃用煤质不变；②机组年运行 5500h；③仅考虑由于电晕功率降低而产生的节能效果，节电率按普通节能方式下的 42% 计算；④成本电价 0.3 元/kWh；

⑤由于改造是在机组不停运的情况下，分阶段、分步实施技术改造，采用停 1 台整流变压器，改 1 台控制柜、调试 1 台控制柜的方法，尽可能缩短设备停运时间，最大限度地减少了对电除尘器运行的影响，因此测算中不考虑机组停运损失。

2）测算结果：1 台锅炉电除尘器每年可节电 333.6 万 kW/h，节约资金约 100 万元，经济效益明显。

第八章　循环流化床锅炉节能技术

第一节　循环流化床锅炉燃烧节能分析

一、循环流化床锅炉燃烧系统特性

流化床燃烧是在特殊的气固两相流动体系中发生的物理化学过程，气固流态化是固体颗粒悬浮在气体中表现出的类似流体状态的操作模式，它具有与煤粉炉不同的燃烧特性。就工艺流程来说，循环流化床锅炉与煤粉炉的主要区别在于原煤经过破碎以大颗粒形式直接送入炉膛，经过炉内小循环和炉外大循环的反复长时间燃烧，达到较高的燃烧效率。为保证燃烧的稳定性和循环的持续性，燃煤锅炉炉膛内部都有大量不可燃固体颗粒。这种方式使得流化床燃烧方式具有对燃料适应性好，有害气体排放低等优点。流化床燃烧在电站锅炉、工业锅炉、窑炉和焚烧各种废物、水泥等领域得到了广泛的应用。

典型的循环流化床锅炉，其基本流程为煤和脱硫剂送入炉膛后，迅速被大量惰性高温物料包围，着火燃烧，同时进行脱硫反应，并在上升烟气流的作用下向炉膛上部运动，对水冷壁和炉内布置的其他受热面放热。粗大粒子进入悬浮区域后在重力及外力作用下偏离主气流，贴壁下行。气固混合物离开炉膛后进入旋风分离器，固体颗粒被分离出来再重新被送入炉膛，进行循环燃烧。未分离出来的细粒子随烟气进入尾部烟道、加热过热器、省煤器和空气预热器，经除尘器排至大气。

循环流化床燃烧方式与常规煤粉炉相比，具有以下特点。

（1）低温的动力控制燃烧。循环流化床燃烧温度较低，一般在 850～900℃，其燃烧反应控制在动力燃烧区，并有大量固体颗粒的强烈混合，燃烧速度主要取决于化学反应速度，即决定于炉内的温度水平，物理因素（如扩散速度）不再是控制燃烧速度的主导因素。循环流化床燃烧的燃尽温度很高，其燃烧效率往往可达到 98%～99% 以上。

（2）高强度的热量、质量和动量传递过程在循环流化床锅炉中可人为改变炉内物料循环量，以适应不同的燃烧工况。

（3）高速度、高浓度、高通量的固体物料流态化循环过程。循环流化床锅炉内的物料参与了炉膛内部的内循环和由炉膛、分离器和返料装置所组成的外循环两种循环，整个燃烧过程及脱硫过程都是在这两种循环运动过程中逐步完成的。

二、循环流化床锅炉燃烧优化调整

循环流化床锅炉在启动和停运时，都会有很多的能量浪费，因此保证锅炉机组长期安全稳定运行，减少锅炉启停次数，能有效地降低厂用电率，节约能源，提高锅炉系统的经济性。锅炉进入稳定燃烧并且达到额定负荷后，就需要运行人员进行优化运行调节，使锅炉达到经济运行工况。

循环流化床锅炉经济性差的原因主要有两个：一是锅炉的自用电耗大；二是锅炉的热效率低。锅炉的自用电耗主要是指锅炉辅机设备系统运行时所耗电，所以，要提高锅炉本体运行的经济性，主要就是提高锅炉的热效率。提高锅炉热效率的途径主要是通过优化燃烧工况，燃烧优化调整，降低排烟损失，提高燃烧效率等。下面将具体介绍循环流化床锅炉燃烧优化调整中需要考虑的因素及相应的节能调整措施。

一般来说，运行中锅炉的稳定性越强，其经济性越好。目前，影响大型循环流化床锅炉长期稳定运行的主要问题有炉膛布风板的漏渣、炉膛及冷渣器的排渣、耐火保温材料的选择、床下点火风道燃烧器的配风及给煤机的堵煤与断煤、燃煤粒径的控制及其他辅机问题等。

实际运行操作过程中，应在优先保证锅炉长期稳定运行的基础上，解决其他影响锅炉经济运行的问题，使循环流化床锅炉机组能够安全、稳定、经济的运行。

锅炉运行燃烧优化调整节能措施：

1. 床料流化质量

床料的流化质量影响锅炉的燃烧效率，流化不良，燃烧不充分，大量未燃尽的煤粒在放渣时被带出，飞灰含碳量也有增加。床料的流化状态与料层的厚度，床料的粒径大小与其级配有关。在运行中通过风煤配比、入煤炉的粒径分布等可以有效地保证流化质量。

2. 燃料

循环流化床锅炉的特点是煤种适应性广，燃烧效率高，但对一台给定的锅炉而言，其对燃料的适应范围是一定的，只有在燃用与锅炉设计燃料相适应的燃料时，才会有较高的燃烧效率。在运行调整中主要采用调节风燃配比，一、二次风配比和循环灰量等来提高锅炉燃烧效率和稳定性。

3. 入炉煤粒径分布

给煤粒度分布对锅炉燃烧的影响表现为粒度过大、煤粒的燃尽时间长、燃烧效率低。同时，飞出床料层的颗粒减少，锅炉不能维持正常的循环灰量，导致锅炉出力不足。另外，大块煤影响流化质量，是造成结焦事故的首要原因。但细煤粉分布过多，分离器收集飞灰较困难，飞灰易被烟气带走，飞灰不完全燃烧损失增大。一般来说，燃用低灰分的优质煤可采用较大颗粒尺寸，燃用高灰分的劣质煤宜采用较小的粒度。

4. 入煤炉水分

当煤种水分增大时，煤的黏性增大，容易造成输煤和给煤的困难。煤中水分过大，床温将显著下降，排烟热损失增加。但是适当的水分可以促进挥发分析出和焦炭燃尽，有利于燃烧效率的提高。水分过低，燃烧不充分，容易造成输煤系统飞灰严重，影响生产环境。

5. 料层厚度

循环流化床锅炉保持合适的料层厚度，对锅炉运行稳定及燃烧控制有非常重要的意义。料层厚度过大或过小，都会影响流化质量，降低运行的经济性。锅炉满负荷运行时，物料循环量大，料层应较厚；低负荷运行时，循环量小，料层应薄。

6. 返料及返料风调整

循环流化床的回料器将旋风分离器分离下来的循环灰又回送至炉膛重新燃烧，循环流化床锅炉的返料可减少机械未完全燃烧损失和排烟热损失，从而提高锅炉效率。回料器运行稳定可靠与否直接关系到锅炉的安全运行和经济性。返料分离器的效率低会使锅炉的循环倍率达不到设计值，循环次数不够，飞灰含量较高，排烟损失增大，电耗高。

7. 床温的影响

提高床温有利于提高燃烧速率和缩短燃尽时间，但床温的提高受到灰熔点的限制。通常要求床温比燃烧生成灰渣的变形温度低 100~200℃。稀相区的温度也特别重要，对于循环流化床锅炉，通过分离器收集送回炉膛的细颗粒，其中主要是固定碳，必须在 800℃ 以上的温度才会着火、燃烧，而这部分细颗粒的燃烧主要在稀相区。严格控制床温在 850~900℃，尽可能保持高床温上限以降低底渣、飞灰的含碳量，但应防止床温过高引起结焦。控制床温应可通过调节一、二次风的比例、调整炉膛床压等手段实现。

循环流化床锅炉床温的选择应考虑如下因素：

（1）保证灰分不会软化，床层无结渣危险。

（2）保证较高的燃烧效率和脱硫效率。

（3）NO_x 及 NO_2 排放量较低。

（4）尽量避免煤中的金属升华。

8. 炉墙漏风

炉墙漏风的原因有炉内磨损，耐磨浇注料脱落，炉膛的各检测口、看火孔处于开启状态，各风道调节挡板、炉膛各处入空门、排渣系统各排渣门不严密等。炉墙漏风会导致炉内温度下降，燃烧效率降低，排烟损失增加，引风机电耗增加等，对锅炉的经济性很不利。因此，在锅炉实际运行过程中，应尽量避免漏风，平时关闭炉膛检测口、看火孔等，从而提高燃烧效率，减少风机电耗，提高锅炉经济性。

典型的循环流化床锅炉床温控制在 850~900℃，原因是物料在这一温度范围内不会熔化；固硫反应最佳；碱性金属不会升华，锅炉受热面管子结渣可大大减轻；空气中的氮不易转变为 NO_x。较高的燃烧温度也有它的优越性，未燃尽的炭粒可在逃逸出分离器以前完成它们的燃烧。细小的粒子控制在运动状态下燃烧，可缩短燃烧时间而减少燃烧损失。

为进一步提高粒子的燃尽程度，可采用飞灰再循环，把一部分未燃尽的飞灰送回流化床再燃烧。但飞灰再循环也有其缺点，特别是在烧高挥发分煤时，由于常常采用气力输灰方式，会对输送设备产生磨损，且系统电耗大。

三、循环流化床锅炉本体的节能改造

循环流化床锅炉本体包括炉膛、分离器、回料器及水冷壁等锅炉受热面。锅炉本体的节能改造主要是在锅炉设计存在缺陷、燃烧调整效果不佳，给锅炉的运行带来严重影响时进行。下面结合循环流化床锅炉运行过程中存在的各种问题来论述相应的节能改造措施。

1. 锅炉磨损严重

循环流化床锅炉的磨损问题，一直是困扰循环流化床锅炉经济运行和进一步发展的关键问题。锅炉的磨损与固体物料浓度、速度、颗粒特性和流道几何形状密切相关。循环流化床锅炉的磨损要比其他种类的锅炉磨损严重得多，通常磨损严重的部位有：

（1）布风装置，包括风帽和炉膛内热电偶。

（2）锅炉水冷壁管，包括锅炉水冷壁管过渡区域，不规则管壁及有凸出或凹陷的部位等。

（3）屏式过热器。

（4）烟道内受热面，包括过热器、省煤器、空气预热器管壁。

针对上述问题，可以采取以下措施：

（1）严格控制入炉煤颗粒粒径在合适的范围。

（2）破坏沿水冷壁向下的固体物流，如在水冷壁管过渡区域浇筑耐磨凸台。

（3）让水冷壁面保持光滑整洁，消除施工工程中的焊缝焊疤等。

（4）采用金属喷涂工艺对易磨损部位进行喷涂。

2. 浇注料的耐磨和脱落

循环流化床锅炉运行的特殊行为有大量含有燃料、灰渣、石灰石及其他反应产物的固体燃料的内外循环流动，使得循环回路中敷设的耐火耐磨材料受到严重的冲刷磨损及热循环应力和机械振动的影响。

对于循环流化床锅炉来说，耐火耐磨材料的理化性能、施工及最终的烘烤，将在很大程度上决定着循环流化床锅炉能否安全可靠的运行。合理的配浆、支模、捣打及配置合适的膨胀缝是耐火耐磨材料安装成型的基础，最终的烘烤是使耐火耐磨材料结成型并使之达到耐火耐磨耐压性能的关键。也可以考虑选用耐火等级更高的耐火浇注料。对浇铸工艺进行改进，尽量采用一次浇注成型，改进烘烤工艺，对烟风道进行改造，可取得较好的效果。

3. 旋风分离器

旋风分离器主要是用来捕捉由烟气带出炉膛的细微颗粒，然后经回料器再送入炉膛燃烧，以提高锅炉的燃烧效率。旋风分离器对灰粒子的捕集分离，对提高锅炉的燃烧效率，降低飞灰含碳量，减少焦炭粒子在尾部烟气中的燃烧份额，防止尾部受热面超温耐磨，降低排烟损失，提高锅炉运行的经济性意义重大。

为保证旋风分离器长期安全稳定运行，应调整锅炉的燃烧工况、合理配风、控制入炉煤的粒径分布，特别是细粒子的含量，调整入煤炉在各部位的燃烧份额，控制分离其中的飞灰再燃比例。

4. 回料器

回料器是将旋风分离器分离下来的固体颗粒重新送回炉膛燃烧，防止主床的烟气反串进入分离器，它的运行稳定可靠直接关系到锅炉的安全，对锅炉的经济性影响也很大。

四、循环流化床锅炉燃烧优化调整案例

某锅炉，9.8MPa，540℃，单气泡、自然循环，与50MW汽轮机发电机组匹配，可随汽轮机定压（滑压）启动和运行。炉膛采用循环流化床燃烧技术，循环物料分离采用汽冷旋风分离器。

该机组自投运以来，飞灰含碳量一直偏高，一度曾达到23.28%，严重影响了锅炉燃烧效率和热效率，对锅炉的经济运行十分不利。通过分析与燃烧调整，提出了相应的技术措施，提高了锅炉的经济性。

采取的技术措施：

（1）入炉煤粒径调整。通过取样分析发现，入煤炉的粒径分布不符合设计要求。5mm以上的颗粒占25.14%，1mm以下的颗粒占47.45%，由设计颗粒要求可知，大颗粒和小颗粒的比例均太大，通过调整减小该炉碎煤机的环锤和护板间隙，以减小大颗粒的含量；同时适当加大振动筛的孔径，以减少细颗粒的比例。

（2）一、二次风量调整。不同的上下二次风比例对飞灰含碳量的影响不同，上下二次风比例的提高，有助于炉内颗粒物的燃尽，降低飞灰的可燃物含量。

（3）床温调整。床温从855℃提高到905℃，飞灰的含碳量下降5.48%，效果十分明显。

改造后的效果：

（1）燃煤粒径在5mm以上的颗粒不超过10%。

（2）炉膛出口氧气含量3.5%~4%。

（3）二次风的配比。上下二次风的比例保持在2~2.5。

（4）床温保持在880~910℃。

通过采取以上的调整措施，飞灰含碳量降到9.57%，效果显著。

第二节　循环流化床锅炉的运行节能

一、点火启动的运行节能

点火启动是燃煤锅炉正常运行首先碰到和必须解决的问题，而循环流化床锅炉由于

其过程的动态性，点火启动与煤粉炉或层燃炉相比技术难度更大。尽管循环流化床锅炉独具高效率低污染技术优势，使其在我国备受青睐，但其点火启动问题也一直存在。安全经济点火启动是实现循环流化床锅炉正常运行和节能的前提。

循环流化床机组从冷态点火启动到并网发电，需8～10h。点火启动过程中，机组要消耗大量的煤、油、水和电。因此，在点火启动过程中应该采取有效措施，降低启动成本，以达到节能的目的，下面介绍几种点火节能的关键技术。

1. 床料的选择

床料是进行点火的物质条件，点火时的预热时间设置、配风大小、投煤时机等都以此为依据。若床料颗粒太大，点火时需较大风量流化床料，部分点火能量被风带走，致使床料升温困难，加热时间过长；若床料颗粒太小，大量细小颗粒会被烟气带走，致使料层减薄甚至局部吹穿，点火过程不易控制，易结焦。经过对多次点火过程的研究，发现点火初期床料的静止高度不宜过高或过低，过高会延长加热时间，易造成加热不均；过低会吹穿料层，使布风不均而结焦，但低料位在点火初期可有效减少燃油消耗量。料层差压反应流化床料层的厚度，料层过薄或过厚均不利于锅炉燃烧，通常料层厚度在500mm左右为宜，当料层压差增大时，可适量排放冷渣来减料。

2. 上水温度、一次风量、二次风量

（1）上水温度：在省煤器出口壁温、汽包上下壁温差允许的情况下尽量提高上水温度。上水过程宜缓慢，夏季不少于2h，冬季不少于4h，同时密切监视壁温的变化。

（2）一次风量：锅炉冷态通风试验获得的临界流化风量值即床料流化保证值。在点火初期，一次风量不能太高，控制一次风量略高于临界流化风量，保证流化即可。一次风量应采用燃烧调整试验得出的最佳一次风量控制。在床温、分离器进出口温度、主再热蒸汽参数正常的情况下，应尽量开大一次风系统中的调节风门（一般不低于50%），以降低一次风母管压力，减小系统阻力，降低一次风机耗电率，减少空气预热器一次风漏风。

（3）二次风量：点火初期，二次风量主要以氧量、温升率为参考进行调整，二次风量不宜过大，二次风量应保证风量与投煤量的正常匹配，控制最佳运行氧量，一般为2%～4%。当煤种发生变化时，须对最佳氧量控制曲线进行相应调整。表盘氧量必须定期进行校验，确保准确性。

3. 油点火方式

大型循环流化床锅炉的点火方式有床上油点火、床下油点火方式。

（1）床上油点火。床上油点火是采用床上油枪燃烧产生的高温烟气和火焰对床料进行直接加热的点火方式。由于热的烟气和火焰不能完全穿透床料，部分热量被风量带走，故温升速率较慢，点火燃油消耗量较大，燃油的热利用率较低。同时，由于油枪加热的不均匀性，在点火期间的床料温度也不均匀，易出现局部超温现象。

（2）床下油点火。床下油点火是采用床下油枪先将冷风加热成为热烟气，然后利用热烟气间接加热床料的点火方式。可通过调节床下油枪的油压和喷油量,改变风道燃烧器的燃烧风、混合风风量和风比等方式,达到控制热烟气温度和烟气量的目的。床下油点火方式加热迅速、均匀,可很快将床温提升到着火温度,缩短点火时间,减少燃油消耗量。点火期间宜尽量维持一次风量的稳定,同时调整床下油枪的点火风和混合风量,达到风道燃烧器烟温的平衡。

4. 床温控制

床温受煤种,一、二次风比,燃料颗粒度等参数的影响,床温控制的关键是给煤量控制、料层差压和氧量控制。给煤量取决于系统负荷,负荷增大时,应先后增大风和煤,否则床温将降低;负荷降低时,应先后减小煤和风,否则床温将升高;氧量是床温控制的另一重要参数,氧量过高会导致床温降低、蒸汽温度增高,降低燃烧效率,氧量过低会造成缺氧燃烧,生成还原性气体,使床温显著下降。

床温过高时,可增大一、二次风比,加大返料风,减小给煤量,加大排渣量,必要时可适量加入湿煤或往密相区喷一定的饱和蒸汽。床温较低时可适当减小风煤比、循环物料量和排渣量,加大给煤量、二次风,同时检查是否有缺氧燃烧或堵煤现象。

5. 正确设定给煤机投煤时的燃烧温度

向炉内初次投煤的允许床温是关键参数,该值定得太低,会造成煤粒着火不稳定,甚至引起爆燃结渣等;该值定得过高,则点火设备容量要加大,点火拥有量增加,经济性差。

点火成功后,逐渐增加燃煤量维持锅炉稳定运行,同时可逐渐减小床下油点火燃烧器出力,调整燃烧风量。撤油操作需结合床温、床压、一次风量、炉内燃烧等综合情况,撤油时的床温与燃煤种有关。

6. 撤油操作

撤油操作时采取先调低油(必须维持在油枪良好雾化的油压之上)维持燃烧,确认不影响燃烧时撤 1 支油枪;继续观察燃烧的效果,监视床温变化,视床温稳定情况决定是否继续。床温达到撤油要求不可迅速全部撤油,防止点火能量突然断失而造成床温迅速下降进而影响锅炉的稳定运行。

7. 风量调整

锅炉总风量直接影响锅炉效率,而且过量的空气量还会增加风机单耗,增加厂用电率,使得供电煤耗升高。对锅炉风量的调节原则是一次风调节床温、二次风节过量空气系数。正常运行中,一次风维持炉膛流化状态及一定的床温,同时提供燃料燃烧必要的部分氧量,二次风补充炉膛上部燃烧所需要的空气量,使煤与空气充分混合,保证充分燃烧的情况下,减小过量空气系数。为维持良好的燃烧,应控制炉膛过量空气系数以保证风煤比。运行中,炉膛出口过量空气系数是用尾部烟道省煤器出口处氧量来控制。

8. 案例介绍

某台 260t/h 蒸发量的循环流化床锅炉为单汽包自然水循环,有两组气冷式旋风分离器，炉膛两侧装有风水冷式选择性排位冷渣器，配以 60MW 汽轮机发机组。采用床下热烟气点火技术，两支点火油枪布置在水冷风室内的点火风道中，一支流量为 900kg/h，另一只流量为 700kg/h。通过几年的实际运行及经验总结，采取了许多有效的措施，在节能方面取得了明显的效果。采取的措施如下。

（1）床料的控制。锅炉启动前，床上底料的厚度不能过高或过低。循环流化床在启动前加入的底料往往高于设计值，用以与启动中消耗的床料抵。过多的床料吸热量大，启动过程中床温上升缓慢，投煤量也相应增大，浪费燃料，床料厚度低又会影响锅炉的出力，故应控制合理的床料厚度。实践表明，冷态静止料层厚度控制在 600～800mm 为宜。

（2）启动炉底加热和保持较高的汽包水位。启动时，提前 8h 开启炉底蒸汽加热装置，不但可有效地避免启动过程中汽包产生的壁温差，而且可较快地升温升压，节约大量的燃油和燃煤。在启动过程中保持较高的汽包水位，可减少汽轮机给水泵启动次数，减少一定的用电，同时节约一定的给水。

（3）推迟部分辅机启动时间，节约用电。点火初期至投煤期，一次风全能保证油枪燃烧需要的氧量。油枪燃烧时，不投煤，不需启动播煤风机，只启动播煤旁路风即可。点火初期，只有点火系统需要压缩空气系统，除渣系统和除灰系统的气动门都不运作，所以可以单独给点火系统供气，维持一台空气压缩机运行，节约另一台运行所需的电量。

（4）一次风量的调整。投煤前的床料中，可燃物的含量很少，油枪加热时，床料处于鼓泡状态即能满足要求，这样一次风带走的热量相对较少，床料加热速度也快，利于锅炉启动。同时，一次风带走的床料明显减少，启动中床料的损耗降低，保证了锅炉床料，为高负荷运行打下基础，可节约一定的燃煤。

（5）提前投煤。在锅炉启动过程中，间断少量的给煤可使床温快速升高，既能缩短油枪的运行时间，又能提前满足汽轮机的暖管冲转条件，缩短启动时间，节约燃油。

（6）提前撤油。循环流化床锅炉点火初期是先用点火油枪加热床料，使床温升高到 520℃，达到投煤条件，投煤时，逐渐加大一次流化风量，使之达到冷态最小流化风量；投煤后，平均床温升到 650℃时即可彻底油枪，连续给煤维持床温，使油枪比平时少运行 2～3h，节约燃油 3～4t。

（7）及时开大主蒸汽管道疏水。通知汽轮机工段，提前暖管，及时开大主蒸汽管道疏水，以缩短机组的启动时间。

二、辅助系统的节能

循环流化床锅炉辅助系统包括燃料制备与给煤系统、灰渣冷却与处理系统、烟风系统、除尘吹灰系统、DCS 控制系统。辅助系统的功能主要是为了保障主体的安全、稳定和经济运行。从目前已投运的各个循环流化床锅炉的运行来看，灰渣冷却系统、燃料制备与给煤系统和烟风系统的优化运行和节能改造对提高循环流化床锅炉电厂的经济效益潜力较大。

1. 灰渣冷却系统

灰渣冷却系统的主要部件是冷渣器。冷渣器是循环流化床锅炉的重要辅助设备，它对连续排渣及系统的稳定运行，以及锅炉的连续可靠经济运行和文明生产起着至关重要的作用，是保证循环流化床锅炉安全高效运行的重要部件。目前，对于大容量循环流化床锅炉，冷渣器工作失常是导致被迫停炉和减负荷运行的主要原因之一。

目前国内循环流化床锅炉电厂应用较为广泛的冷渣器有两种，一种是风水共冷式流化床冷渣器，主要应用于大型锅炉；另一种是滚筒式冷渣器，主要应用于中小型锅炉。

如果采用水冷方式，应视热力系统与实际需求确定水源和余热回收利用方式，通常可用于加热给水、凝结水、化学补充水等。必须指出，水源的选择与回送位置应该根据热力系统的特点确定最佳方案，最大限度地减少由于排挤汽轮机回热抽汽而造成的对循环热效率的影响。

如果采用滚筒式冷渣器，滚筒冷渣机是一种传热系数很低的传热装置。由于传热系数低，为达到设计排渣温度不得不使用超大量的金属受热面。同时，由于目前的滚筒冷渣机都没有很好地考虑灰渣冷却的自然特性，滚筒冷渣机存在明显的假冷现象。假冷是一种滚筒冷渣机特有的现象，其原因是灰渣内部具有较大热阻，当灰渣表面冷却到一定温度后，灰渣内部仍携带着很多热量。而一旦灰渣离开滚筒冷渣机，这部分热量则再也没有机会回收，形成永久性的热损失。

2. 燃料制备与给煤系统

燃料制备与给煤系统主要包括两大设备，即破碎设备和给煤设备。对于燃料制备系统而言，循环流化床锅炉不同于粉煤锅炉的地方在于他不需要制粉系统，入煤粒径要比粉煤炉大得多，一般在 0～13mm。国内目前已投运的循环流化床锅炉在设计和配备燃料制备设备时，基本上采用"破碎机+振动筛"的系统来代替传统、复杂的制粉系统。

实际上，入煤粒径的大小、粒径分布对循环流化床锅炉影响很大，它直接影响到炉膛内颗粒的浓度分布、燃烧份额及各受热面的传热特性，最终影响锅炉的负荷及负荷调节。

目前国内循环流化床锅炉燃料制备系统有以下三种形式。

（1）煤经过粗碎机—煤筛—细碎机到原煤仓。这种形式适合于原煤中的初始颗粒较大，且煤矸石含量较多的情况。这种布置方式的优点是对煤粒的适应范围较宽，粗破碎后的煤通过筛子筛下粒度合格的煤，剩下的大颗粒煤则进入细碎机进行第二次破碎，进入细碎机的煤量较少，煤的粒度容易保证，但土建费较高。

（2）原煤经过粗碎机—细碎机，中间没有煤筛。这种形式是原煤经过粗碎机破碎后，不管粗细的情况如何，都送入细碎机进行第二次破碎。这种布置方式较省土建费用，但因前后破碎机吃力一样，电能耗费较大，而且不论粗碎机破碎情况如何，细碎机都要进行第二次破碎，相比之下细碎机的破碎效率较低。所以这种布置方式难以保证煤的粒度，煤的粒度不是过大就是过小，很难控制在一个合适粒度范围，所以对锅炉的燃烧有较大影响。

（3）煤筛—细碎机，即不要粗碎机。这种布置方式是原煤首先经过煤筛进行筛分，合格的煤粒直接被送进原煤仓，不合格的煤粒则进入细碎机进行破碎。如果电厂的原煤质量较好，原煤的颗粒较小，这种方式布置最佳。

循环流化床锅炉的容量和布置方式直接关系到给煤系统的布置和设备选型，循环流化床电厂的给煤系统设计需要从整个系统考虑。在煤场及早清除异物，在前级原煤输送系统上设计适当的除铁装置和细末分离装置。为了给煤系统的安全，各级之间的连锁保护是必要的，连锁保护的设计应该是系统投运时近炉侧的阀门和输送机应先投入，然后第二级给煤机，最后投入低一级给煤机；系统停运的顺序则与之相反。

总之，给煤系统是否能保证给煤的稳定与连续是循环流化床锅炉安全稳定运行的重要前提，是最好、最直接的节能运行方式之一。

3. 烟风系统节能

循环流化床锅炉在经济方面主要存在两个问题：一是锅炉的燃烧效率和热效率达不到设计值，而且低于同容量、同煤种的煤粉锅炉，飞灰可燃物高，供电煤耗大；二是多数循环流化床机组的厂用电率偏高。尽管在煤的制备方面，循环流化床机组可节约用电，但因为受风室阻力、风帽阻力、床层阻力的影响，循环流化床锅炉要求的一次风压比煤粉炉的层燃炉高得多；二次风口的背压较高，二次风机的压头也较高；与其他锅炉相比，循环流化床锅炉多了分离器，引风机的压头也比较高，在某些设计中还含有高压风机，故循环流化床锅炉的风机耗电比常规锅炉高出近一倍，所以作为主要耗能设备的风机供风系统设计优化、运行优化与节能改造势在必行。

循环流化床锅炉烟风系统的改造与设计原则：

（1）安全原则。风机设计应有必要的设计余量，以保证可以燃烧设计的多种燃料，使其具有负荷快速变化的能力和一定的超负荷能力，具有适应环境温度变化的能力，具有适应燃料品种变化的能力，应给锅炉提供额外的保证。

（2）经济原则。根据对象要求，选择不同的动力源。

（3）全过程控制的原则。要考虑机组运行的各种工况，不仅要满足锅炉最大连续处理工况，还要兼顾部分负荷及低负荷的情况。

三、降低锅炉排烟热损失的运行节能

影响锅炉排烟损失的主要因素之一就是排烟温度，而引起排烟温度升高的因素主要有受热面积灰、尾部漏风、入炉风量过大、分离器效率下降、空气预热器漏风、给水温度高、空气预热器入口风温高等原因。为降低排烟热损失，运行时需注意：

（1）正常运行时氧量控制在 2%～3%。不允许缺氧运行，以免因缺氧延长煤粉燃烧时间，使排烟温度升高。

（2）注意加强对后烟井各段烟温的监视，应根据空气预热器入口温度和排烟温度变化规律优化吹灰方式，保持各受热面清洁。

（3）锅炉运行制定吹灰的定期工作和吹灰器缺陷管理制度。

（4）正常运行时控制床温在850～900℃。注意通过试验掌握床温对排烟温度的影响，避免因床温过高影响排烟温度。

（5）合理配比一、二次风量，合理控制二次风上下排比例，控制高温各段过热器入口烟温不超过规定值，减少两侧排烟温度偏差。观察高温分离器入口温度和回料温度，判断是否存在后燃和结焦现象，控制好物料循环量。

第九章 垃圾焚烧炉节能技术

《"十三五"全国城镇生活垃圾无害化处理设施建设规划》提出，到 2020 年底，具备条件的直辖市、计划单列市和省会城市（建成区）实现原生垃圾"零填埋"，设城市生活垃圾焚烧处理能力占无害化处理总能力的 50%以上，其中东部地区达到 60%以上。同时，《住房城乡建设事业"十三五"规划纲要》和《关于进一步加强城市生活垃圾焚烧处理工作的意见》提出，加快城市生活垃圾处理设施建设，在土地紧缺、人口密度高的城市优先推广焚烧处理技术和鼓励利用现有垃圾处理设施用地改建或扩建焚烧设施。截至 2016 年，全国建成运行的垃圾焚烧发电厂近 300 座，是 2006 年的 5 倍，垃圾焚烧处理比例占垃圾清运量的 35%。

第一节 垃圾焚烧炉简介

垃圾焚烧炉不同于燃煤炉，城市垃圾具有成分复杂、热值低、不稳定且水分高的特点，而且在燃烧中易产生二噁英等二次污染物，使得垃圾焚烧炉运行控制难度增大。

一、炉排型焚烧炉

将废物置于炉排上进行焚烧的炉子称为炉排型焚烧炉。

1. 固定炉排焚烧炉

固定炉排焚烧炉只能手工操作、间歇运行，劳动条件差、效率低，拨料不充分时导致焚烧不彻底。目前，这种炉排焚烧炉使用较少。

2. 活动炉排焚烧炉

活动炉排焚烧炉即为机械炉排焚烧炉。炉排是活动炉排焚烧炉的心脏部分，其性能直接影响垃圾的焚烧处理效果，可使焚烧操作自动化、连续化。按炉排构造不同可分为链条式、往复式等。典型机械炉排焚烧炉如图 9-1 所示。焚烧炉燃烧室内放置有一系列机械炉排，通常按其功能分为干燥段、燃烧段和后燃烧段。垃圾经由添料装置进入机械炉排焚烧炉后，在机械式炉排的往复运动下，逐步被导入燃烧室内炉排上，垃圾在由炉排下方送入的助燃空气及炉排运动的机械力共同推动及翻滚下，在向前运动的过程中水分不断蒸发，通常垃圾在被送落到水平燃烧炉排时被完全干燥，并开始点燃。燃烧炉排运动速度的选择原则是应保证垃圾在达到该炉排尾端时被完全燃尽成灰渣，从后燃烧段炉排上落下的灰渣进入灰斗，产生的废气流上升而进入二次燃烧室内，与由炉排上方导入的助燃空气充分搅拌、混合及完全燃烧后，废气被导入燃烧室上方的废热回收锅炉进行热交换。机械炉排焚烧炉的一次燃烧室和二次燃烧室并无明显可分的界限，垃圾燃烧产生的废气流在二燃室的停留时间是指烟气从最后的空气喷口或燃烧器出口到换热面的停留时间。

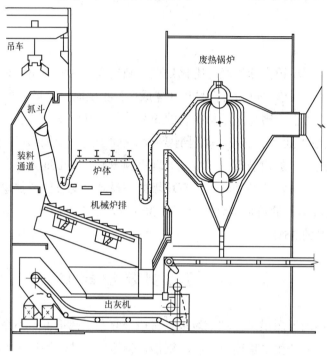

图 9-1　典型机械炉排焚烧炉

（1）链条式炉排。链条炉排结构简单，对垃圾没有搅拌和翻动。垃圾只有在从一炉排落到下一炉排时有所扰动，容易出现局部垃圾烧透、局部垃圾又未燃尽的现象，这种现象对于大型焚烧炉尤为突出。此外，链条炉排不适宜焚烧含有大量粒状废物及废塑料等废物。因此，链条炉排目前在国外焚烧厂已很少采用。不过，我国一些中小型垃圾焚烧炉仍在使用这种炉排。

（2）阶梯往复炉排。阶梯往复炉排分固定和活动两种炉排。固定和活动炉排交替放置，活动炉排的往复运动由液压油缸或由机械方式推动，往复的频率根据生产能力可在较大范围内进行调节，操作控制方便。

阶梯往复炉排的往复运动能将料层翻动扒松，使燃烧空气与之充分接触，其性能较链条式炉排好。其对处理废物的适应性较强，可用于含水量较高的垃圾和以表面燃烧和分解燃烧形态为主的固体废物的焚烧，但不适宜细微粒状物和塑料等低熔点废物。

二、炉床式焚烧炉

炉床式焚烧炉采用炉床盛料，燃烧在炉床上物料表面进行，适宜于处理颗粒小或粉状固体废物及泥浆状废物，分为固定炉床和活动炉床两大类。

1. 固定炉床焚烧炉

最简单的炉床式焚烧炉是水平固定炉床焚烧炉，其炉床与燃烧室构成一整体，炉床为水平或略呈倾斜，燃烧室与炉床成为一体。废物的加料、搅拌及出灰均为手工操作，劳动条件差，且为间歇式操作，故不适用于大量废物的处理。

倾斜式固定炉床焚烧炉的炉床做成倾斜式，便于投料、出灰，并使在倾斜床上的物料一边下滑一边燃烧，改善了焚烧条件。与水平炉床相同，该型焚烧炉的燃烧室与炉床成为一体。这种焚烧炉的投料、出料操作基本上是间歇式的。但如固体废物焚烧后灰分很少，并设有较大的储灰坑或有连续出灰机和连续加料装置，也可使焚烧作业成为连续操作。

2. 活动炉床焚烧炉

活动炉床焚烧炉的炉床是可动的，可使废物能在炉床上松散和移动，以改善焚烧条件，进行自动加料和出灰操作。这种类型的焚烧炉有转盘式炉床、隧道回转式炉床和回转式炉床（即旋转窑）三种，应用最多的是旋转窑焚烧炉。

旋转窑是一个略为倾斜而内衬耐火砖的钢制空心圆筒，窑体通常很长。大多数废物物料是由燃烧过程中产生的气体及窑壁传输的热量加热的。固体废物可从前端送入窑中进行焚烧，以定速旋转来达到搅拌废物的目的。旋转时须保持适当倾斜度，以利固体废物下滑。此外，废液及废气可从前段、中段、后段同时配合助燃空气送入，甚至于整桶装的废物（如污泥），也可整桶送入旋转窑焚烧炉燃烧。

旋转窑焚烧炉有两种类型：基本形式的旋转窑焚烧炉和后旋转窑焚烧炉。基本形式旋转窑焚烧炉如图 9-2 所示。该系统由旋转窑和一个二燃室组成。当固体废物向窑的下方移动时，其中的有机物质就被销毁了。在旋转窑和二燃室中都使用液体和气体废物及商品燃料作为辅助燃料。

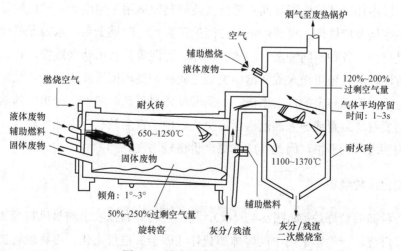

图 9-2　基本形式旋转窑焚烧炉

后旋转窑焚烧炉如图9-3所示，这种旋转窑可用来处理夹带着任何液体的大体积的固体废物。在干燥区，水分和挥发性有机物被蒸发掉。然后，蒸发物绕过转窑送入二燃室。固体物质进入转窑之前在通过燃烧炉排时被点燃。液体和气体废物则送入转窑或二燃室。

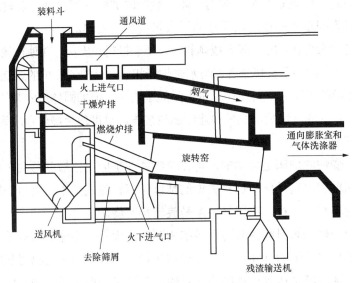

装料斗　通风道　火上进气口　烟气　干燥炉排　燃烧炉排　旋转窑　通向膨胀室和气体洗涤器　送风机　火下进气口　去除筛屑　残渣输送机

图9-3　后旋转窑焚烧炉

气、固体在旋转窑内流动的方向有同向及逆向两种。逆向式可提供较佳的气、固体混合及接触，可增加其燃烧速率，热传效率高，但是由于气、固体相对速度较大，排气所带走的粉尘数量也高。在同向式操作下，干燥、挥发、燃烧及后燃烧的阶段性现象非常明显，废气的温度与燃烧残灰的温度在旋转窑的尾端趋于接近。但目前绝大多数的旋转窑焚烧炉为同向式，主要的原因为同向式炉形设计不仅适于固体废物的输入及前置处理，而且可以增加气体的停留时间。逆向式旋转窑较适用于湿度大、可燃性低的污泥。

回转窑燃烧适应性广，可焚烧不同性能的废弃物，除重金属、水或无机化合物含量高的不可燃物外，各种不同物态（固体、液体、污泥等）及形状（颗粒、粉状、块状及桶状）的可燃性废物皆可送入旋转窑中焚烧。此种炉型机械零件比较少，故障少，可长时间连续运行。但回转窑的热效率低，如需辅助燃料时消耗较多，排出气体的温度低，有恶臭，需要脱臭装置或导入高温后燃室焚烧，由于窑身较长，占地面积大，且后燃室的炉排结构要求较为严格，因此其成本高，价格较昂贵。

三、流化床焚烧炉

这是一种高效焚烧炉（如图9-4所示）。利用炉底分布板吹出的热风将废物悬浮起呈沸腾状进行燃烧。一般常采用中间媒体即载体（砂子）进行流化，再将废物加入到流化床中与高温的砂子接触、传热进行燃烧。

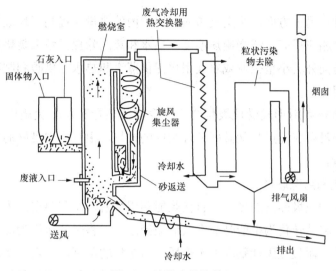

图 9-4 流化床焚烧炉

一般物料投入流化床后，颗粒与气体之间传热和传质速率高，物料在床层内几乎呈完全混合状态，投向床层的废弃物能迅速分散均匀。由于载热体储蓄大量的热量，可避免投料时炉温急剧变化，床层的温度保持均一，避免了局部过热，因此床层温度易于控制。同时它具有燃料效率高、负荷调节范围宽、污染物排放低、热强度高，适合燃用低热值燃料等优点。可以说我国目前在中小城镇最有发展前景的垃圾焚烧炉为流化床炉。尤其是我国的垃圾热值相对偏低，要实现其高效稳定燃烧，流化床焚烧技术无疑是最佳选择。

第二节 余热利用系统

生活垃圾被焚烧，在减容的同时释放出热量——焚烧余热。在垃圾焚烧厂里，若不对此余热加以回收利用是不合理的，同时也不符合我国有关余热利用标准规定。对垃圾焚烧余热通过能源在转换等形式加以回收利用，不仅能满足垃圾焚烧厂自身设备运转的需要，降低运行成本，而且还能向外界提供热能和动力，以获得比较可观的经济效益。

一、余热利用的主要形式

1. 直接热能利用

将垃圾焚烧产生的烟气余热转换为蒸汽、热水和热空气是典型的直接热能利用形式。通过布置在垃圾焚烧炉之后的余热锅炉或其他热交换器，将烟气热量转换成一定压力和温度的热水、蒸汽及一定温度的助燃空气，向外界直接提供。这种形式热利用率高、设备投资省，尤其适合于小规模（如处理量小于等于 100t/d）垃圾焚烧设备和垃圾热值较低的小型垃圾焚烧厂。一方面，足够高温度的助燃热空气能够有效地改善垃圾在焚烧炉中的着火条件；另一方面，热空气带入焚烧炉内的热量还提高了垃圾焚烧炉的有效利用热量，从而也相应提高了燃烧绝热温度。热水和蒸汽除提供垃圾焚烧厂本身生活和生产需要外，还可向外界小型企业或农业用户提供蒸汽和热水，供暖和制冷，供蔬菜、瓜果和鲜花暖棚用热。

但是这种余热利用形式受垃圾焚烧厂自身需要热量和垃圾焚烧厂与热用户之间距离的影响，如果没有在建厂时就做好综合利用的规划，很难实现良好的供需关系，往往白白浪费了热量。

2. 余热发电和热电联供

随着垃圾量和垃圾热值的提高，直接热能利用设备本身和热用户需求量的限制。为充分利用余热，将其转化为电能是最有效的途径之一。将热能转换为高品位的电能，不仅能远距离传输，而且提供量基本上不受用户需求量的限制，垃圾焚烧厂建设也可以相对集中，向大规模、大型化方面发展。从对提高整个设备利用率和降低相对吨垃圾的投资额都是有好处的。典型的垃圾焚烧发电余热利用系统如图9-5所示。

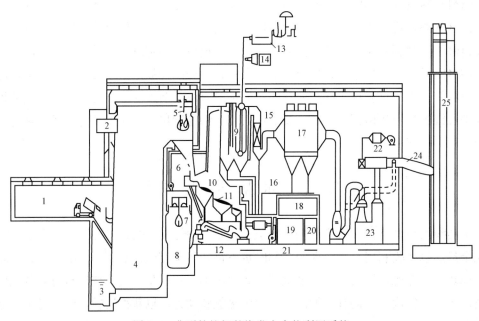

图9-5 典型的垃圾焚烧发电余热利用系统

1—垃圾倾卸区；2—吊车控制室；3—渗沥水储坑；4—垃圾储坑；5、7—吊车；6—给料器；8—炉液储坑；9—余热锅炉；10—燃烧室；11—炉排；12—炉渣输送带；13—温水游泳池；14—汽轮发电机；15—省煤器；16—飞灰输送带；17—除尘器；18—中央控制室；19—空气预热器；20—变电室；21—一次送风机；22—尾气加热器；23—洗涤塔；24—引风机；25—烟囱

垃圾焚烧炉和余热锅炉多数为一个组合体。余热锅炉的第一烟道就是垃圾焚烧炉炉膛，而对它们组合体的总称为余热锅炉。在余热锅炉中，主要燃料是生活垃圾，转换热量的中间介质为水。垃圾焚烧产生的热量被工质吸收，未饱和水吸收烟气热量成为一定压力和温度的过热蒸汽，过热蒸汽驱动汽轮发电机组，热能被转换为电能。

二、余热发电和热电联供系统特点

由余热锅炉送出的蒸汽根据其不同的用途被送至发电机组（汽轮机）及各用户供气站，主要有以下几种方式。

1. 纯冷凝式发电

纯冷凝式发电如图 9-6 所示。余热锅炉送出的蒸汽全部用于发电或与发电系统有关的设备，此时，汽轮机往往根据蒸汽量不同而设 1～3 个定压、定量抽汽口，供加热助燃空气和进行给水加热，以提高整个垃圾焚烧厂热效率，所抽汽量不大，根据事先计算而定，并且抽汽为非可调性，抽汽用途仅与发电系统有关，所采用的汽轮机为纯冷凝式汽轮机。发电后由冷凝器将蒸汽冷凝，再送往锅炉加热，采用这种方式垃圾焚烧厂的补给水量最小。

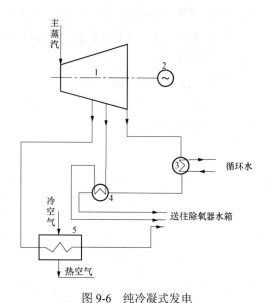

图 9-6 纯冷凝式发电

1—冷凝式汽轮机；2—发电机；3—冷凝器；4—给水加热器；5—蒸汽空气加热器

2. 抽汽冷凝式发电

抽汽冷凝式发电如图 9-7 所示。在纯冷凝式汽轮机基础上，中间抽取一部分蒸汽供用户使用，所抽取的这部分蒸汽是已做了一部分分功之后的蒸汽，蒸汽温度和压力已降低至某设计点，而且所抽取的蒸汽量比较大，以满足热用户需要为主要目的；抽汽量可

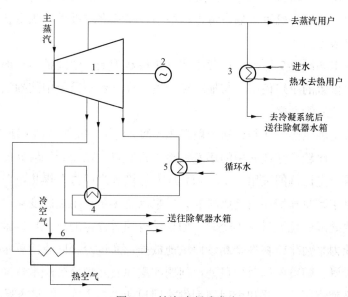

图 9-7 抽汽冷凝式发电

1—抽汽冷凝式汽轮机；2—发电机；3—汽水热交换器；4—给水加热器；5—冷凝器；6—蒸汽空气加热器

调，但调剂范围有限，当不需要抽汽时，抽汽口阀门关闭，但汽轮发电机组不会因关闭抽汽阀门而增大发电量，此时需减少供给汽轮机的蒸汽量（这就意味着减少垃圾焚烧量）。采用这种方式需要有一个先对较稳定的热用户，抽汽点可根据热用户要求而设计。

3. 背压式发电

背压式发电如图 9-8 所示。余热锅炉产生的蒸汽首先全部用于驱动汽轮机，发电后的汽轮机背压蒸汽（该蒸汽压力比冷凝式或抽冷式汽机排汽参数高）在全部提供用户使用后，全部或部分冷凝回收。

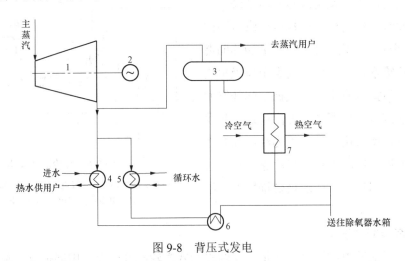

图 9-8　背压式发电

1—背压式汽轮机；2—发电机；3—集汽箱；4—热交换器；5—冷凝器；6—给水加热器；7—蒸汽空气加热器

采用背压式发电必须要有稳定的热用户，否则排汽只能浪费热量，而被冷凝回收。采用背压式发电汽轮发电机组规划余量可以最小（仅考虑垃圾量和热量波动）。

4. 抽汽背压发电

抽汽背压发电如图 9-9 所示。在背压式汽轮机基础上，中间抽出一部分蒸汽，供另一要求较高蒸汽参数的用户使用，与抽汽冷凝机一样，当不需要中间抽汽时要求减少送往汽轮机的蒸汽量进行调整。

以上四种发电和供热形式是目前一般燃煤（油）电站（或热电站）通常采用的模式。对于垃圾焚烧厂，比较广泛被采用的还是纯冷凝式发电。在规划得较好的国家和地区，背压机组也获得一定比例的采用（日本及欧洲）。垃圾焚烧厂与燃煤热电厂的根本区别为燃煤热电厂可采用减少和增加消耗燃料的方式来满足热用户用热的变化，而在垃圾焚烧厂内，每天需要处理的垃圾量是不变的，如果没有相对稳定的热用户，就只能靠电厂本身的发电富裕能力来消化或将多余热量白白地放掉，通过冷凝回收冷凝水，这两种方法都将增大设备投资。随着人们对垃圾处理问题的重视及对垃圾焚烧烟气净化的完善化，合理地规划垃圾焚烧厂的位置和合理规划供热用户和供热方式，以及冷凝、抽冷和背压、抽背压机组的合理搭配规划热电联供，有可能将垃圾焚烧余热得到更好，更广的应用。

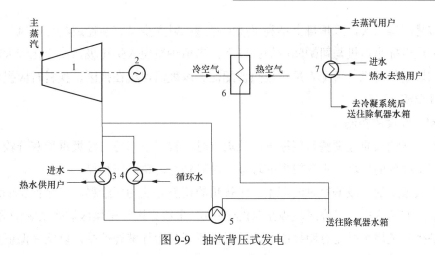

图 9-9　抽汽背压式发电

1—抽汽背压式汽轮机；2—发电机；3、7—热交换器；4—冷凝器；5—给水加热器；6—蒸汽空气加热器

第三节　垃圾焚烧炉节能技术

一、垃圾焚烧炉燃烧调整

垃圾是成分极其复杂的燃料，要提高垃圾焚烧炉的运行效率，焚烧炉燃烧系统的稳定控制是关键。垃圾燃烧的调节控制主要是通过对以下因素的调整来实现：合理发酵时间、合理的拌料、合适的风量、炉排速度、推料量及料层厚度、燃烧区间、燃烧状态等。其调整范围需根据季节天气变化，入炉垃圾热值变化等因素做适当调整。以下内容以炉排炉为例。

1. 入炉垃圾的控制

（1）发酵区的卸料门下的垃圾一定要及时抓清，一定要有通道，并保持垃圾池渗滤液隔栅前通畅，不被垃圾阻断渗滤液流出通道。

（2）入炉垃圾必须经过充分的发酵：一般在 3～5 天以上，但并非发酵的时间越长越好。

（3）入炉垃圾的正确选择：投料时投中、下部垃圾，这是因为顶部和底部的垃圾水分很大（垃圾因发酵而升温，中下部的垃圾水分蒸发出来后集结在上部垃圾上，而且顶部垃圾直接和外界接触，发酵不佳），垃圾抓吊司机应把顶部（2～3m）的垃圾抓到发酵区去继续发酵。

（4）正确的拌料、配料：拌料时应该控制合理的松散高度（约 5m），太低料松散不开，太高会因为重力的惯性冲击反而把料压实；底部垃圾和上部垃圾的合理掺烧。

（5）投料的时候，应该投在料斗的中间位置（不但可以防止料斗搭桥，而且还便于垃圾进入炉膛后，铺在焚烧炉排上时两边的料层相对中间的要薄，而从炉排下穿出来的风也是两边的相对于中间的要小点，这样对燃烧有利），而且料斗内尽量保持略低料位（料太多就容易压得太实,到炉排上不利于风的穿透;料太少又容易造成料斗串风)。

(6)垃圾抓吊司机与司炉间应加强联系。当司炉发现入炉垃圾热值变化较大时,应及时通知垃圾吊司机,调配入炉垃圾热值配比。垃圾吊司机在换区、换料时应提前通知司炉做好调整。

2. 料层厚度的控制

(1)根据垃圾质量调整料层厚度。垃圾重时,料层应稍薄。垃圾重指灰分较多的垃圾,压在中底部的垃圾,水分较多的垃圾。垃圾轻时,料层应稍厚。

(2)火床上的垃圾偏厚时的调整。炉排炉的调整方法为停给料,只运行焚烧炉排,推荐采取的方法为先把燃烧区垃圾正常燃烧料层(采取先运行干燥区炉排及燃烧区炉排,待焚烧炉排和焚烧炉排见有明显的空隙的时候再开起运行焚烧炉排,以此来保证炉排上的料被推至炉排上能松散开),根据火床长短、着火情况,确定运行、停止时间,达到正常燃烧控制。

(3)料层偏薄的调整。适当加快给料频率或加长供给料行程,幅度要小,逐步增加到合适的厚度为止,特殊情况是可手动给料一次(火床越来越短时);适当降低风量以减缓焚烧速度,防止造成严重脱火;同时加快焚烧炉排的运行频率,尽快恢复正常的火床。

3. 炉排速度、给料行程、给料速度的调整和风门调整

(1)给料行程,给料速度,给料频率,应与焚烧炉排运行速度、频率配合,以保证料层厚薄适当,火床到位燃烧正常。当给料行程、速度和频率一定时,焚烧炉排速度或者运行频率快越,料层越薄,焚烧炉排速度或者频率越慢,料层越厚;当炉排速度一定时,给料行程长短,给料速度快慢影响料层厚薄。

(2)风门开度50%~100%之间,含氧量低,风门适当开大,反之适当开小;料层厚适当开大,料层薄适当关小。配风应根据具体情况配风,正常运行时一区为干燥预燃区,二区为主燃烧区,三区为燃尽区,这三个区内的配风比例可根据主燃烧区位置和火床长短来灵活调配。

4. 炉排间隔停止时间的调整

(1)干燥预燃区到主燃烧区焚烧炉排间隔停止时间应该依次减小,而燃尽区焚烧炉排间隔停止时间依次增大。

(2)给料器给料频率由给料器的停留时间来确定。

(3)焚烧炉排停止时间根据料层厚度、火床上垃圾燃烧情况、火床长短来确定。当火床过长,适当延长停留时间,但不能太长,因为停留时间过长,容易造成大面积着火烧尽,火床迅速缩短,新的垃圾进来后,干燥时间不够,着火慢,造成脱火。脱火对炉况影响很大,炉温急剧下降,其他参数相应变化锅炉燃烧工况。

5. 烟气温度的控制

垃圾焚烧炉中含有大量的腐蚀性酸性气体,对锅炉过热器等相关设备会产生腐蚀作用,主要形态为高温腐蚀。当过热器的入口烟温大于650℃时,高温腐蚀非常大,因此,焚烧炉在运行中应严格控制过热器入口烟温不超过 650℃。同时，生活垃圾焚烧会产生二噁英，二噁英在 850℃ 及以上会完全分解。所以，炉膛温度低于 850℃ 时，要投入辅助燃料助燃，防止烟气中有害气体及二噁英的形成。

燃烧烟气必须在 850~950℃ 以上滞留时间不少于 2s，这样才能保证垃圾在焚烧过程中产生的二噁英等有毒害气体能得到彻底的分解，减少有害气体的产生，从而可减轻后部的工艺处理负荷和对周围环境的污染，同时降低锅炉炉膛结焦。另外，炉渣中未燃分即热灼减率不得大于 3%。

6. 保持稳定的炉膛负压

垃圾焚烧炉炉膛负压应控制在 -50～-70Pa 之间。若炉膛负压太小，炉膛容易向外喷尘，既影响环境卫生，又可能危及设备和操作人员的安全；而负压太大，炉膛漏风量增大，增大了引风机电耗和烟气热量损失。因此，稳定炉膛负压对保证锅炉稳定燃烧具有十分重要的意义。

二、垃圾焚烧炉优化运行

1. 入炉垃圾特性在线监测优化燃烧技术

当前多数生活垃圾中都含有大量的水分，不利于垃圾焚烧处理。究其原因主要有两方面。

（1）生活垃圾中包含大量的厨余类垃圾，由于此类垃圾含有较高的有机物，在放置、运输、清理过程中极易产生大量的水分。有关数据表明，我国城市每年人均消费水果量达到 60kg 以上，而因果皮等有机物产生的水分极大增加了垃圾组分含水率。

（2）垃圾收集系统的密闭性不够好，导致大量的雨水等外来水源进入到生活垃圾中，不可避免地造成垃圾中水分增加。

鉴于以上原因，如要控制好生活垃圾组分的含水率，应防止厨余类的汤水进入到生活垃圾中。参照国外某些国家的规定，如果厨余类垃圾中水分超标会被青云部门拒绝收运。有条件的地方可在家庭中推广使用食品粉碎机，将水分较多的餐厨垃圾进行粉碎后通过下水道处理，这样既不会增加下水道及污水处理厂的工作负荷，同时也会大大降低生活垃圾中的含水率；同时，进一步加大垃圾收运系统的技术保障和资金支持，实现"垃圾不落地"的密闭式清运模式，有效减少因外部水源的进入造成垃圾含水率的增加，更加利于垃圾的焚烧处理。

生活垃圾焚烧处理需要考虑垃圾的组分，燃值较高的生活垃圾可减少焚烧运行费用，提高垃圾的焚烧利用率。因此推广生活垃圾分类收集显得尤为重要。日本广泛实际垃圾分类收集的做法值得我们学习，依据垃圾的组成、处理设施的不同，设置在街道两侧、家庭等处的垃圾收集点均标明不同的分类特点，如可燃和不可燃、粗组分和细组分、有毒和无毒等。为控制焚烧处理污染物排放量，将废塑料类按不可燃性垃圾收集，可避免因焚烧废旧塑料产生的二次污染。此外可将燃值较低的炉渣等废弃物单独收集，这样可将炉渣直接运送至炉渣砖厂作为原料加以利用，同时也减轻了垃圾焚烧处理的负担。

2. 垃圾层厚度、助燃燃料和空气量监测与优化运行

送料器的行程、速度与炉排速度的配合是非常重要的，它直接影响到火床上垃圾层的厚度，从而影响燃烧。垃圾层太厚，燃烧不透彻排出的灰渣可燃分超标。垃圾层太薄、炉温不稳定、忽高忽低波动大，影响平稳发电，且容易造成事故。渣辊速度与发泡隔离带炉排速度要配合好，渣辊速度太慢，垃圾层的厚度增加，反之垃圾层减薄。合理匹配是相对而言的，不是一成不变的，在实际操作过程中，还要时时调整控制，才能达到较好效果。这要求操作人员有实际经验、勤观察、多微调才能运行平稳。一旦炉温或垃圾层偏离太大，调整所用的时间长、波动大，对生产发电影响也大。炉温是烟气排放的重要指标，一般来讲850~950℃较好，对锅炉的腐蚀较小，产生的有毒气体也少，没有黑烟产生。

点火燃烧系统设有点火燃烧器及其控制系统，其用途为启炉时，在炉内无垃圾状态下，通过燃油或天然气，配合辅助燃烧器使炉出口温度升至额定运转温度，然后垃圾入炉，以防止垃圾低温燃烧时排烟污染物超标。

为降低电力消耗及方便检修，点火及辅助燃烧器一般选用枪式燃烧器。枪式燃烧器安装孔较小，即使发生点火不良等问题时，也可以比较安全地抽出，以便维修。

3. 焚烧炉内燃烧在线监测优化燃烧技术

控制焚烧温度850℃以上。通过供风量和燃料停留时间和助燃燃烧器来控制焚烧温度。当焚烧炉炉膛温度低于850℃时，助燃燃烧器可根据燃烧室的情况自动投运。

通过焚烧炉液压传动系统的动作来控制给料速度和垃圾停留时间。给料速度快，垃圾停留时间短，垃圾无法充分燃烧，CO等有害气体增多；给料速度慢，垃圾停留时间过长，也会因可燃物质燃尽，后续燃料来不及补给，而造成焚烧温度降低。焚烧炉液压传动系统控制炉排和相关设备给料器、除渣机的动作。通过液压控制系统的合理配置可完成焚烧炉的给料速度的调节、炉排运动周期的调节、除渣速度的调节等，可迅速有效调整和控制垃圾的燃烧工况。通过燃烧空气系统提供助燃空气，并控制供风量改善燃料与空气混合状态。供风量越大，紊流度越大，混合越充分。燃烧空气系统由一次风机、二次风机、蒸汽式空气预热器构成。一次风从炉排下部分段送风，同时为提高燃烧效果及保持燃烧室的温度，焚烧炉的前后喷入二次风，以加强烟气的扰动，延长烟气的燃烧行程，使空气和烟气充分混合，保证垃圾燃烧更彻底。

4. 焚烧炉内受热面灰污在线监测及吹灰优化运行

生活垃圾发电厂接收的生活垃圾在垃圾储仓内经短时间发酵后，通过垃圾吊车送至焚烧炉，垃圾在焚烧炉内燃烧产生高温烟气，高温烟气通过余热锅炉受热面回收热量。通常焚烧炉和余热锅炉是2个完全独立的装置。生活垃圾中含有一定的碱金属元素（主要是钾、钠等）和有机物质，垃圾在焚烧炉内焚烧过程中因高温裂解而产生的灰粒和焦油以微粒形态存在于烟气中，微粒随着烟气向余热锅炉扩散。高温烟气流经余热锅炉时，

各受热面进行热量交换，烟气温度会逐渐降低。如果微粒因烟温较低在接触受热面时已凝固，则沉积在受热面管壁面上呈疏松状态，形成积灰；如果烟气中的微粒在接触受热面管壁面（如水冷壁、蒸发管屏、过热器管屏等）时仍呈熔化状态，则这些熔化或部分熔化的颗粒会逐渐黏附在管壁上，形成紧密的结焦层。

锅炉受热面积灰结焦沾污后，水冷壁、蒸发管屏、过热器、省煤器的换热能力降低，锅炉出口烟气温度升高，锅炉换热效率降低。锅炉出口烟气温度升高将导致烟气处理系统负荷加大，设备运行寿命减短，烟气净化能力下降；特别是布袋除尘器的布袋对运行环境温度要求严格，锅炉出口烟气温度超过设计极限后，系统必须停止运行。在换热作用减弱的情况下，为维持同样的蒸发量需要添加更多的燃料，使送、引风机负荷增加。但焚烧炉焚烧能力和通风设备设计容量有限，积灰、结焦情况下容易发生烟气通道的局部堵塞，炉内可能产生正压；烟气通道堵塞严重时，将造成局部烟气流速过高，吹损传热管，导致锅炉爆管停炉的恶性事故发生。此外，黏结在水冷壁或高温过热器上的灰、焦会与管壁发生复杂的化学反应，形成高温腐蚀。

为防止结焦沾污，可从以下方面入手：①选择合理的运行氧量；②维持风量平衡，并减少炉膛漏风；③加强水平烟道清灰；④加强运行燃烧调整。

三、垃圾焚烧炉节能技术

1. 排渣余热回收

燃垃圾流化床焚烧炉的排渣温度一般在 1000℃左右不仅输送很不方便而且造成能源浪费和环境污染，因此许多企业都把焚烧炉排渣余热回收作为节能改造的一项重要措施。目前使用的冷渣机主要有螺旋滚筒式、百叶滚筒式和多管滚筒 3 种。

冷渣机的主要结构及工作原理：冷渣机由进料室、出料室、装有一组列管通道的转子、传动装置、驱动装置、机架、旋转接头、密封室等部分组成。工作时先开通冷却水并达到所需冷却量然后接通电源，转子在驱动装置的带动下，根据锅炉料层的厚度以不同的速度转动使高温炉渣进入进料室。转子与水平成一定夹角，高端设有进渣口，低端设有出渣口。转子每转一周炉渣也随之转动一周，并沿下坡向下滚落。炉渣在冷却通道内连续转动，并与换热面交替接触将热量传递给冷却通道内的冷却水。加热后的冷却水进入软水槽内余热得到回收。

2. 炉渣回收利用

焚烧炉炉渣由陶瓷、砖石碎片、石头、玻璃、熔渣、铁、其他金属和一些可燃物组成的不均匀混合物。综合利用破碎、筛分、磁力分选、摇床分选等技术，对炉渣进行分选预处理，可有效回收利用铁、铜、铝等废旧金属；炉渣中未燃尽的可燃物得到分离收集，并妥善处理，剩余的炉渣可综合利用，其主要用途为石油沥青路面的替代骨料、水泥或混凝土的替代骨料、填埋场覆盖材料、路基的填充材料。

四、垃圾焚烧炉辅助设备节能

1. 泵与风机节能

我国垃圾发电厂的自用电率通常高达 30% 左右，风机、水泵用电量占厂用电的绝大部分。其中，给水泵耗电量占厂用电的 61% 左右，送、引风机约占 22%。这类负载的能源利用率和功率因数都比较低，使得电网负荷率很低，电力系统峰谷差很大，高峰电力往往严重不足，严重制约着企业经济效益的提高。因此，风机和水泵的节能问题显得尤为重要，也一直是国家关注的重点。

风机、水泵在工作过程中的功率损耗主要有电动机的轴功率、线路的损耗、控制装置的损耗和机械损耗。采用的基本节能方法有减少运行时间、采用高效率的风机和设备，在满足同样风量的情况下减少通风管网的空气阻力。

这些方法中，减少通风管网的空气阻力是风机、水泵节能较好的途径。

然而在我国，传统的设计方式使电厂的风机、水泵选型过大、匹配不当、功率裕度过大，超出的流量需要采用节流调节来处理。常用的调节方法是闸阀节流调节，即用增大网管阻力的办法减小流量，但流量减小的同时却使压头增高，效率下降，造成节流损失，节流后的流量越小，损失越大。节流调速和上述的汽车调速情况非常类似。例如，40 kW 的风机运行在 70% 额定流量下，由于节流造成的损失达 15 kW 左右。节流调节使风机、水泵长期处于低效区运行，能源浪费严重。测算数据表明，当风机、水泵流量由 100% 降到 50% 时，如果分别采用出口或入口阀门的节流调节方式，电机的输入功率分别为 84% 和 60%，而风机、水泵的有效功率仅为 50%，损失功率分别为 34% 和 10%。

如果改节流调节为调速调节，不仅节能而且便于设备维护，延长设备使用寿命。调速调节使风机、水泵的流量随时满足生产工艺的要求，系统运行在风机、水泵的高效区，随时都运行在"无裕度"状态。即使是风机、水泵的选型过大，调速运行仍然能够使系统处于最佳状态，与节流调节相比有明显的节能效果，被认为是控制风量、流量最理想的方法。常用的调速装置有机械调速装置和电气调速装置。机械调速装置包括液力偶合器与液黏调速离合器（国外称Ω离合器、液黏变速装置、同步传动装置等）；电气调速装置包括变频调速、变极调速、串极调速、电磁滑差调速、转子串电阻调速和定子调压调速等装置。目前，一般火（热）电厂用得比较多的机械调速装置是液力偶合器，它是一种依靠液体传递转矩的柔性传动元件，具有结构简单可靠、使用维护方便、价格低廉、能提高设备寿命等优点。

交流变频调速技术是集电力电子技术、微电子技术和控制技术发展的产物，在各种交流电机的调速系统中调速性能最好，效率最高。在相同的流量下，变频控制比阀门控制水泵所消耗的有功功率要小得多，且流量越小，差别越大，节能效果十分显著，一般可达 25%～60%。而且还可方便地组成闭环控制系统，实现恒压或恒流量控制，从而极大地改善锅炉的整体燃烧状况，使炉况的各个指标趋于最佳，达到单位煤耗、水耗减少的目的。

2. 袋式除尘器节能

由于脉冲布袋除尘器具有对滤袋的清理效果好、除尘效率高、处理量大、结构紧凑、操作维修方便等优点，因而在垃圾发电厂广泛应用。但是，袋式除尘器的设备阻力正常情况下在 1300～1600Pa 左右，高时可达 1800～2000Pa 以上，与电除尘器的 200Pa 运行阻力相比其后期的运行成本极高，高阻力运行已成为现在袋式除尘器必须面对的难题，因此袋式除尘器的节能问题就是减小其阻力。

（1）袋式除尘器阻力的构成。

1）除尘器结构产生的阻力。不同结构的除尘器产生的阻力不同；即使相同结构的除尘器如果进出风口尺寸、箱体尺寸、阀口尺寸不同，气流通过时的速度不同，产生的阻力也就不同；袋与袋之间的间距不同，气流上升速度就不同，产生的阻力也不同；除尘器的过滤面积不同，过滤风速就不同，产生的运行阻力也就不同。总之，气流速度越低，产生的阻力就越小。

2）清洁滤袋产生的阻力。袋式除尘器是利用多孔的袋状过滤元件从含尘气体中捕集粉尘的一种除尘设备，含尘气体需要从滤袋的一个个微孔中通过，不同的孔隙其气体通过微孔的速度不同，新滤袋产生的阻力一般为 50～200Pa。

3）滤袋上堆积的粉尘层产生的阻力。含尘气体通过滤料时，粉尘被阻留在滤料的表面，相互之间搭接形成粉尘层，粉尘层是除尘器产生阻力的重要构成，不同的粉尘层产生的阻力可达 500～2500Pa。因此，清灰效果的好坏对除尘器的运行阻力有重要的影响。

（2）降低袋式除尘器阻力的措施。

针对以上袋式除尘器产生阻力的 3 个方面，降低袋式除尘器运行阻力的措施有很多，其主要方面有以下几个。

1）合理确定过滤风速。袋式除尘器的阻力在很大程度上取决于过滤风速、除尘器结构、清洁滤袋、粉尘层的阻力都随过滤风速的提高而增加。过滤阻力与过滤风速的平方呈正比关系，过滤风速每降低 10%，过滤阻力可降低 20%；降低过滤风速还可削减粉尘穿透能力，不仅有利于粉尘排放浓度的降低，还可降低滤袋发生堵塞发生的概率；同时，单条滤袋所承受的烟气负荷降低，更有利于滤袋使用寿命的延长。

2）均匀分布气体流量。袋式除尘器在设计时即使理论过滤风速和其他风速取得都很合理，但如果气流均布措施不到位，每个袋室的实际处理风量就会有高有低；即便在一个袋室内，如果气流均布措施不到位，每条滤袋的实际过滤风速也会不同。所以，在除尘器的进风口处需要有气体导流板和均风板，需要调节进风支阀的开度以平衡各个袋室的风量，在灰斗内需要设置均风板来分布单个袋室的风量。

3）提高清灰效果。滤袋表面粉尘层对除尘器的运行阻力有很大影响，因而清灰效果尤其重要。如果清灰选用低压脉冲行喷吹方式，每只脉冲阀对应一根喷吹管，每根喷吹管设置的喷嘴与滤袋逐一对应；为保证清灰更为彻底有效，袋式除尘器在每个单元仓室出风口设置气动挡板门，可保证需要清灰的当前仓室单独切断，清灰较在线清灰更为彻底，使清灰不受上升气流的干扰，能够有效避免二次扬尘现象的发生，加速粉尘降落的时间，从而降低设备运行阻力。

4）预除尘。除尘器阻力的上升速度与烟气中的粉尘浓度大小有关，如果通过相应的措施将烟气中的粉尘先收集部分，然后再通过滤袋过滤净化，这样就能减轻除尘器的过滤负荷，阻力上升速度也会大大降低。预除尘的措施有很多，如在除尘器前端加一个旋风除尘器或在除尘器的进口内部增加旋风装置，通过旋风离心效应聚集粉尘达到预除尘的目的；下进风方式的袋式除尘器由于烟气从灰斗内通过，由于气流空间的突然扩大，粗颗粒和部分细粉尘会沉降下来。因此，下进风方式是公认的袋式除尘器中最科学的进风方式。

5）滤袋特性。在滤料选择方面，滤袋表面进行烧毛、热定型、压光、防水防油等易清灰处理，提高粉尘与滤袋的剥离能力，降低滤袋运行阻力；滤袋采用梯度结构，即表层采用超细纤维，内层采用常规纤维，里层采用粗纤维，可大大提高滤袋的透气性，降低滤袋过滤阻力；此外，采用此结构滤袋不仅可降低排放浓度，而且粉尘不容易夹扎在滤袋纤维层中，能有效避免滤袋堵塞现象的发生，从而使滤袋过滤阻力得到有效控制。

6）防止糊袋技术。糊袋的主要原因是水或油在滤袋部粉层的黏结，糊袋将导致滤袋固有阻力的增加，为避免造成糊袋，采用如下方案进行滤袋的保护。

a. 投运之初对除尘器进行预喷涂后，使用未使用的滤袋表面有足够的细灰。

b. 在锅炉启动完全投油阶段投停止喷吹，在投煤后再进行正常的喷吹程序。

c. 在有大量的水吸入烟道时，清灰程序换入小变阻的清灰方式，保证滤袋上有足够的粉尘。

d. 在运行过程中如果投油，清灰程序换入小变阻的清灰方式，保证滤袋上有足够的粉尘。

五、垃圾焚烧炉废气排放与要求

1. 垃圾焚烧炉废气浓度

垃圾焚烧炉所焚烧的垃圾性质不同，如生活垃圾、医疗垃圾、空港垃圾、危险废弃物等，其废气性质也有很大区别。但总体来说主要的污染物是氯的化合物、二氧化硫、一氧化碳、氮氧化物、重金属、粉尘、二噁英等，另外烟气中焦油含量往往也比较高。这些污染物有的是气态形式，有的是固态形式，还有的是液态形式。其中有些污染物可通过改进燃烧工艺来削减，但最重要的还是废气净化技术及系统工艺设计。生活垃圾焚烧废气污染物一般情况见表9-1。

表 9-1 　　　　　　　　　　生活垃圾焚烧废气污染物（部分）

序号	污染物名称	污染物浓度（mg/m³）
1	颗粒物	1000~20000
2	氯化氢（HCl）	100~3300
3	二氧化硫（SO₂）	200~3900
4	氮氧化物（NOₓ）	300~750
5	汞及其化合物（以 Hg 计）	0.2~0.5
6	其他重金属	1~10
7	一氧化碳（CO）	100~300

2. 废气排放的要求

现代垃圾焚烧炉的废气中的有害物成分大大增加，特别是特殊垃圾等危险废弃物焚烧后产生的大量有毒物质，因此各国制定的废气排放标准都比较严格。加上垃圾焚烧技术本身就是一项环保技术，其排放标准也将越来越严格，这对垃圾焚烧废气净化技术提出了很高的要求。严格的排放指标往往导致净化系统的投资及运行费用大大增加，事实上发达国家垃圾焚烧炉的废气净化系统的投资普遍较大，平均占垃圾焚烧工厂总投资的 30%~50%。国内对垃圾焚烧炉的废气净化技术的要求也比较高，已经制定了严格的排放标准。国家现行的关于焚烧污染控制标准（GB 18485—2014《生活垃圾焚烧污染控制标准》）中污染物排放要求见表 9-2。

表 9-2 　　　　　　　　　生活垃圾焚烧炉排放烟气中污染物限值

序号	污染物项目	限值	取值时间
1	颗粒物(mg/m³)	30	1h 均值
		20	24h 均值
2	氮氧化物（NOₓ）(mg/m³)	300	1h 均值
		250	24h 均值
3	二氧化硫（SO₂）(mg/m³)	100	1h 均值
		80	24h 均值
4	氯化氢（HCl）(mg/m³)	60	1h 均值
		50	24h 均值
5	汞及其化合物（以 Hg 计）(mg/m³)	0.05	测点均值
6	镉、铊及其化合物（以 Cb＋Tl 计）(mg/m³)	0.1	测点均值
7	锑、砷、铅、铬、铜、锰、镍及其化合物（以 Sb＋As＋Pb＋Cr＋Co＋Cu＋Mn＋Ni 计）(mg/m³)	1.0	测点均值
8	二噁英类（ngTEQ/ m³）	0.1	测点均值
9	一氧化碳（CO）(mg/m³)	100	1h 均值
		80	24h 均值

从上述所列数据来看，国家对焚烧炉废气排放的限制项目比较多，排放标准也比工业上的要求高。

六、垃圾焚烧炉性能测试

垃圾焚烧炉热工性能指标是按照 GB/T 18750—2008《生活垃圾焚烧炉及余热锅炉》的要求进行考核，测试方法按照 GB/T 10180—2003《工业锅炉热工性能试验规程》和 GB/T 10184—2015《电站锅炉热工性能试验规程》进行。GB/T 10180—2017 有关垃圾焚烧炉的测试内容也已编入相关条款中。如果仅仅对焚烧炉的余热锅炉部分进行考核，则测试方法按照 GB/T 10863—2011《烟道式余热锅炉热工试验方法》进行。垃圾焚烧炉除表 9-3 特有的性能指标，其余的与锅炉相同，即锅炉的热效率、锅炉出力、锅炉的排烟热损失 q_2、锅炉气体未完全燃烧热损失 q_3、锅炉固体未完全燃烧热损失 q_4、散热损失 q_5、灰渣物理热损失 q_6。

表 9-3　　　　　　　　　　　　垃圾焚烧炉特有性能指标

序号	项目	指标	测量方法
1	烟气高温燃烧区域（炉膛）停留时间	不低于 2s	计算法：根据烟气量、炉膛高度及截面积
2	烟气高温燃烧区域（炉膛）温度	不低于 850℃	测量法：高温热电偶
3	烟气高温燃烧区域（炉膛）含氧量（湿基）	不低于 6%	测量法：烟气分析仪
3	炉渣灼减率	≤5%	重量法：马弗炉、天平

垃圾焚烧炉排放性能指标按照表 9-2 进行考核，其测试方法按 GB/T 18485—2014《生活垃圾焚烧污染控制标准》中表 9-4 规定进行。

表 9-4　　　　　　　　　　　　污染物浓度测定方法

序号	污染物项目	方法标准名称	标准号
1	颗粒物	固定污染源排气中颗粒物测定与气态污染物采样方法	GB/T 16157—1996
2	二氧化硫（SO₂）	固定污染源排气中二氧化硫的测定　碘量法	HJ/T 56—2000
		固定污染源排气中二氧化硫的测定　定电位电解法	HJ/T 57—2000
		固定污染源废气　二氧化硫的测定　非分散红外吸收法	HJ 629—2011
3	氮氧化物（NOₓ）	固定污染源排气中氮氧化物的测定　紫外分光光度法	HJ/T 42—1999
		固定污染源排气中氮氧化物的测定　盐酸萘乙二胺分光光度法	HJ/T 43—1999
		固定污染源废气　氮氧化物的测定　定电位电解法	HJ 693—2014
4	氯化氢（HCl）	固定污染源排气中氯化氢的测定　硫氰酸汞分光光度法	HJ/T 27—1999
		固定污染源废气　氯化氢的测定　硝酸银容量法	HJ 548—2016
		环境空气和废气　氯化氢的测定　离子色谱法	HJ 549—2016
5	汞	固定污染源废气　汞的测定　冷原子吸收分光光度法(暂行)	HJ 543—2009

序号	污染物项目	方法标准名称	标准号
6	镉、铊、砷、铅、铬、锰、镍、锡、锑、铜、钴	空气和废气　颗粒物中铅等金属元素的测定　电感耦合等离子体质谱法	HJ 657—2013
7	二噁英类	环境空气和废气　二噁英类的测定　同位素稀释高分辨气相色谱-高分辨质谱法	HJ 77.2—2008
8	一氧化碳（CO）	固定污染源排气中一氧化碳的测定　非色散红外吸收法	HJ/T 44—1999

第十章　余热锅炉节能技术

第一节　余热锅炉简介

为了更有效地回收余热，各国对余热回收的方式与设备做了很多分析与比较，从中可以看出，利用余热锅炉回收高温烟气的余热，是最经济、最有效的途径。

余热锅炉是利用余热热源设备产生的余热而生产蒸汽或热水的一种供热设备。余热锅炉，顾名思义是指利用各种工业过程中的废气、废料或废液中的余热及其可燃物质燃烧后产生的热量把水加热到一定温度的锅炉。余热锅炉没有常规燃煤锅炉的燃烧室和燃料系统，也没有送风，排烟风机系统；只有排列密集的翅片管和集汽（水）联箱，以及汽包、管道、阀门等。余热是在工业生产中未被充分利用就排放掉的热量，它属于二次能源，是一次能源和可燃物料转换后的产物。

由于"余热"种类的多样性从而使余热锅炉的结构形式各式各样，不尽相同。

1. **按余热的性质分**

（1）高温烟气余热：它是常见的一种形式，其特点是产量大、产点集中、连续性强、便于回收和利用，其带走热量占总热量的 40%～50%，该余热锅炉回收的热量，可用于发电及作为生产或生活用热。

（2）高温炉渣余热：如高炉炉渣、转炉炉渣、电炉炉渣等，该炉渣温度在 1000℃以上，它带走的热量占总热量的 20%。

（3）高温产品余热：如焦炉焦炭、钢锭钢坯、高温锻件等，它一般温度很高，含有大量余热。

（4）可燃废气、废液的余热：如高炉煤气、炼油厂的催化裂化再生废气、造纸厂的黑液等，它们都可以被利用。

（5）化学反应余热：如冶金、硫酸、磷酸、化肥、化纤、油漆等工业部门，都产生大量的化学反应余热。

（6）冷却介质余热：如工业炉窑的水套等冷却装置排出的大量冷却水，各种汽化冷却装置产出的蒸汽都含有大量的余热，它们都可以被合理利用。

（7）冷凝水余热：各工业部门生产过程用汽在工业过程后冷凝减小时所具有的物理显热。

2. **按余热锅炉产生蒸汽的压力等级分**

目前余热锅炉采用有单压、双压、双压再热、三压、三压再热等五大类汽水系统。

（1）单压级余热锅炉：只生产一种压力的蒸汽供给汽轮机。

（2）双压或多压级余热锅炉：能生产两种不同压力或多种不同压力的蒸汽供给汽轮机。

3. 按受热面布置方式分

（1）卧式布置余热锅炉。

（2）立式布置余热锅炉。

4. 按工质在蒸发受热面中的流动特点分

（1）自然循环余热锅炉：烟气水平地流过按垂直方向安装的管束，管束中的水汽混合物与下降管中冷水的密度差，是维持蒸发器中汽水混合物自然循环的动力。

（2）强制循环余热锅炉：烟气通常垂直地流过水平方向布置的管束，通过循环泵来保证蒸发器内循环流量的恒定，利用水泵压头和汽水密度差推动工质流动。

（3）直流余热锅炉：直流余热锅炉靠给水泵的压头让给水依次通过各受热面变成过热蒸汽。在蒸发受热面中，工质的流动要通过给水泵压头来实现。由于没有汽包，在蒸发和过热受热面之间无固定分界点。

5. 按余热锅炉烟气侧热源分

（1）无补燃的余热锅炉。这种余热锅炉单纯回收排气的热量，产生一定压力和温度的蒸汽。

（2）有补燃的余热锅炉。在余热锅炉的恰当位置安装补燃燃烧器，采用天然气或油等燃料进行燃烧，提高烟气温度，可相应提高蒸汽参数和产量。

（3）增压型余热锅炉。燃气轮机压气机排气和燃料首先在增压锅炉内部燃烧，产生的高压燃气再进入燃气轮机透平做功，同时产生蒸汽作为蒸汽机的动力来源。

一般地，对于燃气-蒸汽联合循环发电来说，采用无补燃的余热锅炉的联合循环效率相对较高。所以，目前大型联合循环大多采用无补燃的余热锅炉。

余热锅炉与普通锅炉的区别是余热锅炉总体来讲只有"锅"没有"炉"。"余热锅炉"通常是没有燃烧器的，如果需要高压高温的蒸汽，可在"余热锅炉"内装一个附加燃烧器。通过燃料的燃烧使烟气温度升高，以产生高参数的蒸汽。

第二节　余热锅炉的组成和工作原理

余热锅炉一般有低压、中压和高压 3 个回路，每个回路由锅筒、蒸发器、省煤器、过热器、再热器及相应的集箱组成。在省煤器中锅炉的给水完成预热的任务，使给水温度升高到接近饱和温度的水平；在蒸发器中给水相变成为饱和蒸汽；在过热器中饱和蒸汽被加热升温成为过热蒸汽；在再热器中再热蒸汽被加热升温到所设定的再热温度。

余热锅炉分为立式余热锅炉（垂直烟气通道）和卧式余热锅炉（水平烟气通道）2 种类型。卧式余热锅炉烟气是沿水平方向流过垂直方向安装的受热面模块，受热面模块采用吊挂式结构，如图 10-1 所示；立式余热锅炉烟气是沿垂直方向流过水平方向安装的受热面模块，受热面模块带有中间支撑隔板，如图 10-2 所示。对于大容量余热锅炉，其蒸发器不采用膜式水冷壁结构，而是与省煤器、过热器及再热器一样为提高传热效率采用螺旋翅片管形式。

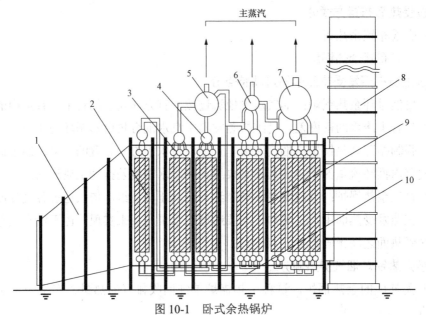

图 10-1　卧式余热锅炉

1—入口烟道；2—受热面模块；3—小集箱；4—汇集集箱；5—高压汽包；
6—中压汽包；7—低压汽包；8—烟囱；9—钢构架；10—连接管道

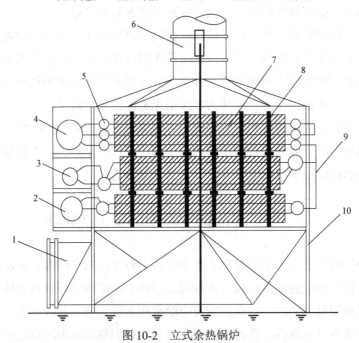

图 10-2　立式余热锅炉

1—入口烟道；2—高压汽包；3—中压汽包；4—低压汽包；5—集箱；6—烟囱；
7—受热面模块；8—支撑隔板；9—连接管道；10—钢构架

立式余热锅炉起源于欧洲，因欧洲要求锅炉占地面积要小，而且要求锅炉对调峰循环运行所产生的热应力敏感度较低；卧式余热锅炉通常在北美地区应用。随蒸发器设计水平的提高，立式余热锅炉不再需要强制循环泵，和卧式余热锅炉相同，属于完全自然循环。卧式和立式锅炉的比较见表 10-1。

表 10-1 　　　　　　　　卧式和立式余热锅炉的比较

项目	卧式锅炉	立式锅炉
定义	受热面管子垂直布置，烟气水平地流经管子	受热面管子水平布置，烟气垂直地流经管子
出力和效率	相同	相同
同等出力下的换热面积	相似，再热器和过热器部分需要较大的受热面，主要是由于烟气流的温度和质量流量分布不均匀	小
对燃气轮机燃料的适应性	只能燃用天然气、轻柴油等清洁燃料	除能燃用天然气、轻柴油等清洁燃料外，还可燃用原油、重油、渣油等多灰燃料
同等出力下的占地面积（以配 250 MW 级燃气轮机为例）	多出 30%，主要是由于进口烟道和烟囱的开口角度，在需要补燃、装设 SCR、CO 催化剂时更大	小
排放水平控制	需要更大的长度	需要更大的高度，下游积灰面清洗要仔细，不要污染催化剂
补燃	可安装在余热锅炉进口烟道内或锅炉换热管束之间	可安装在余热锅炉进口烟道内，难于安装在锅炉换热管束之间
锅炉封闭	自支撑型封闭	安装在余热锅炉钢结构上，并由钢结构支撑
自然循环	相同	相同
模块化制造	典型	典型
循环运行	在过热段和再热段容易发生严重的热应力循环问题	循环热应力小，更适合调峰运行
余热锅炉成本	相同	相同
操作维护	穿管、穿吊杆处膨胀节数量多，维护工作量大	穿管、穿吊杆处膨胀节数量多极少，维护工作量小
日常检查	如果不设脚手架，难以接触到联箱和受热面管子	在不需要附加设备的情况下，可以通过人孔到达联箱和受热面管子

第三节 余热锅炉节能技术

余热锅炉本身就是回收利用余热的设备，其在运行过程中，依然存在着的节能问题。

一、余热锅炉节能分析

结合余热锅炉在现阶段的具体应用现状来看，虽然能够表现出较为一定的余热利用效果，相对于传统的锅炉运行系统，其节能效果也比较理想，但是仍然存在着一定的问题，节能效果并不能够达到最大化，其中表现出来的问题主要有以下几点。

1. 排烟温度偏高

排烟温度过高有两种可能：一是由于露点腐蚀或受热面结构不合理导致的尾部积灰比较严重，大大降低了管内外的换热，导致排烟温度不断升高。二是受热面面积不够，不能充分吸收烟气热量，大量烟气热量延后，导致尾部排烟温度过高，造成余热严重浪费，锅炉运行效率低，降低了装置安全稳定运行时的经济效益。

2. 蒸汽过热能力不足

由于过热器能力不足，导致中压蒸汽温度远远低于设计值，导致部分中压饱和蒸汽只能串入低压蒸汽管网，造成高品质能量浪费。大大影响了正常的生产，锅炉运行效率低。

3. 烟气侧运行阻力大

在锅炉实际运行中，烟气侧运行阻力偏大，炉膛（燃烧室）压力偏高。导致部分烟气经过旁路排出烟囱，浪费了大量的热量并污染了环境。

二、余热锅炉节能措施

1. 对排烟温度进行合理控制

排烟温度的控制主要就是为了充分提升各受热面的换热效率，进而也就能够达到最为理想的热量回收利用水平。可以采取的措施是多方面的，比如可以采用平衡尾部烟气热量的方式进行调节，也可采用降低排烟温度的方式进行调节，其都能够较好促使相应的排烟温度得到有效处理，促使其提升热效率。省煤器换热元件采用螺旋翅片管结构，可减少烟气阻力、强化传热、提高尾部受热面的传热能力、降低排烟温度。此外，合理的安装运用一些给水预热器等装置也能够达到较为理想的表现效果。

2. 有效清除受热面积灰，提高传热效果

进入余热锅炉的烟气往往携带大量的烟尘，这些烟尘因烟气流过余热锅炉时烟速降低时，小部分会沉降下来，但是大部分仍然附着聚集在余热锅炉各部分的受热面上，经过清灰打渣装置的作用，沉降下来的烟尘降落在余热锅炉下部的集灰斗中，再用除灰装置排出炉外。

余热锅炉各部位吹灰打渣的顺序，一般应顺着烟气流向逐级进行，以免清洁后的受热面再被积灰所污染。清灰应自辐射冷却室开始、经过热器到对流受热面，从炉前到炉尾按顺序进行。清灰打渣的周期和每次进行的时间，应当根据清灰的效果和余热锅炉的运行情况，经过试验对比以后再决定。清灰打渣应在余热锅炉运行稳定时进行，并且必须注意安全。

参 考 文 献

[1] BP. BP 世界能源统计年鉴（2017 版）（M/OL）.

http://www.bp.com/zh_cn/china/reports-and-publications/_bp_2017-_.html.

[2] BP. BP 世界能源展望（2017 版）（M/OL）.

http://www.bp.com/zh_cn/china/reports-and-publications/_bp_2017_.html.

[3] 中华人民共和国国家统计局. 中国统计年鉴[M]. 北京：中国统计出版社，2016.

[4] The World Bank Group. Energy use (kg of oil equivalent per capital)（Z/OL）.

http://data.worldbank.org/indicator/EG.USE.PCAP.KG.OE.

[5] 林宗虎，徐通模. 实用锅炉手册[M]. 2 版. 北京：化学工业出版社，2009.

[6] 张益，赵由才. 生活垃圾焚烧技术[M]. 北京：化学工业出版社，2000.

[7] 韩昭沧. 燃料及燃烧[M]. 2 版. 北京：冶金工业出版社，1994.

[8] 李阳冬. 电厂热能动力锅炉燃料及燃烧分析[J]. 江西建材，2014，（20）：200-201.

[9] 徐通模. 燃烧学[M]. 北京：机械工业出版社. 2011.

[10] 隆武强. 燃烧学[M]. 北京：科学出版社，2015.

[11] 张松寿. 工程燃烧学[M]. 上海：上海交通大学出版社，1987.

[12] 叶江明. 电厂锅炉原理及设备[M]. 北京：中国电力出版社，2010.

[13] 樊泉桂. 锅炉原理[M]. 北京：中国电力出版社，2014.

[14] 周强泰，周克毅，冷伟，等. 锅炉原理[M]. 2 版. 北京：中国电力出版社，2009.

[15] 朱凯强，芮新红. 循环流化床锅炉设备及系统[M]. 北京：中国电力出版社，2008.

[16] 容銮恩，袁镇福，刘志敏，等. 电站锅炉原理[M]. 北京：中国电力出版社，1997.

[17] 王灵梅. 电厂锅炉[M]. 北京：中国电力出版社，2013.

[18] 张衍国，李清海，冯俊凯. 炉内传热原理与计算[M]. 北京：清华大学出版社，2008.

[19] 中国电力企业联合会科技服务中心与华中科技大学能源与动力工程学院合编. 锅炉机组节能[M]. 北京：中国电力
出版社，2008.

[20] 岑可法，周昊，池作和. 大型电站锅炉安全及优化运行技术[M]. 北京：中国电力出版社，2003.

[21] 曾瑞良，徐秀清. 富集型煤粉直流燃烧器的稳燃原理及应用[J]. 中国电力，1999，3（32）：1-5.

[22] 刘复田，沈元龙. GB/T 10180—2003《工业锅炉热工性能试验规程》的理解和执行[M]. 北京：中国标准出版社，
2004：33-34.

[23] 李永华，潘朝红，吕玉坤，等. 发电厂锅炉经济运行研究[J]. 中国电力，2004，37（1）：51-53.

[24] 史培甫. 工业锅炉节能减排应用技术[M]. 北京：化学工业出版社，2016.

[25] CHIKUNI E,GOVENDER T,OKORO O I. A testing for valuating the efficiency of hot water boilers under various operating conditions［C］.Domestic Use of Energy Conference, 2012:145-152.

[26] VladimirI,Kuprianov. Applications of a cost-based method of excess air optimization for the improvement of thermal efficiency and environmental performance of steam boilers[J].Renewable and Sustainable Energy Eviews, 2005, 9(5):474-498.

[27] 管坚，宋吉民，苗竣赫. 降低热损失提高工业锅炉热效率研究[J]. 东北电力大学学报. 2014,（1）：21-25.

[28] 宋丹丹. 锅炉烟气余热利用节能技术[J]. 上海节能，2015,（4）：212-215.

[29] 李青，高山，薛彦廷. 火电厂节能减排手册节能技术部分[M]. 北京：中国电力出版社，2013.

[30] 孙金武. WR 型和 XWD 型（双通道）浓淡燃烧器的结构特点、设计原理及低负荷稳燃机理分析[J]. 热力发电，2000,（2）：22-25.

[31] 周旭. WR 燃烧器和 Aerotip™ 燃烧器对比研究[J]. 湖北电力，2007, 31（2）：35-38.

[32] 黄瑞环. 多功能船形稳燃器在400t/h 锅炉上的应用[J]. 江西电力，1999（2）：24-25.

[33] 王灵会. 多功能直流煤粉燃烧器在郑州热电厂的应用[J]. 华中电力，1997（5）：30-32.

[34] 陈刚. 用稳燃腔煤粉燃烧器改燃烟煤为燃无烟煤锅炉[J]. 华中理工大学学报，2000, 28（1）：38-40.

[35] 陈有福，张永福，韦红旗. 旋流燃烧器强化燃烧的途径及应用[J]. 能源研究与利用，2003（4）：18-20.

[36] 沈光林. 膜法富氧助燃技术在工业锅炉中的应用[J]. 工业锅炉，2002（6）：20-23.

[37] 于海深. 节能添加剂的特性研究[J]. 节能，2007, 16（1）：27-29.

[38] 梁绍华，李秋白，黄磊，等. 锅炉在线燃烧优化技术的开发及应用[J]. 动力工程学报，2008, 28（1）：33-35.

[39] 张新杰. 锅炉风粉燃烧监测与优化运行[J]. 中国设备工程，2004（9）：48-49.

[40] 张向宇，张一帆，陆续，等. 电站锅炉数字化燃烧检测[J]. 中国电机工程学报，2017, 37（12）：3490-3497.

[41] 余兵，张辉，周栋，等. 300MW 机组锅炉三维温度场可视化监控系统的研究[J]. 热力发电，2007, 36（6）：97-100.

[42] 廖宏楷，周昊，杨华，等. 风煤在线测量的锅炉燃烧优化系统[J]. 动力工程学报，2005, 25（4）：559-562.

[43] DAVIDSON I. An intelligent approach to boiler soot blowing [J].Modern Power Systems,2003(1).

[44] NAKONECZNY G J,CONRAD R S,SCAVUZZO S A,et al.Implementing B&W's intelligent soot blowing system at Mi-d American Energy Company's Louisa Energy Center Unit [A]. New Mexico: Albuquerque,2002.

[45] 武彬，沈幼庭. 基于模糊神经网络的锅炉受热面积灰监测[J]. 发电设备，1999（3）：29-34.

[46] 阎维平，梁秀俊，周健，等. 300MW 燃煤电厂锅炉积灰结渣计算机在线监测与优化吹灰[J]. 中国电机工程学报，2000, 20（9）：84-88.

[47] 盛昌栋、黄永生. 国外煤粉炉结渣诊断与监控技术的进展[J]. 锅炉技术，1997（8）：28-32.

[48] 张志英，余德祖，徐正好，等. 大风仓小风斗供风系统实验分析[J]. 工业锅炉，2005（6）：7-11.

[49] 李飞. 350MW 机组低温省煤器系统节能减排效益分析[J]. 资源节约与环保，2016（12）：6-7.

[50] 西安交通大学. 锅炉设计手册[M]. 北京：机械工业出版社，1989.

[51] 李旭，黄冬梅. 热管式低压省煤器的特点与节能效果[J]. 节能，2003（2）：34-35.

[52] 姚中栋，陈建中，邓朝旭. 姚电公司3号锅炉空气预热器改造[J]. 华中电力，2011, 24（6）：28-31.

[53] 金迪，胡军军. 风罩回转式空气预热器改造[J]. 电力设备，2006, 7（6）：76-78.

[54] 赵铭轩，王昌鑫. 分体式热管换热器在火电厂烟气余热回收中的应用[J]. 节能，2014（1）：71-73.

[55] 姚庆军. 变频调速技术在锅炉风机的应用和节能分析[J]. 节能科技, 2013 (2)：49-51.

[56] 郭爱军. 大柳塔选煤厂循环水系统的节能改造与实践[J]. 煤炭科学技术, 2015, 43 (12)：170-174, 155.

[57] 程道星. 浅议洗煤厂清水循环泵系统节能改造[J]. 企业导报, 2012 (14)：260-261.

[58] 陈薇, 李建文. 变频调速控制系统在选煤厂循环泵中的应用[J]. 装备制造技术, 2009 (6)：184-185.

[59] 卢宏龙. 变频调速技术在阳煤五矿小井选煤厂的应用[J]. 山西煤炭, 2010, 30 (9)：64-66.

[60] 张有贵, 陈军, 范新忠. 全三元流技术在循环水泵改造中的应用[J]. 上海节能, 2009 (4)：32-35.

[61] 刘殿魁, 孙玉民, 梁卫星. 三元流技术及其在循环水泵节能改造中的应用[J]. 石油和化工节能, 2010, (1)：20-22.

[62] 许飞跃, 牛继红, 刘永红, 等. 600MW 火电机组静电除尘器节能技术改造[J]. 电力技术经济, 2009, 21 (4)：51-54.

[63] 张超. 锅炉低温省煤器系统优化设计及热经济性分析[D]. 吉林：东北电力大学. 2015.

[64] 周怀春. 锅炉机组节能[M]. 北京：中国电力出版社, 2008.

[65] 史美中. 热交换器原理与设计[M]. 南京：东南大学出版社, 2009.

[66] 魏毓璞. 循环流化床锅炉新技术应用[M]. 北京：化学工业出版社, 2015.

[67] 吴占松, 马润田, 赵满成. 生物质能利用技术[M]. 北京：化学工业出版社, 2010.

[68] 张海青, 张振乾, 张志飞, 等. 生物能源概论[M]. 北京：科学出版社, 2016.

[69] 李海滨, 袁振宏, 马晓茜, 等. 现代生物质能利用技术[M]. 北京：化学工业出版社, 2012.

[70] 卢红书. 300MW 锅炉低 NO_x 燃烧系统改造效果分析[J]. 电力科技与环保, 2015, 31 (3)：28-31.

[71] 李衍平. 莱城电厂 1 号炉低 NO_x 燃烧系统改造效果分析[J]. 山西电力, 2016 (1)：59-62.

[72] 程静. 空气分级燃烧技术在电站锅炉节能减排上的应用[J]. 节能技术, 2010, 28 (3)：236-240.

[73] 吴江全, 钱娟, 曹庆喜. 锅炉热工测试技术[M]. 哈尔滨：哈尔滨工业大学出版社, 2016.

[74] 纪括. 260t/h 循环流化床锅炉热平衡试验研究及运行优化[D]. 长沙：长沙理工大学. 2013.